Tous nos ouvrages sont disponibles aux

Éditions Decoopman
Ferrières
30440 Saint-Laurent-le-Minier
Tel : +33 (0)4.67.73.90.95
web : www.decoopman.com
e.mail : livres@decoopman.com

Olivier Lacaux
Jean Castanier

I.S.B.N. 978-2-36965-177-2
Dépot légal : 2e trimestre 2023

Collection

- Horlogerie -

- *L'horloger à l'établi* - C. Gros (trad.)
- *Manuel d'horlogerie* - P. Foucher
- *L'Horloger* - Charles Poncet
- *Traité d'horlogerie moderne* - Claudius Saunier
- *Guide-manuel de l'Horloger* - Claudius saunier
- *L'art de l'Horlogerie enseigné en trente leçons* - Anonyme
- *L'art de connaître et de soigner les montres et les pendules* - J. Gondy
- *Échappements à ancre*
- *Encliquetages* - F. Balavoine
- *L'horlogerie électrique* - Adolf Tobler
- *Histoire de l'Horlogerie* - Pierre Dubois
- *Les merveilles de l'horlogerie* - C. Portal & H. de Graffigny

Remerciements :
Centre Horloger de Provence
Avenue de Valobre
84320 - Entraigues-sur-la-Sorgue,
www.centrehorloger.fr

Échappements d'horloges et de montres

Exposé technique, descriptif et historique des échappements d'horlogerie

Charles GROS

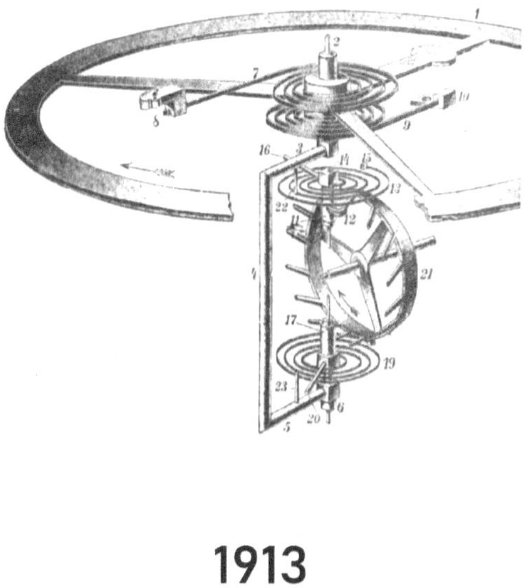

1913

Préface

Il n'existe pas de mécanismes plus intéressants, plus ingénieux et plus délicats que les échappements d'horlogerie, et l'on ne s'imagine pas combien nombreuses ont été, et sont encore, les inventions qui se rapportent à leur construction et à leur perfectionnement.

Pourtant, les échappements en usage courant, sont à peine une demi-douzaine, et ils sont bien loin d'être de création récente, En effet, ceux qu'on rencontre dans le commerce, aussi bien dans les horloges que dans les montres, sont des mécanismes dont la conception remonte à un et même à deux siècles et, malgré toutes les inventions qui, depuis lors, ont vu le jour, ils n'ont pu être surpassés.

Sans doute, ils ont subi de nombreux perfectionnements, au cours des années; leur construction a été améliorée de façon à répondre à toutes les exigences de la théorie ainsi qu'à celles de la fabrication et aux besoins du commerce, mais on n'a pu réaliser mieux, au point de vue du principe de fonctionnement, que ce qui a été trouvé par nos anciens maîtres.

Il n'est donc pas téméraire de dire que les échappements actuellement en usage sont insurpassables et qu'ils réalisent, chacun dans leur genre, toute la perfection possible.

Pour qu'un échappement nouveau ait chance d'être adopté, il ne suffirait pas seulement qu il égalât le mécanisme qu'il est destiné à remplacer : il faudrait qu'il lui fût supérieur. Or, celle condition est, on peut le dire, à peu près impossible à réaliser ; preuve en est, le résultat négatif des nombreuses tentatives qui ont été faites.

Les inventeurs que le perfectionnement de l'échappement attire, feront donc bien, pour ne pas perdre leur temps inutilement, de commencer par étudier les idées que leurs prédécesseurs ont cherché à mettre en pratique, en ce qui concerne aussi bien les principes nouveaux que le perfectionnement des mécanismes existants.

Ils éviteront ainsi des déceptions et s'apercevront peut-être à temps qu'ils ont de bien meilleures chances de réussite en reportant leurs facultés inventives sur d'autres mécanismes.

Mais, jusqu'à présent, aucun recueil réunissant les diverses inventions d'échappements n'a existé.

En 1852, Pierre Dubois, l'auteur de l'*Histoire de L'Horlogerie*[1] s'était proposé d'en publier un, mais il ne réalisa pas son projet, et personne, jusqu'à ce jour, ne l'avait repris.

Les chercheurs n'avaient donc, pour se renseigner, pas d'autre ressource que de compulser les traités d'horlogerie, anciens et modernes, les publications périodiques de toutes langues et les recueils de brevets de tous les pays. Comme il leur était impossible de réunir tous les documents nécessaires, ils renonçaient, non pas à leur invention, mais aux études préliminaires indispensables, et ils s'apercevaient, dans la suite, que leur idée avait déjà été mise en pratique par un autre.

Le travail que nous avons entrepris, de représenter et décrire tous les échappements imaginés, pourra certainement être utile à de nombreux chercheurs en leur faisant connaître les multiples combinaisons qui ont été essayées, très souvent sans résultat autre que celui de montrer la voie qu'il ne faut pas suivre. Mais cela seul peut déjà rendre des services à nombre d'inventeurs car, même à ce point de vue là, toutes les tentatives sont intéressantes.

Nous donnons, de chaque échappement, un dessin tracé aussi exactement que possible ; une description qui permet de comprendre aisément les fonctions des organes, et toutes les explications nécessaires pour que le moins initié puisse, en quelque sorte, voir marcher le mécanisme. Des notes historiques et quelques remarques techniques accompagnent ces descriptions.

Certes, notre œuvre est loin d'être complète, mais les échappements que nous présentons sont déjà en nombre suffisant pour donner un aperçu très exact des efforts tentés en vue d'améliorer toujours davantage cette partie si intéressante et si importante du mécanisme des horloges et des montres, et pour faire comprendre à quelles difficultés on s'est heurté avant d'arriver à la perfection actuelle.

Ce ne sont pas seulement les inventeurs qui seront intéressés par le contenu de notre recueil ; ce sont tous les horlogers, dont beaucoup ne s'imaginaient pas qu'il existât autant de variétés d'échappements ; ce sont les mécaniciens, qui rencontreront dans les mécaniques que nous décrivons, des combinaisons de leviers, des transformations de mouvements, des dispositifs dignes d'attirer leur attention ; ce sont les ingénieurs, qui ne doivent rien ignorer de ce qui a trait aux sciences appliquées ; ce sont, enfin, tous les amateurs, toujours à l'affût de ce qui peut les instruire, et pour qui l'horlogerie a toujours eu une attirance particulière.

[1] Réédition Decoopman, 2017.

Pour terminer, nous voulons rappeler, à ceux de nos lecteurs qui, malgré tout, voudraient essayer de produire un échappement d'horlogerie nouveau, que les mécanismes restés en usage, sont tous dus à des horlogers qui possédaient, à la fois, la pratique approfondie de leur art, et de solides connaissances théoriques.

C. G.
Paris, août 1913

Introduction

Le mécanisme de tout appareil horaire, est composé de quatre parties distinctes, qui sont : le moteur, le rouage, l'échappement et le régulateur.

Le moteur est, soit un poids, soit un ressort, soit encore l'électricité.

Le rouage consiste invariablement en une succession de roues et de pignons engrenant les uns avec les autres ; il a pour fonction de transmettre à l'échappement, la force qu'il reçoit du moteur.

L'échappement a pour rôle de modifier l'action de la force reçue et d'utiliser cette force pour l'entretien des oscillations du régulateur.

Le régulateur, ainsi que son nom l'indique, règle la vitesse d'écoulement de la force, de manière que les aiguilles, montées sur l'axe d'une des roues du rouage, tournent avec la plus grande régularité possible.

Le régulateur est, soit un pendule, soit un balancier muni d'un spiral ; s'il est installé dans les conditions voulues il a, par lui-même, une régularité pour ainsi dire absolue. Mais l'isochronisme de ses oscillations, c'est-à-dire l'égalité de leur durée, subit des dérangements par suite de l'influence de la force nécessaire à l'entretien du mouvement.

L'échappement, qui est chargé de cet entretien, et qui doit agir sur le régulateur de façon à troubler le moins possible les oscillations, peut donc être considéré comme la partie la plus importante et en même temps la plus délicate d'un mécanisme d'horlogerie. C'est, en réalité, l'échappement qui assure la régularité de la marche et qui donne au mécanisme sa véritable valeur.

À première vue, il semble que le ralentissement et la régularisation de la vitesse d'un rouage d'horlogerie devaient pouvoir être obtenus au moyen d'un modérateur à mouvement continu, comme, par exemple, un volant à ailettes ou un régulateur dans le genre de celui des machines à vapeur ; mais les essais faits dans ce sens, montrèrent que la vitesse ne pouvait que difficilement être ralentie d'une façon suffisante, et que la régularité laissait beaucoup à désirer.

On reconnut que le seul moyen permettant d'obtenir la lenteur et la régularité nécessaires, consistait à arrêter par intermittence la dernière roue du rouage, et à utiliser ses mouvements successifs pour restituer au régulateur la force qu'il perd à chaque oscillation.

Le fonctionnement de tout échappement d'horlogerie, quel que soit le système, comprend trois phases : le *repos*, le *dégagement* et l'*impulsion*.

Le repos, ou arrêt de la roue, a lieu, soit contre une pièce portée par l'axe du régulateur, ou en communication constante avec le régulateur, soit contre une pièce indépendante de cet organe.

Le dégagement de la roue est toujours opéré au moyen d'un organe mis en fonction par le régulateur lui-même.

L'impulsion suit immédiatement le dégagement ; elle est donnée par la roue agissant sur le régulateur, soit directement, soit par une pièce intermédiaire.

Aussitôt après la fin de l'impulsion a lieu un nouveau repos, pendant lequel le régulateur termine son oscillation par un arc supplémentaire, et commence l'oscillation suivante en sens contraire.

On appelle *échappements à repos*, les échappements dans lesquels la roue est arrêtée par une pièce participant à tous les mouvements du régulateur : cylindre, duplex, ancre Graham.

Dans certains échappements à repos, la roue subit un mouvement de recul pendant son repos ; on les appelle *échappements à recul* : échappements à palettes, à ancre à recul.

Les échappements dans lesquels l'arrêt s'effectue contre une pièce intermédiaire, indépendante de l'axe du régulateur, sont appelés *échappements libres*. Dans ceux-ci, le régulateur est libéré du contact de la roue pendant presque toute la durée de ses oscillations ; il n'est en communication avec elle, que pendant les cours instants du dégagement et de l'impulsion : échappement libre à ancre, échappement à détente.

Enfin, l'*échappement à force constante* est une variété d'échappement libre, dans lequel les impulsions sont données, non par la roue, mais par l'action toujours égale d'un poids ou d'un ressort, remonté ou armé régulièrement, et toujours de la même quantité, par la roue elle-même.

Nous avons, dans notre travail, respecté la classification usuelle, qui est celle que nous venons d'exposer en quelques lignes, quoique nous l'ayons trouvée parfois insuffisante.

Il nous a semblé utile cependant d'ouvrir une rubrique spéciale pour y classer certains mécanismes que nous appelons *échappements mixtes*. À vrai dire, les échappements mixtes, c'est-à-dire ceux qui tiennent de deux ou même de trois systèmes, sont assez nombreux, mais nous ne parlons, dans ce chapitre, que de certains mécanismes qui ont été imaginés alors qu'on cherchait la bonne voie entre échappements à recul et échappements à repos stable. Les deux systèmes étant utilisés encore actuellement, il nous a paru bon d'en préciser la différence et d'en montrer les combinaisons.

Nous terminons par quelques remarques concernant le *remontoir d'égalité*, mécanisme qu'on désigne souvent, à tort, comme étant un système d'échappement particulier.

I - Échappements à recul pour horloges

Échappements à palettes et roue de rencontre

Le premier échappement dont il est question dans l'histoire de l'horlogerie, est l'échappement à palettes ; l'invention de ce mécanisme marque le véritable point de départ des nombreux perfectionnements qui furent apportés, dans la suite des siècles, aux appareils servant à mesurer le temps.

On ne connaît malheureusement pas le nom de l'auteur de cette intéressante invention, ni la date, même approximative, de sa première application. Certains attribuent celle remarquable conception à Pacificus, archidiacre de Vérone, mort en 856, qui aurait fait, le premier, *des horloges actionnées par un poids, sans le secours de l'eau.* D'autres font honneur de cette découverte au moine français Gerbert, né en 933, qui fut pape sous le nom de Sylvestre II et mourut en 1003. Il paraît cependant plus certain que ce premier échappement a pris naissance à la fin du XIIIe ou au commencement du XIVe siècle, et que l'Allemagne est son pays d'origine.

Les historiens nous parlent de nombreuses horloges qui auraient été exécutées un peu partout, depuis le commencement de l'Ère chrétienne jusqu'au XIVe siècle ; ils nous disent que certaines de ces horloges, non seulement marquaient les heures, mais qu'elles les sonnaient et qu'elles représentaient les mouvements célestes ; toutefois, il n'est aucunement question de l'échappement dans ces différentes relations.

Au Moyen-âge, les cadrans solaires, les sabliers et les clepsydres étaient, sans distinction, désignés sous le nom d'horloges, de sorte que les écrits, plutôt sommaires, qui nous ont été légués, peuvent très bien se rapporter à des clepsydres perfectionnées et munies de roues dentées. Il est certain, en tout cas, que les roues dentées existaient déjà au commencement de l'ère chrétienne.

Quoi qu'il en soit, c'est vers 1350 que les horloges mécaniques, actionnées par un poids et munies d'un échappement, ont commencé à se répandre ; chaque ville importante voulut alors avoir la sienne. Ces machines avaient des roues dentées très imparfaitement à la main et exigeaient, pour leur fonctionnement, des poids moteurs de plusieurs centaines de kilos, qu'il fallait remonter tous les jours.

* * *

L'échappement à palettes ou échappement à roue de rencontre, a été en usage pendant plusieurs siècles, aussi bien dans les montres que dans les horloges ; il avait le mérite d'être excessivement simple, de ne pas présenter de grandes difficultés de construction et de fonctionner facilement, malgré une exécution imparfaite.

Cet échappement est représenté par les fig. 1 et 2. Il se compose de deux pièces : la roue R et la verge V.

La roue est en forme de couronne ; elle porte des dents pointues, au nombre de 13 généralement, parfois 11 ou 15, mais toujours en nombre impair. Elle peut se monter pour tourner, soit dans un plan vertical, comme en fig. 1, soit horizontalement comme cela est montré par la fig. 2.

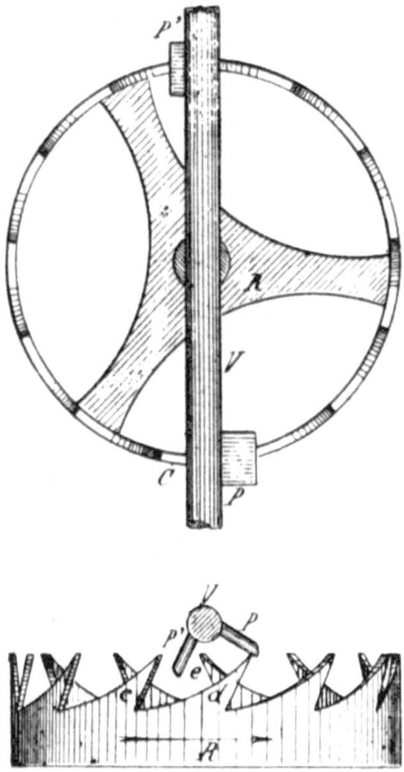

Fig. 1-2.

La verge est un axe qui porte le régulateur ainsi que deux petits leviers, ou palettes P. P', destinés à travailler avec les dents de la roue. Elle est montée perpendiculairement à l'axe de la roue.

Les palettes ont pour fonction d'arrêter successivement les dents de la roue et d'en recevoir des impulsions qui entretiennent le mouvement oscillatoire du régulateur. Elles sont fixées à l'axe, suivant un angle déterminé et la distance de l'une à l'autre correspond au diamètre de la roue.

Sur les deux dessins, on voit la dent *d* de la roue repoussant la palette P, et, par conséquent, faisant tourner l'axe V ; cette dent est sur le point de terminer son action ; elle échappera de la palette et la dent opposée, *e*, tombera contre la palette P'. Cette palette P', par suite de l'impulsion communiquée à l'axe par la dent *d*, fera d'abord reculer la roue en repoussant la dent *e*, puis elle recevra, à son tour, une impulsion en sens contraire ; la dent *e* passera et ce sera le tour de la dent *c* d'être arrêtée par la palette P.

Cet échappement présente l'avantage de ne pas exiger d'huile aux points de contact des dents avec les palettes.

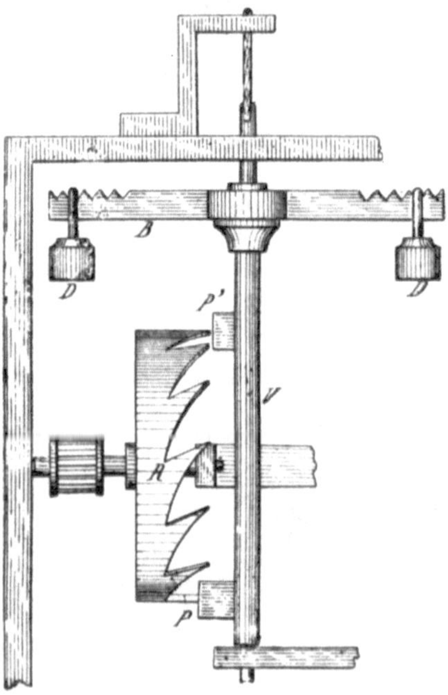

Fig. 3.

La fig. 3 nous montre le mode d'installation de l'échappement à palettes dans une horloge. R est la roue d'échappement ou roue de rencontre ; ses dents travaillent avec les palettes P, P', qui font corps avec la verge V. Le pignon porté par l'axe de cette roue, engrène avec la dernière roue du rouage.

La verge, placée verticalement, est suspendue, par son extrémité supérieure, au moyen d'un cordon ; l'extrémité inférieure se termine par un pivot qui se loge dans un pont. L'axe ainsi installé, possède une assez grande liberté de rotation ; il porte, à sa partie supérieure, deux bras B, B' appelés *foliots*, servant à ralentir les mouvements de la verge et à les régulariser. On augmente ou on diminue la durée des oscillations du régulateur, au moyen de deux petits poids ou *régules*, D D, susceptibles d'être déplacés le long des foliots ; plus les régules sont éloignés de l'axe, plus les oscillations sont lentes.

Les horloges mécaniques, ainsi constituées, offraient une grande supériorité sur les anciennes clepsydres ; malgré leurs imperfections, elles rendirent de grands services, surtout quand on leur eut appliqué un mécanisme de sonnerie.

***

La roue motrice donne un tour par heure ; sur son axe est le tambour autour duquel s'enroule la corde du poids moteur. À mesure que cette corde se déroule, une autre s'enroule en sens contraire et il suffit alors de tirer sur cette dernière pour remonter le poids.

L'axe, prolongé du côté du cadran, porte un pignon qui entraîne une roue douze fois plus nombrée ; sur le canon de cette roue, est fixée l'unique aiguille de l'horloge, donnant son tour en douze heures.

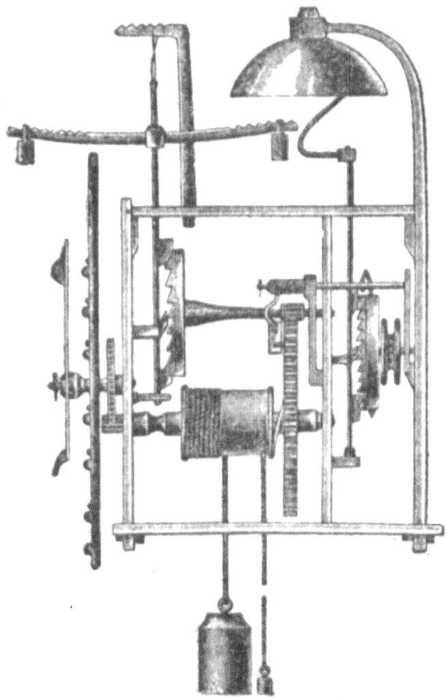

Fig. 4.

On remarque, sur le cadran, des aspérités qui permettaient de reconnaître l'heure par le toucher, pendant la nuit.

La roue motrice actionne directement la roue d'échappement. Celle-ci travaille avec les palettes d'une verge montée comme nous l'avons expliqué.

Signalons encore le mécanisme supplémentaire qu'on voit à droite et qui consiste en un second échappement, dont la verge porte un marteau qui frappe à l'intérieur d'un timbre. Il s'agit d'un système avertisseur, que la roue motrice déclenche à chaque tour, c'est-à-dire à chaque heure.

***

Le dessin fig. 5 nous donne le plan d'une horloge d'origine plus récente que la précédente et plus perfectionnée, puisqu'elle a été construite en vue de marquer, non seulement les heures, mais aussi les minutes et les secondes.

Ici, le régulateur est un balancier circulaire, M, dont l'axe est horizontal. L'axe de la roue d'échappement, L, est vertical. Cette roue est actionnée par la roue de champ, *k*, dont l'axe porte l'aiguille *i*, qui marque les secondes.

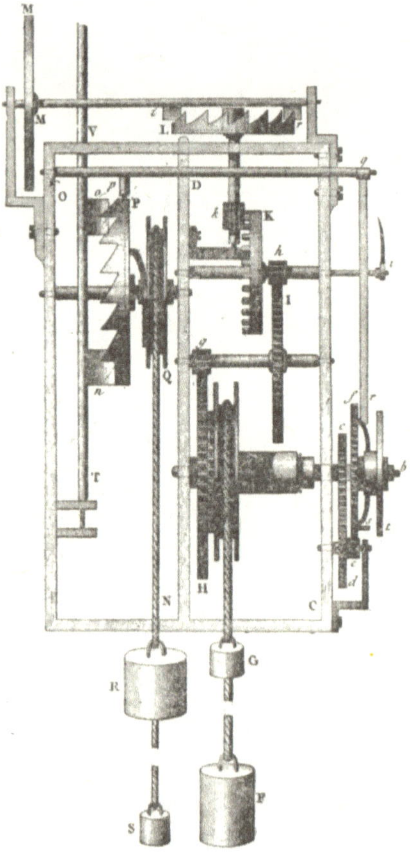

Fig. 5.

La roue motrice, H, donne, ici aussi, un tour par heure ; son axe porte l'aiguille des minutes ; une minuterie, pareille à celle qu'on utilise encore actuellement, conduit l'aiguille qui marque les heures. Cette horloge est à réveil également ; la tige T V porte, à sa partie supérieure, un marteau qui frappe sur un timbre.

Aucun perfectionnement important ne fut apporté à l'échappement et au régulateur pendant plus de deux cents ans. En 1600, au temps de la découverte de l'uniformité du mouvement oscillatoire du pendule par le célèbre physicien italien Galileo Galilei (1564 -1649), on ne soupçonnait pas encore de quelle importance cette découverte serait pour la science de la mesure du temps. Galilei, malgré son génie investigateur, ne sut pas dégager le pendule simple des pendules composés qu'il étudiait, et il attribua aux oscillations une généralité absolue d'isochronisme qu'elles n'ont point ; il ne sut pas non plus appliquer sa découverte à la mesure du temps, et ce n'est qu'un demi-siècle plus tard, en 1657, que le grand mathématicien, physicien et astronome hollandais, Christian Huyghens (1629 - 1695), publia le mémoire dans lequel il annonçait le perfectionnement apporté aux horloges par l'adaptation du pendule, destiné à régulariser leur marche.

On essaya de revendiquer pour Galilei la gloire d'avoir, le premier, appliqué le pendule aux horloges, mais cette revendication n'a été faite qu'après la publication des travaux d'Huyghens ; il n'était donc guère possible d'y ajouter foi. Si Galilei a réellement résolu ce beau problème en idée et en projet, l'honneur de la solution lui a été enlevé par la paresse et la négligence de son élève Viviani, sur lequel il avait fondé tant d'espérances ; il est bien certain que les droits à la priorité de la découverte, à la reconnaissance du monde entier, restent incontestablement acquis à Huyghens.

La fig. 6 nous montre la simple transformation qui fut nécessaire pour l'application du nouveau régulateur aux horloges. La verge V fut disposée horizontalement et le pendule B, suspendu

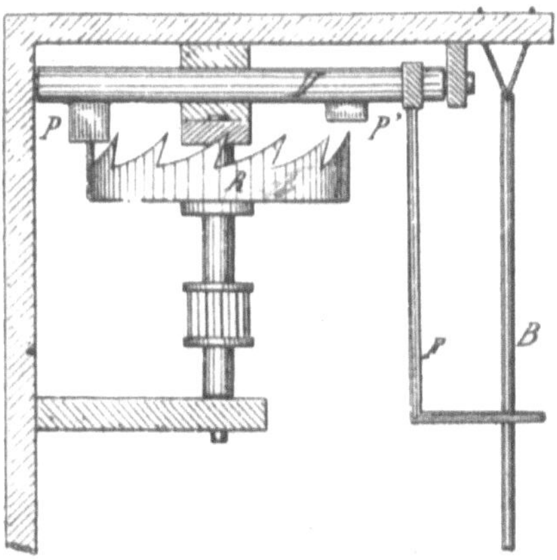

Fig. 6.

librement à un fil recevait l'impulsion par l'intermédiaire d'une fourchette, F, faisant corps avec la verge. Au début, la fourchette n'existait même pas ; le pendule était fixé directement à la verge, à la place de la fourchette. C'est le 16 juin 1657 que Huyghens présenta aux États de Hollande sa première horloge à pendule ; en 1658, il en publia la description. Dès l'année 1662, on exécuta, en Angleterre surtout, des appareils horaires d'après cette nouvelle construction et les horloges d'appartement prirent le nom de pendules, qu'elles ont conservé jusqu'à nos jours.

***

On avait fait un grand pas, puis on s'aperçut bien vite que la perfection était loin d'être atteinte. L'échappement à palettes communiquait forcément au pendule des oscillations de grande étendue et dont la durée variait avec l'intensité de la force motrice.

Huyghens chercha tout d'abord à réduire l'amplitude des oscillations que l'échappement faisait parcourir au pendule. À cet effet, il construisit l'horloge représentée fig. 7. On y voit la roue motrice *b*, une roue intermédiaire *r*, puis la roue d'échappement *c*, qui travaille avec les palettes de la verge *d, d*, montée verticalement.

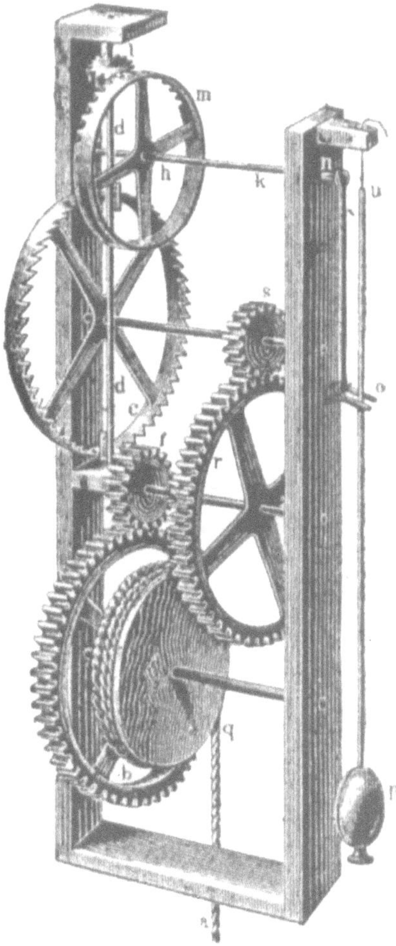

Fig. 7.

À l'extrémité supérieure de cette verge, se trouve un pignon, *l*, qui engrène avec une roue *m*, à denture en couronne. L'axe de cette roue est horizontal ; à son extrémité *n*, prolongée extérieurement à la platine, est adaptée une fourchette *o*. La tige du pendule, *p*, passe entre les deux branches de cette fourchette, et c'est par l'intermédiaire de cette dernière que le régulateur reçoit les impulsions de la force motrice transformée par l'échappement.

La roue *m* ne décrit que de petits arcs alternatifs, correspondant à environ un tiers ou un demi-tour du pignon *l* ; elle n'est taillée que sur une partie de sa circonférence.

***

Une autre invention de Huyghens était destinée à rendre égales en durée, c'est-à-dire isochrones, les oscillations du pendule, quelle que soit leur amplitude.

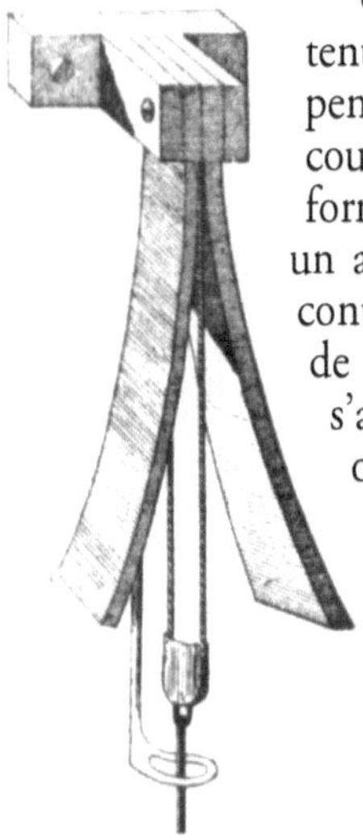

Fig. 8.

Ce résultat fut obtenu en suspendant le pendule entre deux courbes métalliques, formées chacune par un arc de cycloïde, et contre lesquelles le fil de suspension venait s'appliquer à chaque oscillation. Dans les grandes oscillations, le pendule était ainsi raccourci, et ce raccourcissement corrigeait la durée de l'oscillation. Mais cette invention, dont la théorie était séduisante, présentait, à la pratique, de grandes difficultés d'exécution, si on voulait obtenir un résultat précis.

La disposition de la cycloïde de Huyghens est montrée par la fig. 8 et le dessin suivant, fig. 9, donne le plan complet d'une horloge munie de ce dispositif.

Nous y voyons la roue d'échappement K, conduite par la roue de champ H. La verge, munie des palettes L, L, est placée horizontalement. Le pont P,

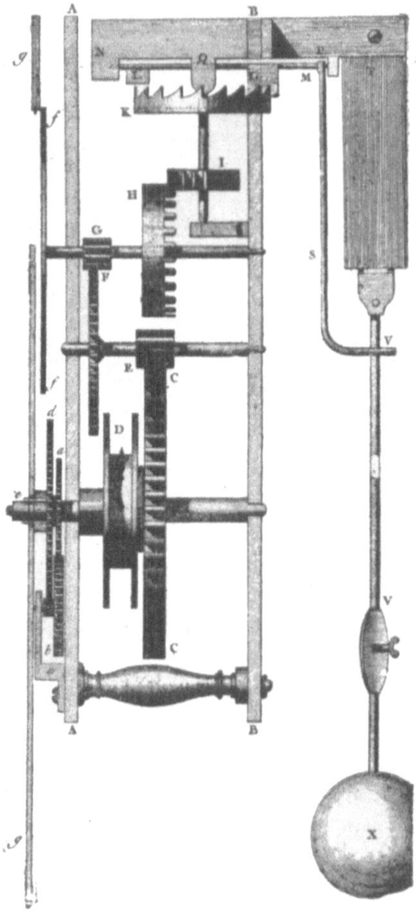

Fig. 9.

dans lequel elle pivote extérieurement à la platine, supporte le pendule V, qui oscille entre deux plaques T, présentant la courbe voulue. La fourchette S, fixée à l'extrémité M de la verge, transmet au pendule les oscillations de la verge.

Dans cette horloge, les secondes sont marquées par un index fixe, sur un cadran tournant *f*, monté sur l'axe de la roue H. Les minutes et les heures sont données par l'axe de la roue motrice.

***

Parmi les nombreux systèmes imaginés en vue d'obtenir une plus grande régularité dans la marche . des horloges réglées au moyen du pendule, il en est un qui fut essayé par plusieurs des meilleurs horlogers de l'époque. C'est celui qui consiste à faire agir l'échappement, non pas sur un seul, mais sur deux pendules qui, oscillant continuellement en sens contraire, devaient se corriger l'un l'autre.

L'échappement représenté fig. 10 montre un essai de ce genre. La verge est de nouveau verticale et elle est munie de deux bras horizontaux D D', disposés comme les foliots de l'échappement primitif que nous connaissons.

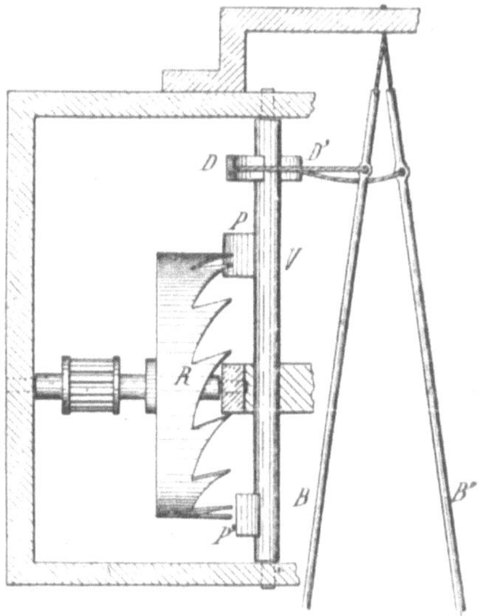

Fig. 10.

En face de l'extrémité de chacun de ces bras se trouve un pendule, B, B'. Deux cordons souples relient ces pièces ainsi qu'on le voit sur le dessin ; le fonctionnement de l'échappement fait osciller les deux pendules en sens inverse l'un de l'autre.

En effet, par suite de l'action de la roue contre la palette P, le bras D tire le pendule B vers la gauche, pendant que le bras D' permet au pendule B' de retourner vers la droite.

Dans la disposition représentée fig. 11, le pendule est double aussi, mais il n'a qu'une seule lentille et il fonctionne en réalité comme un pendule simple. Les deux branches sont conduites ensemble par la fourchette double, F, F, qui fait corps avec l'axe horizontal portant les palettes. Cet axe est placé audessous de la roue, ce qui ne modifie en tien les fonctions du mécanisme.

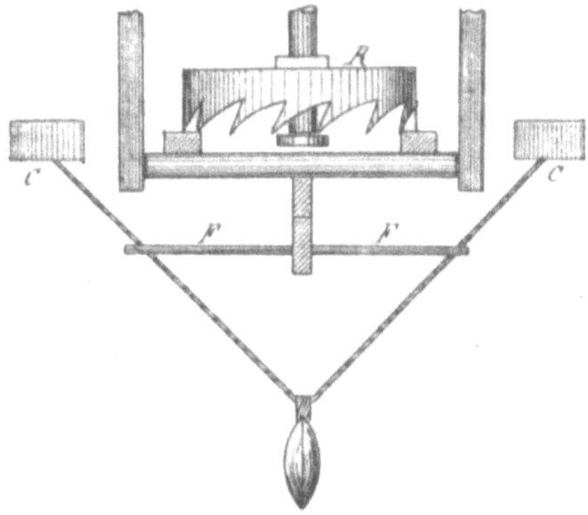

Fig. 11.

C, C, sont des courbes cycloïdes destinées, comme nous l'avons déjà expliqué, à obtenir l'isochronisme des oscillations.

Cette disposition de l'échappement à palettes a été utilisée par Huyghens, dans les horloges marines qu'il construisit vers 1660 et qui furent éprouvées simultanément par des navigateurs anglais, français et hollandais. Les résultats de ces premiers essais de détermination des longitudes par la mesure du temps, furent remarquables pour l'époque.

***

Nous trouvons dans *Deutsche Uhrmacher Zeitung*, le dessin et la description d'un échappement à palettes, construit en vue d'obtenir des oscillations très lentes. Ce mécanisme est adapté à une ancienne horloge installée dans l'église d'une petite ville d'Allemagne. La fig. 12 nous montre la partie supérieure de cette horloge, qui mesure 8 mètres de hauteur. La Mort, qui se trouve au sommet, se meut avec une certaine lenteur. La hauteur de l'horloge permettrait de supposer que cette lenteur est obtenue grâce à la longueur du pendule, mais on se rend bien vite compte que le socle n'est pas suffisamment large pour les oscillations étendues que ferait un pareil pendule.

Fig. 12.

La vérité est qu'il n'y a pas de pendule du tout ; le socle ne renferme que le poids de l'horloge, lequel doit être remonté journellement. Le réglage et le mouvement de l'automate sont obtenus par la construction représentée fig. 13.

La roue de rencontre, R, mesure 30 centimètres de diamètre et a 50 dents. Elle travaille, comme dans tous les échappements de ce système, avec les palettes de la verge S, laquelle repose sur le pont *n*, et dont l'extrémité supérieure, passablement allongée, est main-

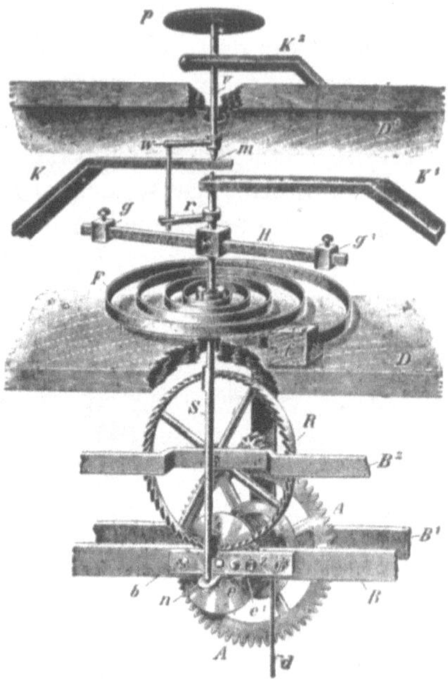

Fig. 13.

tenue dans le pont K^1. Sur cette verge est adapté un ressort spiral, F, qui est fixé par son extrémité extérieure à un piton, *f*, faisant corps avec le bâti de l'horloge. Plus haut, la verge porte le bras double, ou foliot H, muni de deux masses réglantes, *g*, *g'* ; enfin, un petit bras, *r*, fixé également à la verge, sert à actionner l'axe V pivotant entre les deux ponts K, K, à l'extrémité supérieure duquel est adapté le plateau P, portant la figurine. Ce bras, *r*, est terminé par une fourchette dans laquelle s'engage une cheville portée par le bras W, fixé à l'axe V.

Malgré son spiral, dont les dimensions sont celles d'un ressort moteur de moyenne grandeur, cette horloge ne règle que très imparfaitement ; cela n'a du reste aucune importance ; elle n'est pas là pour donner l'heure, mais pour rappeler aux fidèles qu'ils doivent mourir un jour.

Échappements à palettes et rochet

La roue de rencontre, ou roue d'échappement avec dents en couronne, offrait certaines difficultés d'exécution, et son emploi exigeait une disposition perpendiculaire des deux axes, l'un par rapport à l'autre ; il n'est pas étonnant qu'on ait cherché à la remplacer par une roue plate, plus facile à exécuter, et permettant une disposition parallèle, plus simple, des axes. On appela *rochet* cette nouvelle roue, dont les dents avaient la forme de celles d'un rochet d'encliquetage ; ce nom est très employé encore actuellement pour désigner la roue de certains échappements modernes, quoique leur denture ne soit pas toujours « en rochet ».

Mais, pour cette transformation, il fallut disposer les palettes chacune sur un axe distinct, de manière qu'elles puissent travailler en sens contraire l'une de l'autre. On trouva, dans ce système, l'avantage de pouvoir augmenter facilement la longueur des leviers et il en résulta une diminution de l'étendue des oscillations du pendule, diminution favorable au réglage.

D'une façon générale, on assigna aux palettes une longueur égale à celle du rayon de la roue, mais on s'aperçut cependant qu'une certaine proportion devait être observée, par rapport au poids et à la longueur du pendule.

Les différentes constructions qui ont été imaginées d'après ce principe, ne varient que par le système employé pour établir une connexion convenable entre les deux axes, de manière à rendre solidaires, avec le moins de frottements possibles, les mouvements des deux palettes.

***

La fig. 14 nous montre un de ces échappements, dits « à double levier », imaginé par M. le Chevalier de Béthune, et appliqué, en 1727, par Thiout (1692-1767), maître horloger à Paris, auteur d'un *Traité d'horlogerie.*

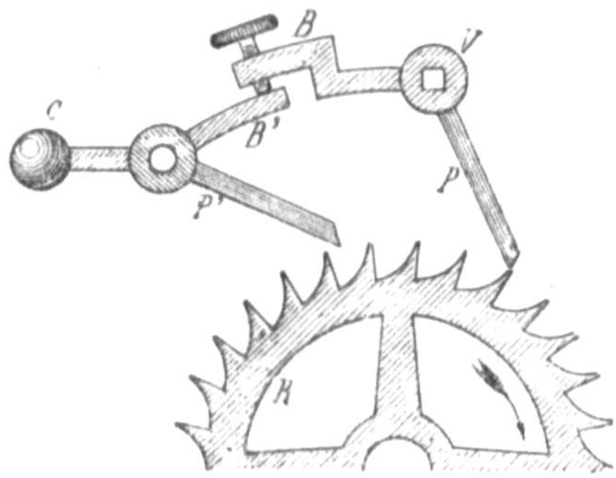

Fig. 14.

P et P' sont les deux leviers ou palettes, ayant chacun un point de pivotement distinct. Sur l'axe V du levier P est fixée la fourchette qui communique le mouvement au pendule. Les deux leviers sont rendus solidaires au moyen des bras B et B' dont le premier porte une vis de réglage, très pratique pour modifier l'angle d'ouverture des palettes. Le contrepoids C a pour fonction de faire appuyer constamment le bras B' contre la vis.

***

La fig. 15 représente un mécanisme dont le fonctionnement est identique à celui que nous venons de voir. Il a été muni d'une disposition destinée à diminuer le frottement entre les deux bras des leviers.

Le bras B' porte, à son extrémité, un galet, sur la périphérie duquel s'appuie le bras B. Il y a également une vis de réglage pour la mise au point de l'échappement, mais cette vis agit contre la lame d'un ressort qui est en contact constant avec le galet.

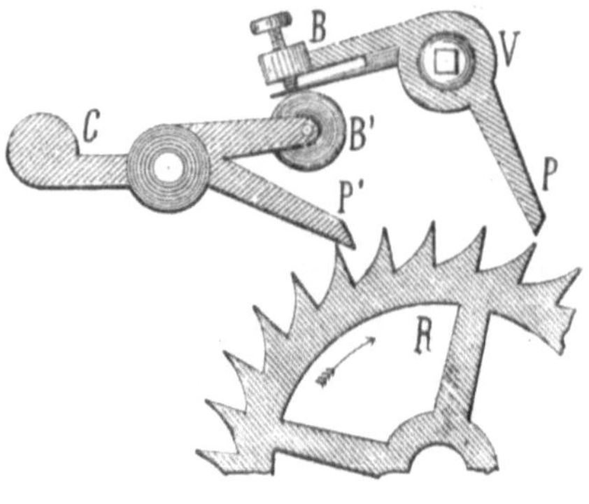

Fig. 15.

On comprend très bien que, lorsqu'une dent repousse la palette P, fig. 14 et 15, la pression de B sur B' a pour effet de mettre la palette P' en position pour arrêter une autre dent. Après son recul forcé, la roue donne une impulsion contre P' et l'arrêt suivant a de nouveau lieu contre P. Au moment où la dent quitte la palette P', le contrepoids C agit pour maintenir constamment le contact entre B' et B.

***

Dans les deux échappements que nous venons de voir, c'est l'axe de droite qui porte la fourchette et l'axe de gauche est constamment en communication avec le premier, grâce au contrepoids dont il est muni.

Fig. 16.

Dans le système fig. 16, on a supprimé le contrepoids en fixant la fourchette à l'axe de gauche. Ici, la connexion est établie par le bras B qui, par son poids, s'appuie constamment sur le bras B'. Il suffit d'examiner le dessin pour voir que rien n'est modifié dans le fonctionnement.

***

La fourchette peut être adaptée indistinctement à l'un ou à l'autre des deux axes, dans le système représenté fig. 17. Ici, les deux bras B B', communiquent d'une façon très simple, mais il n'y a aucun dispositif permettant de modifier la position d'une des palettes par rapport à l'autre.

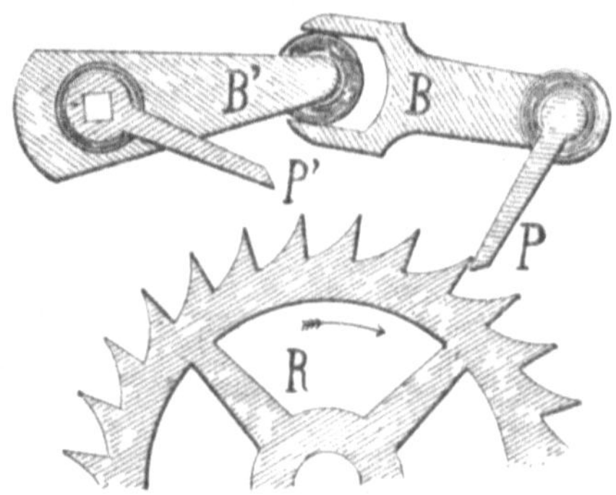

Fig. 17.

On constatera facilement que dans ce mécanisme, le fonctionnement est absolument le même que dans ceux que nous venons d'examiner.

***

Il n'y a rien de changé, non plus, dans le fonctionnement de l'échappement représenté fig. 18, et la complication qu'on constate ne doit pas contribuer à lui faire donner de meilleurs résultats.

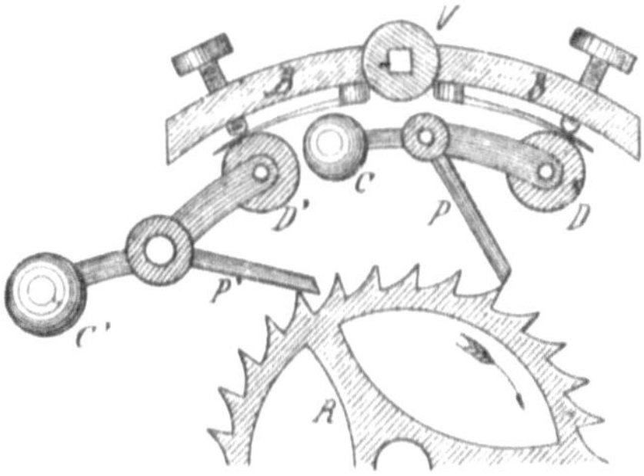

Fig. 18.

Les deux leviers ne communiquent pas directement ; ils agissent sur une pièce B B, sur l'axe, V, de laquelle est montée la fourchette.

Les contrepoids *c* et *c'* maintiennent les bras portant les rouleaux D D' constamment appuyés contre la pièce B B, qui reçoit ainsi les impulsions. Deux vis de réglage permettent de mettre facilement l'échappement au point.

***

On a essayé de relier les deux axes des palettes au moyen d'un engrenage, ainsi que cela est montré par la fig. 19. Le résultat obtenu, au point de vue du

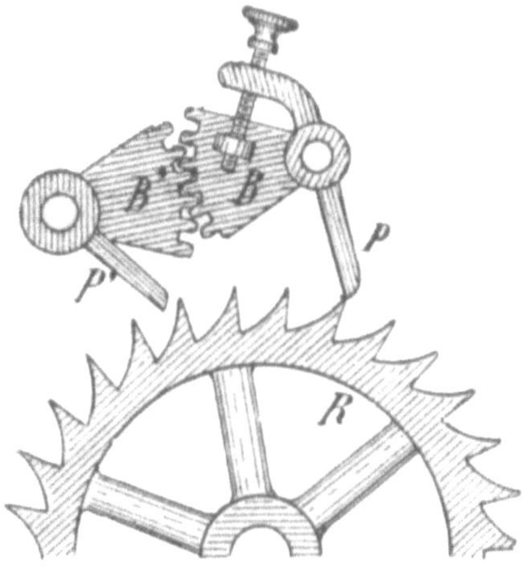

Fig. 19.

fonctionnement du mécanisme, est toujours le même, mais cet engrenage nous paraît être une source de frottements qu'il serait préférable d'éviter.

Dans ce système, la fourchette peut être adaptée à l'un ou à l'autre des deux axes. Une vis de réglage permet de modifier la position des palettes, l'une par rapport à l'autre, pour la mise au point de l'échappement.

***

Nous avons, fig. 20, encore un échappement à deux leviers séparés, mais dans lequel la communication .est réalisée d'une tout autre façon. V, V' sont les axes portant les palettes ; l'un d'eux porte, en outre, la fourchette qui commande le pendule.

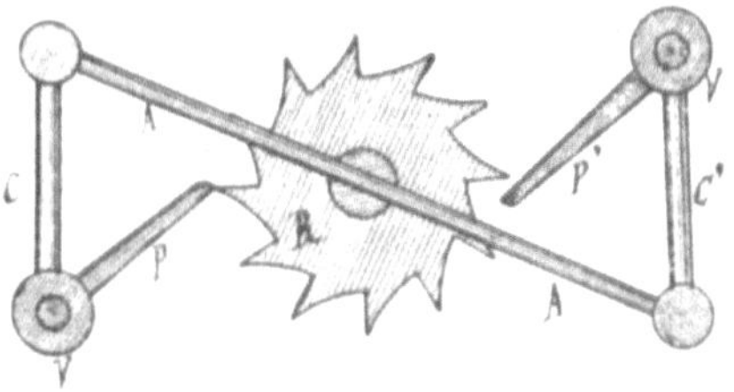

Fig. 20.

Deux bras C C' sont fixés également à ces axes et participent par conséquent à tous les mouvements des palettes. Les extrémités libres de ces bras sont reliées au moyen d'une traverse A A' ; on comprend qu'il y a pivotement aux deux points de jonction. Les deux palettes sont ainsi rendues solidaires et rien n'est modifié dans le jeu habituel du mécanisme.

***

Dans le système qu'on voit fig. 21 et 22, les axes des palettes sont placés, l'un en dessus, l'autre en dessous, sur une ligne perpendiculaire passant par le centre du rochet.

Deux bras, *o, o'*, fixés à ces axes, se joignent, à demi-distance, par une articulation très simple : l'extrémité de l'un est prise entre deux chevilles portées par l'autre.

L'axe supérieur porte, en outre, la fourchette F, qui transmet au pendule B les impulsions données par la roue, à chacune des deux palettes.

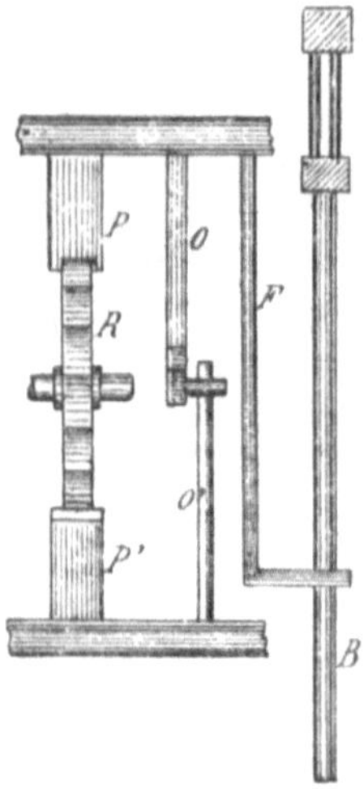

Fig. 21.

Fig. 22.

Sur le dessin de droite, fig. 22, montrant le mécanisme vu de face, la fourchette et le pendule ne sont pas représentés ; on voit seulement la roue, les palettes et les bras qui relient les axes de ces dernières. Ce dessin permet de se rendre compte que le fonctionnement de l'échappement est toujours le même.

***

Après les échappements à palettes sur deux axes, nous avons ceux à deux roues.

Dans le système représenté fig. 23, nous voyons deux roues, R, R, engrenant ensemble. L'une d'elles est actionnée par le rouage de l'horloge et elle entraîne l'autre en sens contraire.

Toutes deux sont munies de chevilles C C' qui viennent agir sur les palettes P P' disposées, dans le même plan, sur la verge V. L'échappement est représenté au moment où la cheville C' opère l'impulsion, et celle-ci terminée, l'arrêt se fera par la cheville C de l'autre roue, sur la palette P.

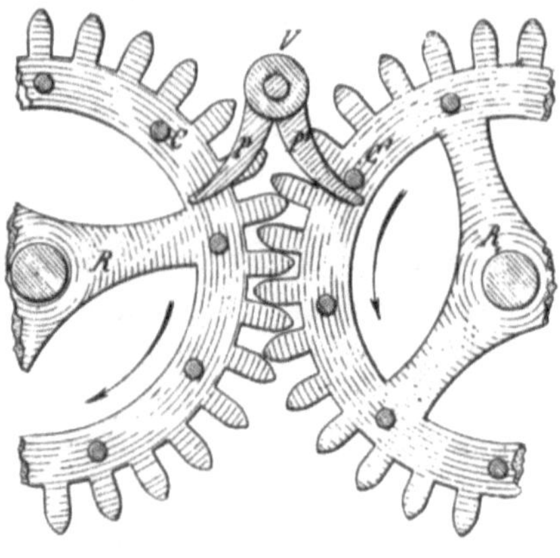

Fig. 23.

Cet échappement a été imaginé par un horloger du nom de Volet et il a été approuvé par l'Académie en 1742. Il a été adapté aussi bien aux montres qu'aux horloges. Les palettes P P' sont formées selon une courbe épicycloïdale. Dans le modèle présenté à l'Académie, chacune des roues ne portait que quatre chevilles.

***

Nous reproduisons fig. 24 le dessin d'un échappement à deux roues tel qu'il a été représenté dans plusieurs ouvrages d'horlogerie.

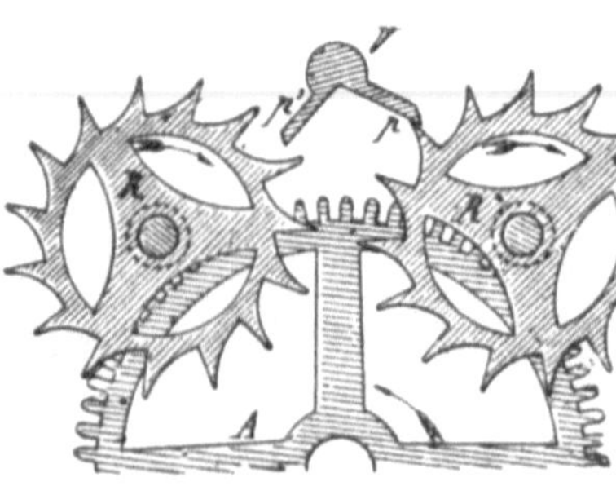

Fig. 24.

Les deux roues sont conduites toutes deux par la dernière roue du rouage ; elles tournent donc dans le même sens.

Dans ces conditions, le fonctionnement de ce mécanisme est impossible et on le comprendra tout de suite, puisque les palettes seraient actionnées dans le même sens par les deux roues.

***

L'échappement à palettes, avec rochet, fut aussi essayé avec deux pendules.

Cet essai ne fit que confirmer ce qu'on avait déjà reconnu, c'est-à-dire qu'au lieu de se compenser, les variations de chacun des pendules s'ajoutaient, le plus souvent, les unes aux autres ; le résultat ne fut donc pas satisfaisant du tout, et d'autant moins que la complication du mécanisme amenait encore de nouvelles irrégularités.

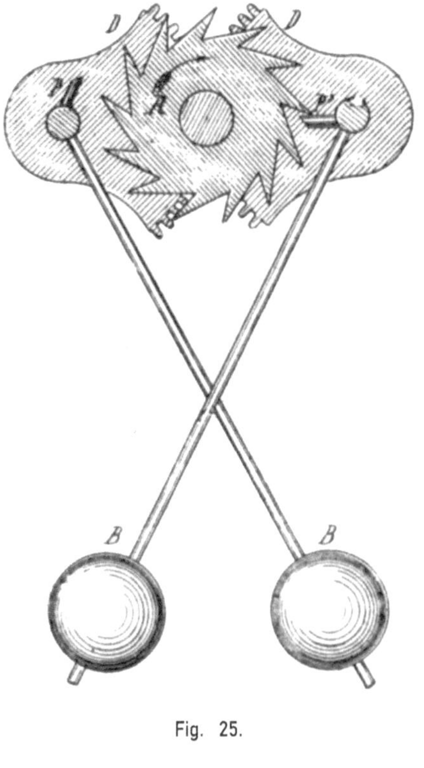

Fig. 25.

Voici, fig. 25, un de ces échappements à deux pendules. Chaque pendule est fixé à un axe qui porte, en même temps qu'une des palettes, un arc denté D. Ces deux arcs engrènent l'un avec l'autre, de sorte que les axes et par conséquent les palettes et les pendules, sont solidaires.

Les pendules oscillent constamment en sens contraire l'un de l'autre ; ils reçoivent, tour à tour, une impulsion dont tous les deux profitent. La roue va agir sur la palette P' et le pendule. qui est fixé à l'axe de cette palette, sera renvoyé vers la droite pendant que l'autre ira à gauche. La palette P arrêtera la roue, puis elle recevra, à son tour, une impulsion.

Cet échappement a été construit par J.-B. Dutertre, maître horloger à Paris.

***

Un échappement à palettes, d'une construction tout à fait particulière, nous est montré, vu de côté et de face, par les fig. 26 et 27. Il y a deux roues : l'une, petite, R', en forme de rochet ; l'autre, R, plus grande, rappelle la roue de rencontre, mais elle a des dents de forme rectangulaire. Ces deux roues sont placées sur un même axe et la verge, V, qui porte les deux palettes P, P', pivote intérieurement à la circonférence de la grande roue.

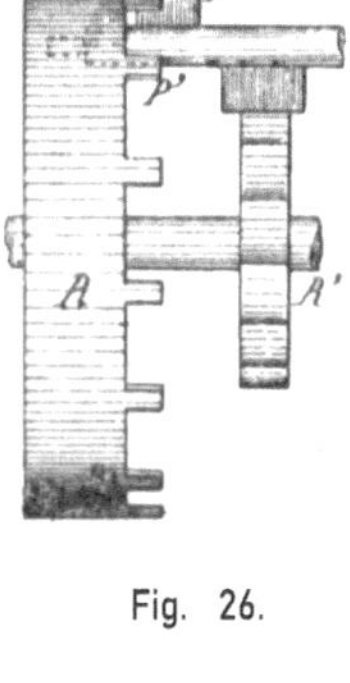

Fig. 26.

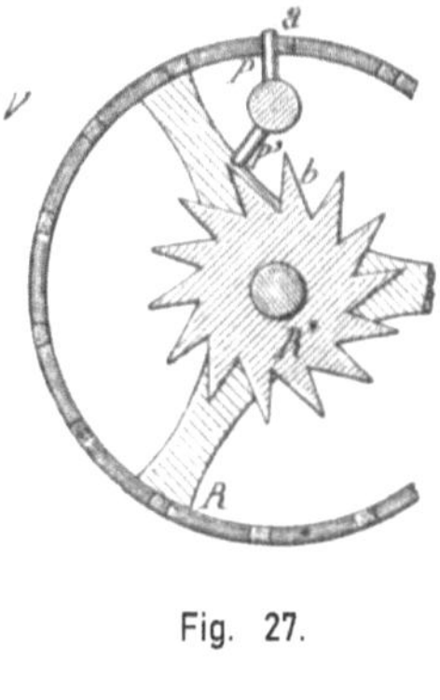

Fig. 27.

À l'aide des deux dessins, on comprendra facilement cette disposition, qui n'a pas d'autre mérite que d'être plus compliquée et plus délicate que la disposition primitive.

La dent *a* de la grande roue est sur le point de donner une impulsion en agissant contre la palette P ; une fois cette impulsion terminée, la dent *b* du rochet sera arrêtée par la palette P'.

Cette palette, par la force vive du pendule, fera reculer les roues, puis elle recevra, à son tour, l'impulsion qui lui sera donnée par la dent *b*.

On remarquera tout de suite que, dans ce mécanisme, les impulsions ne sont pas égales sur les deux palettes, puisqu'elles sont communiquées par des roues d'inégale grandeur.

Échappements à ancre à recul

Les différentes constructions de l'échappement à palettes furent peu à peu abandonnées, pour faire place à l'échappement à ancre à recul, imaginé par l'horloger anglais William Clément, qui vécut à Londres de 1670 à 1696.

Cette invention, faite en 1675, ne fut appliquée en France qu'à partir de 1695. Le Dr Hooke (1635-1703), professeur de géométrie, secrétaire de la Société royale, à Londres, la revendiqua comme sienne et prétendit avoir présenté, en 1666, à la Société royale, une horloge munie d'un échappement de construction identique. On ne nous renseigne pas sur le sort qu'eut cette revendication.

La fig. 28 représente la première disposition adoptée par Clément. Nous y voyons la roue en rochet utilisée déjà dans certains échappements à palettes. Les palettes sont remplacées par les plans inclinés A, B, d'une pièce en forme d'ancre qui pivote, en V, sur un

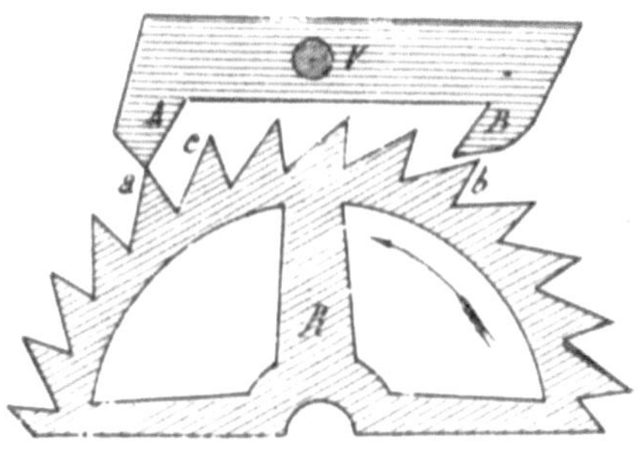

Fig. 28.

axe auquel est fixée la fourchette.

Le fonctionnement de ce mécanisme est des plus simples. Le pendule, oscillant de droite à gauche, reçoit, par l'entremise de la fourchette, une impulsion donnée par la dent a de la roue, agissant contre l'incliné A. Lorsqu'elle a parcouru tout l'incliné, la dent *a* échappe et la dent *b* tombe en arrêt contre l'incliné B. Il se produit alors, comme dans l'échappement à palettes, un recul de la roue, sous l'influence du pendule qui termine son oscillation, puis la dent *b* donnera une impulsion en sens contraire, et la dent *c* sera arrêtée par le levier A.

Avec ce nouveau système d'échappement, il fut possible d'augmenter le poids du pendule tout en employant une force motrice moindre. L'étendue de l'arc d'oscillation étant plus réduite, on obtint une justesse de marche notablement meilleure qu'avec l'échappement à roue de rencontre. La cycloïde d'Huyghens, dont l'application était accompagnée de difficultés et d'inconvénients inévitables, n'eut plus sa raison d'être.

La suspension en fil de soie fut remplacée par celle à ressort et les nouvelles horloges ainsi construites furent, en raison de leur supériorité, appelées « Pendules royales ».

En fig. 29 nous avons l'échappement dit « en toit «, qui permet un

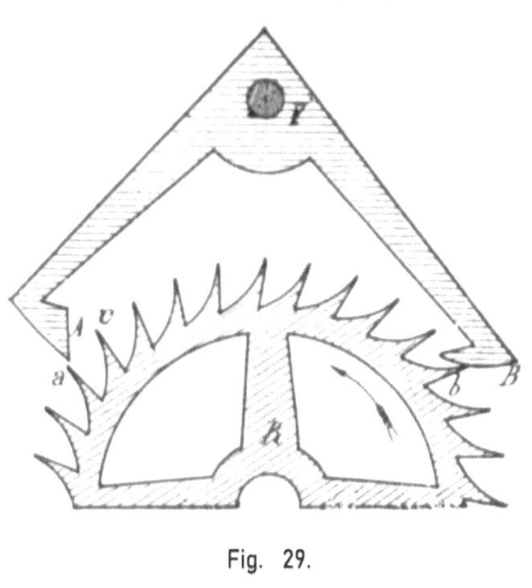

Fig. 29.

pendule plus lourd encore que le précédent et dont l'ancre embrasse un plus grand nombre de dents ; cette disposition amena à constater qu'avec de longs leviers d'ancre, les frottements étaient plus considérables et que les faces de recul s'usaient plus rapidement. Elle a sans doute été imaginée pour permettre d'ouvrir et de refermer l'ancre plus facilement.

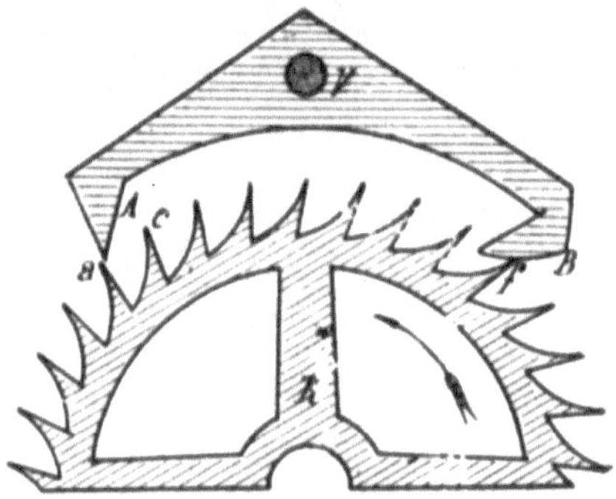

Fig. 30.

On adopta sous le nom d'ancre anglais à recul, un échappement en toit réduit et embrassant moins de dents ; il est représenté fig. 30. Ce système paraît avoir eu du succès.

*
* *

Actuellement l'échappement ancre à recul est construit en Allemagne de la façon économique représentée fig. 31, disposition qu'on rencontre dans les

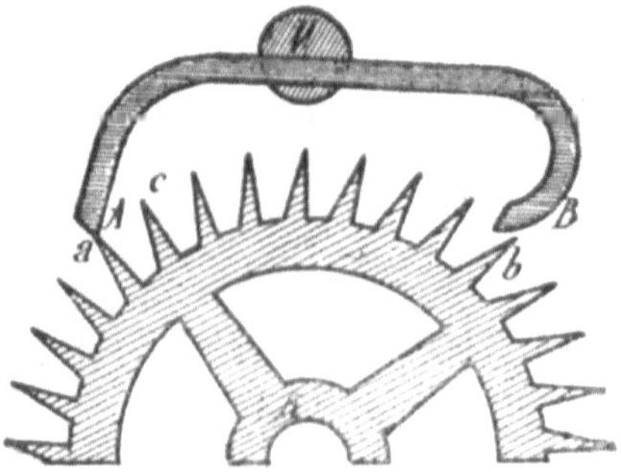

Fig. 31.

horloges construites selon le système américain.

L'ancre est formée d'une simple plaque d'acier courbée à la forme voulue ; les horloges munies de cet échappement fournissent une marche assez régulière ; les résistances du recul compensent dans une certaine mesure les variations causées par les inégalités de la force motrice et du rouage.

La dent *a* va échapper du levier A auquel elle a donné une impulsion ; la dent *b*, après une petite chute, rencontrera le levier B. Ce levier, sous l'influence de la force vive du pendule, fera d'abord reculer la roue, puis, le pendule revenant en sens inverse, il y aura une nouvelle impulsion donnée par la dent *b*. Les dessins fig. 29 et 30 montrent l'échappement au moment où la dent *b* est en arrêt contre B.

La construction d'ancre à recul, représentée par la fig. 32, offre certains avantages très appréciables.

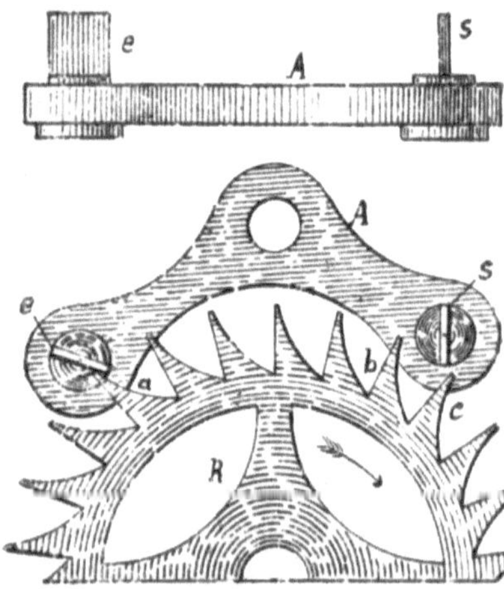

Fig. 32.

Les palettes ou leviers, *e*, *s*, sont tout simplement formées par des lames d'acier ajustées dans une sorte de bouchon, et fixées verticalement au plan du corps de l'ancre A.

Ces bouchons peuvent être tournés à volonté, ce qui permet de changer l'inclinaison des palettes et de donner ainsi plus ou moins de recul, ou de corriger une chute inégale, s'il y a lieu.

C'est surtout au point de vue de la réparation, que cette construction présente de grands avantages ; non seulement les fonctions peuvent être très facilement mises au point, mais, en cas d'usure, les palettes se remplacent aisément. Un morceau d'acier, un fragment de ressort, d'épaisseur et de largeur convenables, constitue une palette qu'il suffit de consolider dans la rainure du bouchon.

Et encore, s'il ne s'agit que d'usure, le remplacement de la palette n'est pas obligatoire ; on fait donner un demi-tour au bouchon et l'on a un nouvel incliné tout frais. Quand la lame a ainsi servi des deux côtés, on peut encore la retourner, c'est-à-dire l'enfoncer dans le bouchon, par l'autre extrémité.

Nous ne parlons pas du fonctionnement de cet échappement ; il est le même que celui des précédents mécanismes et n'offre rien de particulier.

***

Le bruit de tic-tac de l'échappement des pendules n'est pas supporté par tout le monde ; certaines personnes nerveuses ou malades ne peuvent l'entendre et, comme elles tiennent à avoir quand même l'heure dans leur chambre, on s'est ingénié à construire des échappements silencieux.

En voici un, très original, qui date de 1820 (fig. 33) ; nous ne pensons pas que ses organes soient encore en état de fonctionner à l'heure actuelle, mais, s'il a marché, c'est certainement sans bruit.

La roue d'échappement R est formée par deux plaques triangulaires montées sur le même axe à une certaine distance l'une de l'autre, et reliées par trois cordes à boyau *a, b, c*, bien tendues. Ces trois cordes constituent les dents ou chevilles de la roue d'échappement.

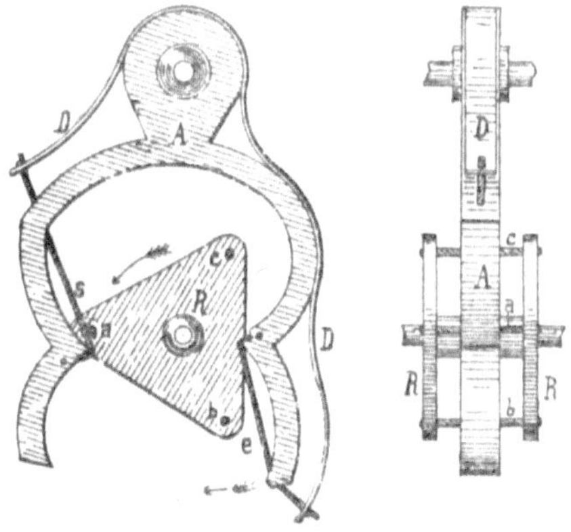

Fig. 33.

L'ancre A est d'une construction toute particulière ; les plans d'impulsion *e, s*, sont formés par des cordes à boyau tendues au moyen d'un ressort D, ajusté convenablement sur le pourtour de la pièce.

La figure de droite représente l'échappement complet vu de côté et en fait comprendre l'originale disposition.

Tous les contacts, repos et levées se font entre les cordes à boyau ; dans ces conditions, on voit que nous ne nous avancions pas trop en assurant, sans l'avoir vu fonctionner, que ce mécanisme devait être absolument silencieux. Nous ne nous arrêterons pas à parler de l'usure des parties en contact, ni du résultat de réglage que le constructeur a obtenu avec cet échappement ; nous ne décrivons ce mécanisme, comme bien d'autres, qu'à titre de curiosité.

La cheville *a* est en train de donner une impulsion contre le levier *s*, en repoussant l'ancre vers la gauche ; cette impulsion terminée, la cheville b tombera en arrêt contre le levier *e*. La roue reculera d'abord sous l'action du pendule et en vertu de la force vive de ce dernier, puis elle donnera une impulsion en sens contraire.

***

Le mécanisme, fig. 34, qui répond au même but, est plus moderne ; il est destiné surtout aux pendules du système américain, qui ont un tic-tac particulièrement bruyant. Le bruit n'est peut-être pas supprimé complètement par ce système, mais il doit certainement être bien amorti.

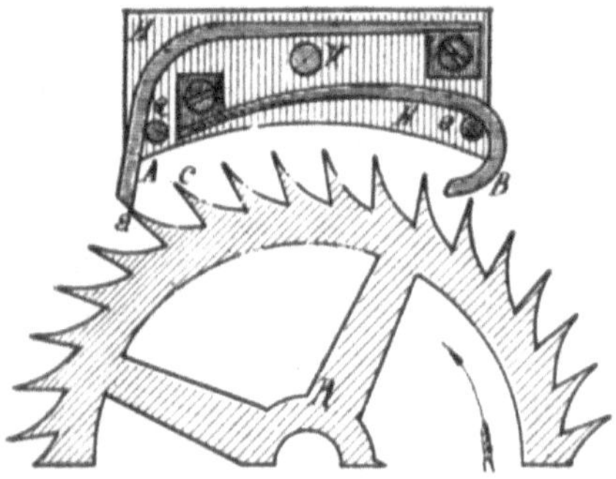

Fig. 34.

L'ancre est formée de deux pièces, A, B, ajustées sur une plaque H, laquelle est montée sur l'axe V. Ces deux pièces, par leur disposition, représentent exactement l'ancre de la fig. 34 ; elles constituent une ancre à recul, dont les leviers peuvent fléchir dans une certaine mesure. Ils fléchissent au moment du choc de la dent, mais reprennent immédiatement leur position de repos contre les plots *e, e*.

Mentionnons enfin, pour terminer ce chapitre, l'emploi qui se fait de nos jours encore, de l'échappement à ancre à recul, dans les montres à répétition. L'ancre est ici (fig. 35) destinée à ralentir et régulariser la marche du petit rouage de la sonnerie ; elle pivote en V et a un mouvement très rapide, dont l'amplitude est rendue variable par le

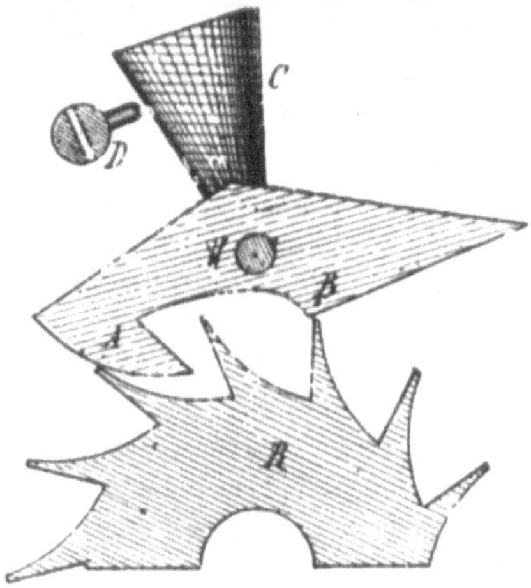

Fig. 35.

moyen du plot D, qui limite la course du volant C. Ce volant fait corps avec l'ancre et limite l'angle décrit par cette dernière ; si l'angle est grand, le rouage tourne lentement ; si les dents de la roue passent sans permettre à l'ancre de décrire un arc supplémentaire, le rouage défile beaucoup plus rapidement.

II - Échappements à recul pour montres

Échappement à roue de rencontre

Au commencement du XVIe siècle, alors qu'on cherchait à réduire le volume des mécanismes d'horlogerie, un serrurier de Nuremberg, Peter Hele, né en 1480 et mort en 1540, eut l'idée de remplacer le poids moteur par un ressort enroulé en spiral.

Cette invention permit de rendre portatives les pièces d'horlogerie et de les construire en dimensions plus réduites ; c'est ainsi que prirent naissance, d'abord les horloges de table, puis les montres de poche.

On ne connaissait, à cette époque, que l'échappement à palettes ; on l'appliqua aux montres tel qu'il existait dans les horloges, c'est-à-dire avec le *foliot* formé de deux bras, montés sur l'axe des palettes. Mais on fut obligé de supprimer les *régules* mobiles et l'on adapta, à l'extrémité de chacun des bras du foliot, une petite masse fixe.

Ce foliot, avec ses deux masses en forme de petits disques, est parfaitement visible sur la fig. 36, qui représente une des premières montres fabriquées. On distingue la roue d'échappement au-dessous du petit pont qui maintient la verge.

On comprend qu'avec ces masses fixes, il n'était pas possible de modifier l'étendue des oscillations ; il fallut trouver un système de réglage pour remplacer les petits poids mobiles, ou régules, par le déplacement desquels on faisait varier, dans les horloges, la vitesse des oscillations.

Le système qui fut adopté au début, dans les pièces portatives, est montré par la fig. 36. À gauche du petit rochet monté sur le carré de remontage, on voit une pièce formée d'un index dirigé vers le haut, et d'un bras dont l'extrémité inférieure se rapproche du foliot. Cette pièce est assujettie sur la platine,

Fig. 36.

mais de façon à pouvoir tourner à frottement gras. On agit sur l'index pour la faire tourner. Le bras inférieur porte, à son extrémité, un fort crin qui est implanté verticalement et contre lequel le foliot va buter en oscillant. L'étendue des oscillations, et par suite leur durée, est modifiée par l'éloignement ou le rapprochement de cet arrêt élastique.

Mais les irrégularités de la marche provenaient en première ligne des variations de tirage du ressort moteur. On arriva à égaliser ce tirage dans une certaine mesure, au moyen d'un dispositif que l'on peut voir aussi sur la fig. 36.

Il consistait en un fort ressort ou frein, dont l'extrémité frottait contre un limaçon porté par une roue actionnée par l'arbre du barillet. Cette roue donnait un tour seulement pendant tout le développement du ressort. Lorsque le ressort était armé au haut, le frottement du frein se faisait sur le plus grand rayon du limaçon, c'est-à-dire qu'il était à son maximum ; il opposait une forte résistance à l'action du ressort. Au fur et à mesure que le ressort se détendait, la résistance opposée devenait moindre, le frein appuyant contre un rayon de plus en plus réduit du limaçon.

Disons encore que ce système est, non seulement un égalisateur de la force du ressort moteur, mais qu'il constitue le premier arrêtage connu. En effet, on remarque qu'une des dents de la roue qui porte le limaçon est plus large que les autres. Cette dent fait arrêt contre les dents du pignon, de sorte que la roue ne peut donc donner qu'un tour ; ce tour correspond à environ quatre tours du pignon, c'est-à-dire à quatre tours de remontage du ressort. Cette disposition était nécessaire pour que la pression, au même endroit du limaçon, corresponde toujours exactement à la même tension du ressort.

On a compris que l'arbre tourne pendant la marche de la montre et qu'il porte la roue motrice.

Les historiens de l'horlogerie nous disent que cette disposition de frein portait « le nom allemand de *stackfreed* ». Nous croyons qu'il y a là une erreur ; ce mot nous paraît être anglais plutôt qu'allemand. À notre avis, c'est le mot « *slackspeed* » (*slacken* = diminuer, modérer ; *speed* = vitesse) qui, mal transcrit, a été transformé en *stackfreed.*

Les écrivains horlogers allemands donnent le nom de « Bremse » (frein) à ce mécanisme, et aucun d'eux n'emploie le mot stackfreed qui, dans leur langue, n'a aucune signification. Britten, auteur anglais, lui attribue une origine persane, mais n'explique pas sur quoi il base cette supposition.

Quoi qu'il en soit, l'idée de cet ingénieux mécanisme a été un premier pas vers l'invention de la fusée.

***

Un balancier circulaire, formant volant, remplaça ensuite le foliot à deux bras. La fig. 37 nous fait voir la disposition de l'échappement à palettes et à balancier, dans une montre.

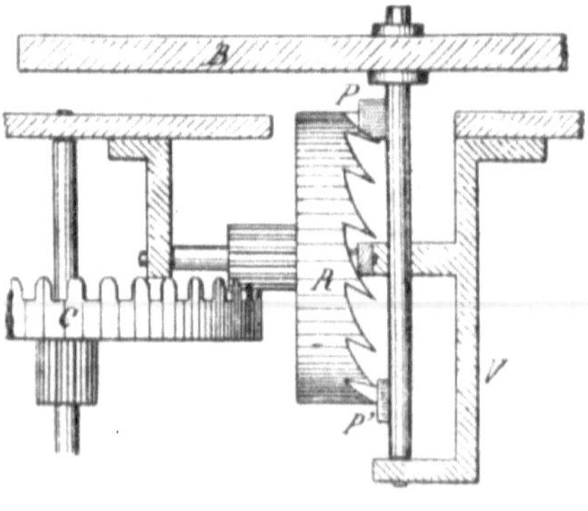

Fig. 37.

C est la dernière roue du rouage, appelée *roue de champ*, à cause de sa denture sur champ ; elle actionne la roue d'échappement, R, dont l'axe est horizontal. La verge, munie des palettes P P', porte le balancier B. Au-dessus de ce balancier, et non représenté sur le dessin, se trouve le coq, qui maintient l'extrémité supérieure de la verge ; le pivot inférieur tourne dans le pont V.

On voit qu'il n'y a rien de changé dans le principe de l'échappement et que c'est toujours le même mécanisme que celui qui était adapté aux horloges.

***

Nous donnons, fig. 38, le plan complet d'un mouvement de petite horloge portative ayant, comme force motrice, un ressort enfermé dans un barillet.

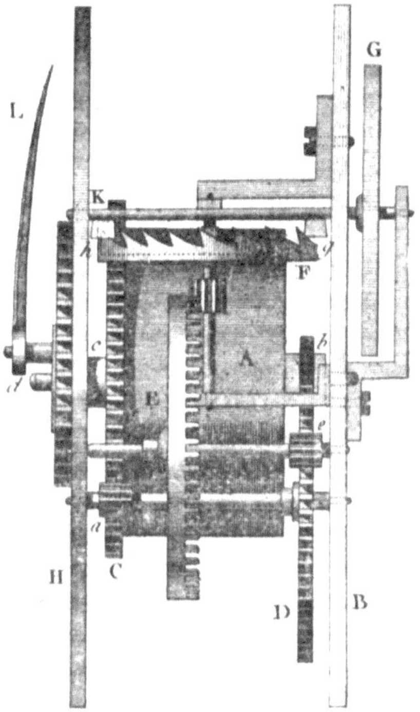

Fig. 38.

Ici, l'axe qui porte les palettes et le balancier *b*, est horizontal. Celui de la roue d'échappement, F, est vertical.

La roue motrice, C, engrène avec le pignon *a* ; l'axe de ce pignon porte la roue dentée D ; celle-ci engrène avec le pignon *e*, dont l'axe porte la roue de champ E. Cette roue E actionne le pignon de la roue d'échappement F.

La roue C fait une révolution en quatre heures ; elle est fixée sur un canon qui tourne sur l'arbre du tambour. Ce canon, prolongé en dehors de la platine H, porte une petite roue qui actionne une autre roue faisant sa révolution en douze heures, et sur l'axe de laquelle est montée l'aiguille L. Le cadran est fixé à la platine H.

***

Huyghens, le savant hollandais auquel, non seulement l'horlogerie, mais aussi la physique, l'astronomie et les sciences mathématiques doivent de nombreuses découvertes, chercha à corriger les irrégularités de l'échappement à roue de rencontre dans les montres, en augmentant l'amplitude des oscillations du balancier. Il construisit à cet effet l'*échappement à pirouette*, fig. 39, dans lequel une roue dentée A, ajustée sur la verge V, sert d'intermédiaire entre celle-ci et le balancier B, sur l'axe duquel se trouve un pignon D.

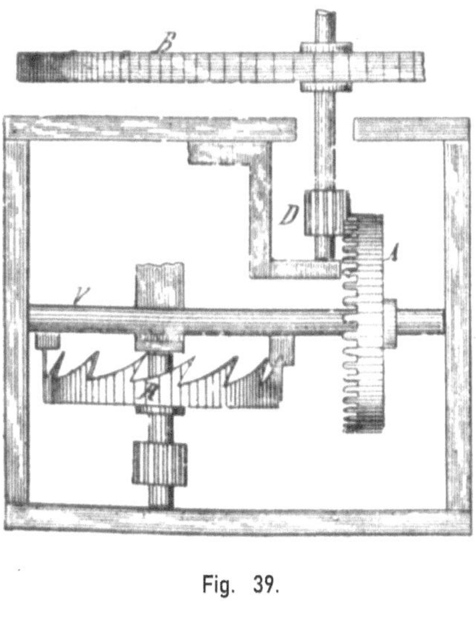

Fig. 39.

Au moyen de cette construction, il obtint des oscillations très étendues, mais très lentes, qui restèrent soumises à toutes les irrégularités provenant de la force motrice et des secousses.

Nous avons vu, fig. 7, une disposition analogue appliquée aux horloges à pendule, par le même savant. Mais là, il s'agissait de réduire l'étendue des oscillations du régulateur et non de l'augmenter. Le moyen employé est le même dans les deux cas ; les résultats obtenus sont inversés comme le sont les rapports d'engrenages.

John Harrison (1693-1776), le célèbre horloger anglais, eut recours à deux artifices, dont l'un consistait à donner aux palettes de l'échappement une courbure telle que le balancier put être ramené avec une vitesse en rapport avec l'étendue de l'oscillation : le second consistait en une pièce accessoire dont l'action avait de l'analogie avec celle des courbes cycloïdes du pendule.

⁂

Huyghens s'était acquis une telle réputation que Louis XIV, voulant fonder à Paris une Académie des Sciences, le fit inviter, sous des conditions avantageuses, à venir s'établir en France. Le savant accepta, et il vint résider à Paris en 1666.

C'est en 1674 qu'on vit paraître le premier ressort spiral réglant adapté au balancier des montres. Huyghens fit exécuter cette invention par un excellent horloger du nom de Thuret. La pièce à laquelle cette invention fut appliquée était munie de l'échappement à pirouette représenté fig. 39.

Le Dr Hooke, dont nous avons déjà parlé à propos de l'échappement à ancre à recul, prétendit, dans un écrit public, avoir déjà fait auparavant une montre réglée par les vibrations d'un ressort ; mais c'était un ressort droit et non un ressort en spirale.

L'abbé Jean de Hautefeuille, physicien et mécanicien distingué, né à Orléans en 1647, mort en 1724, revendiqua aussi la priorité de l'invention ; il intenta un procès au Parlement de Paris, à Huyghens, mais il fut débouté.

Son idée consista d'abord à fixer une soie de porc, d'une part à la platine et de l'autre au balancier, près de l'axe. Cette soie de porc fut remplacée ensuite par un ressort droit et très flexible, puis par un ressort en forme de serpent, mais malgré tout, les montres ne réglaient pas beaucoup mieux.

Huyghens, qui avait reconnu les irrégularités des oscillations du pendule, et qui avait réussi à les corriger, ne se rendit pas compte de celles du balancier avec spiral. C'est à partir de 1750 seulement que Pierre Le Roy (1717-1785) et Ferdinand Berthoud (1727-1807) étudièrent les conditions d'isochronisme du spiral.

Quoi qu'il en soit, cette belle invention constitua un progrès immense pour l'art de la mesure du temps ; grâce à elle, il fut possible d'étudier d'autres échappements que celui à palettes, qui seul, était applicable sans spiral ou sans pendule.

Les clepsydres et les sabliers disparurent complètement et l'on ajouta aux appareils horaires, rendus susceptibles d'une régularité de marche bien meilleure, une seconde aiguille pour marquer les minutes.

⁂

Une autre invention, non moins importante pour l'époque, fut celle de la fusée. C'est vers la fin du XVIe siècle que cette disposition, destinée à égaliser l'action du ressort moteur, fut appliquée aux montres, mais l'auteur de cette découverte que Julien Le Roy qualifia : « une des plus belles conceptions de l'esprit humain », est absolument inconnue.

Nous voyons, fig. 40, le mouvement d'une montre du seizième siècle, muni d'une fusée. Le frein n'existe plus, mais on voit toujours le foliot, qui bat entre les deux crins C B, dont le second peut

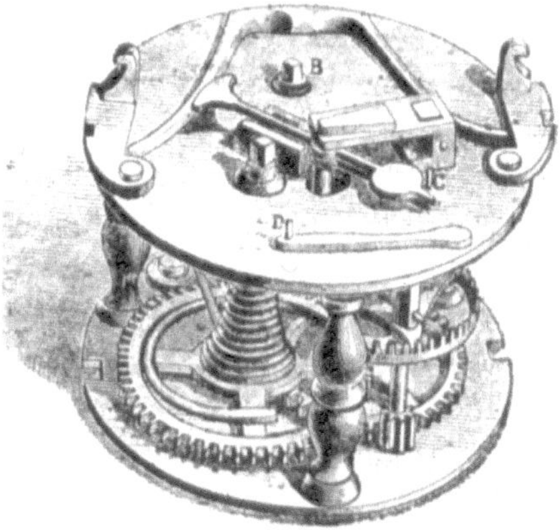

Fig. 40.

être rapproché ou éloigné du premier.

C'est grâce à la fusée que l'échappement à roue de rencontre, malgré ses défectuosités, a eu une carrière aussi longue. Jusqu'en 1850, la plus grande partie des montres ordinaires du commerce furent encore construites avec cet échappement.

En 1802, c'est-à-dire quatre-vingts ans après l'invention de l'échappement à cylindre, Ferdinand Berthoud, dans son *Histoire de la mesure du temps*, disait de l'échappement à roue de rencontre :

> « Depuis l'époque de son invention, on a construit une infinité d'échappements, mais celui-ci, que l'on emploie dans les montres communes, ou ordinaires, est encore le meilleur ».

***

La montre à roue de rencontre a vécu, mais sa carrière a été longue et honorable. Elle mérite mieux qu'une simple mention, et nous croyons que les beaux dessins et la description qu'en a donnés Ferdinand Berthoud, sont de nature à intéresser aussi bien les vieux horlogers qui en ont en souvent à réparer, que les jeunes qui ne l'ont, pour ainsi dire, pas connue.

Voici cette description :

La fig. 41 représente, vue de profil, la montre et toutes les roues placées sur la même ligne, les platines coupées par le milieu des trous, afin de faire voir l'élévation précise de toutes les parties de la montre. A A est la platine des piliers ; *e e*, son épaisseur ; *a* A, la partie de la platine qui forme ce que l'on appelle la batte ; *c c*, le pont réservé au centre de la platine, pour former un tigeron au pignon *h* de la roue du centre I ; B B. la creusure faite à la platine pour former la batte.

C C est la seconde platine de la cage. D est le barillet ou tambour, dans lequel est renfermé le ressort spiral, moteur de la montre, et au dehors duquel est placée la chaîne, dont un bout porte le crochet qui s'adapte au barillet ; l'autre bout de la chaîne porte pareillement un crochet qui s'accroche à la circonférence de la base de la fusée E ; *d* est la noyure faite à la platine, pour que le pivot inférieur de la fusée ait un plus grand tigeron ; *g g* est l'assiette ou bouchon, rivé à la platine, pour former l'épaisseur du trou du pivot de fusée, et le réservoir pour huile.

G est la roue de fusée ; *h*, le pignon de la grande roue moyenne, dans lequel engrène la roue de fusée. I est la grande roue moyenne ; elle engrène dans le pignon *k*, sur lequel est rivée la petite roue moyenne L ; le pivot supérieur de cette roue roule dans le trou fait à la platine C C et le pivot inférieur 2, dans un trou fait au pont *f f*. La roue L engrène dans le pignon 1, sur lequel est rivée la roue

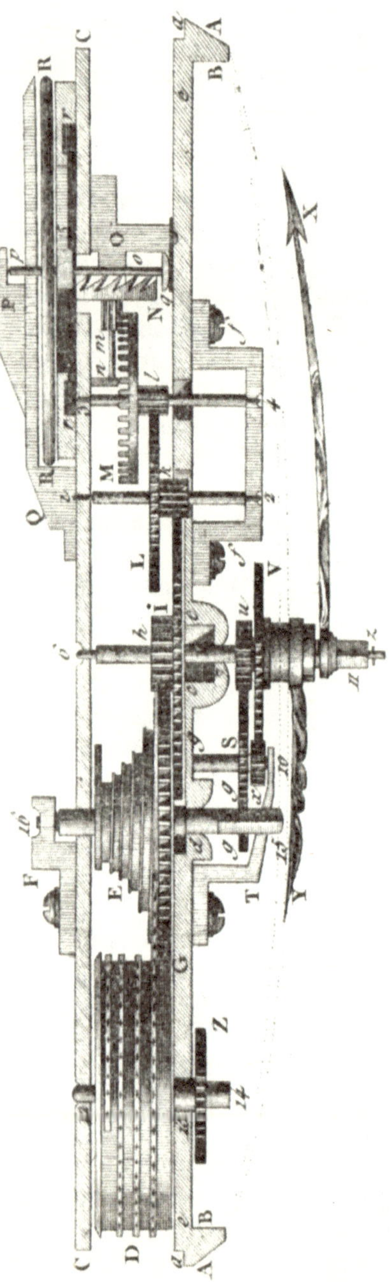

Fig. 41.

de champ. Le pivot supérieur 3, roule dans le trou de la platine C C ; et celui 4, dans celui fait au pont *f f.*

La roue de champ M engrène dans le pignon *m*, sur lequel est rivée la roue de rencontre N. Le pivot du dedans de la roue de rencontre roule dans le trou fait au nez de potence O ; et l'autre pivot, dans le trou fait à la contre-potence *n*.

La verge de balancier *o p*, porte deux pivots, dont l'un supérieur p, roule dans le trou fait au coqueret P, fixé avec aine vis sur le coq Q, attaché à la platine par deux vis. Le pivot inférieur de la verge de balancier roule dans le trou fait au talon de la potence O. La verge de balancier porte deux palettes, qui engrènent dans la roue de rencontre, et qui forment avec elle l'échappement. Le balancier R R est rivé sur l'assiette de la verge *o p* ; *r r* représente la coupe de la coulisse et du râteau appliqué sur le dehors de la platine C C. La plaque d'acier *s* sert à recevoir le bout du pivot de la verge, afin que sa portée ne frotte pas sur le coqueret ; le bout du pivot inférieur de la verge roule de même sur la plaque *q* d'acier trempé très dur.

Le pivot supérieur 6 de la grande roue moyenne, roule dans le trou fait au centre de la platine ; l'autre pivot 7 de la même roue, roule dans le pont réservé au centre de la platine des piliers : ce pivot prolongé 7 *z*, porte le pignon de chaussée *u*, qui engrène dans la roue de renvoi S ; celle-ci est fixée sur le pignon *x* ; ce pignon porte deux pivots, l'un, 9, roule dans un trou fait à la platine des piliers, et l'autre, 10, dans le trou du pont T 10, attaché à la platine. Le pignon *x* engrène dans la roue de cadran V, rivée sur un canon qui roule sur celui de la chaussée. Le bout 11 du canon de chaussée est carré ; sur ce carré est ajustée l'aiguille des minutes X ; l'aiguille des heures Y s'ajuste à frottement sur le canon de la roue de cadran.

Le pivot 12 de l'arbre de barillet, entre dans le trou fait à la platine C C ; et celui 13, dans celui de la platine des piliers. La partie saillante de ce pivot est limée carrément, pour recevoir le rochet d'encliquetage Z. Le bout prolongé 14 de ce carré, sert à remonter le ressort, pour lui donner le degré de bande convenable à la fusée ; 15 est le carré de la fusée, qui sert à remonter la montre. Les encoches 16, 6, *i*, 3, 4, 7, 2, 4, que l'on voit faites aux ponts et aux platines, représentent la coupe des réservoirs que

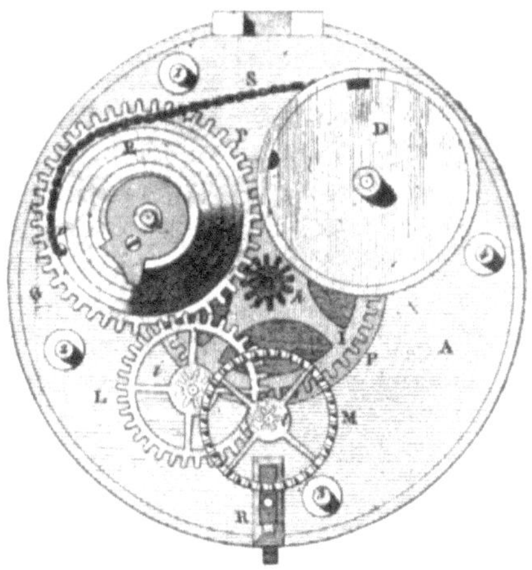

Fig. 42.

l'on a pratiqués au bout des trous des pivots pour y conserver l'huile.

La fig. 42 représente le dedans de la platine des piliers, vue en plan, avec les pièces qu'elle porte, lorsque l'on vient d'ôter la seconde platine. A est la platine ; 1, 2, 3, 4, les piliers ; D, le barillet ; S, la chaîne ; G, la roue de fusée ; E, la fusée ; *h*, le pignon de la longue tige ; I, la grande roue moyenne ; *i*, le pignon qui porte la petite roue moyenne L ; *l*, le pignon de la roue de champ M.

La fig. 43 fait voir le balancier en perspective, portant le ressort spiral

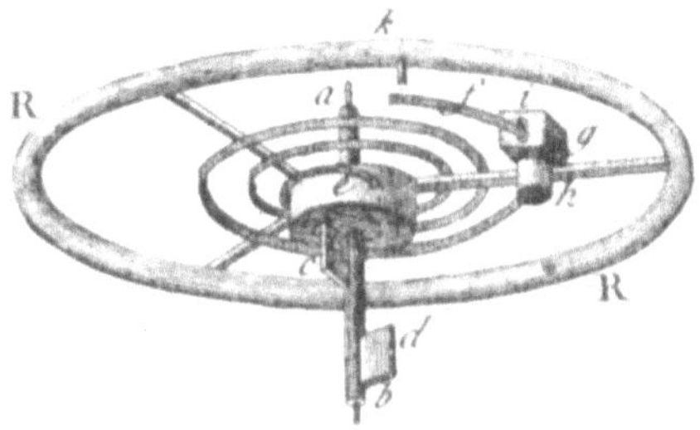

Fig. 43.

réglant, et tel qu'on le voit lorsqu'on l'ôte de dessus le mouvement. R R est le balancier ; *a*, *b*, les pivots de la verge de balancier ; *c*, *d*, les palettes ; *e*, la virole de spiral, mise à frottement sur l'assiette de la verge de balancier ; *e f* est le spiral, dont le bout *e* se fixe par une cheville avec la virole ; le bout extérieur J du spiral est fixé au piton *g h*, au moyen d'une goupille ou cheville *i* ; le bout ou pivot *h* du piton, est fait pour entrer à frottement dans un trou fait à la platine C C. *k* est la cheville qui sert à empêcher le renversement du balancier, ou à fixer sa course.

La fig. 44 représente le balancier avec son spiral, vu en plan. R R est le balancier ; *a s* le spiral ; *p* est le piton

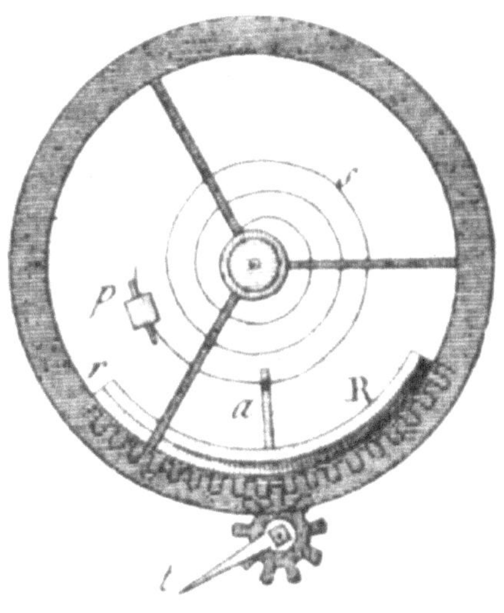

Fig. 44.

qui fixe le bout extérieur du spiral avec la platine ; *r* R est le râteau dont le bras *a* porte une fente, dans laquelle passe librement la lame du spiral. Ce râteau sert à déterminer la longueur du spiral, et par conséquent à régler la montre, selon que l'on approche la fente *a*, ou qu'on l'éloigne du piton *p*. Si on l'approche de *p*, le ressort spiral agira par une plus grande longueur ; ainsi les vibrations du balancier seront plus lentes, et la montre retardera. Si, au contraire, on éloigne la fente *a* du piton *p*, le ressort sera plus court, les vibrations seront plus promptes ; ce qui fait avancer la montre.

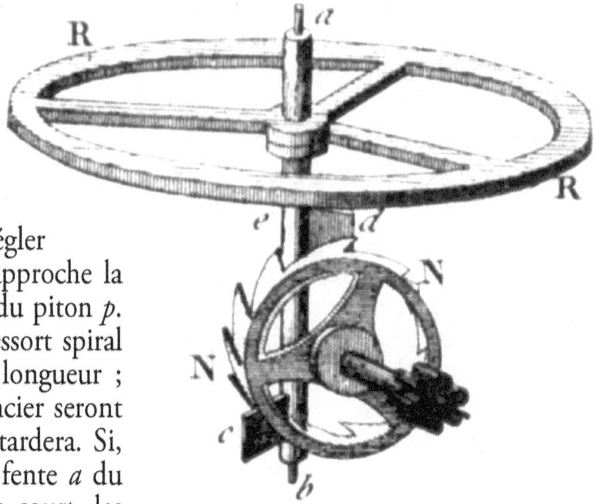

Fig. 45.

Pour faire mouvoir le râteau *r* R, le carré qui porte l'aiguille *t* porte aussi la roue dentée S, laquelle engrène dans les dents du râteau ; et, selon que l'on tourne cette aiguille, on fait avancer ou retarder la montre ; le chemin que l'on fait faire à l'aiguille est marqué par un petit cadran, qui n'est pas ici représenté.

La fig. 45 représente l'échappement à roue de rencontre, vu en grand et en perspective, R R est le balancier, N N la roue de rencontre *c, d*, les palettes.

Mécanismes divers

Le spiral réglant, dont l'invention remonte à l'année 1674, ne paraît pas avoir été utilisé beaucoup, au début par les horlogers, car, jusqu'au milieu du XVIIIe siècle, on voit paraître encore des échappements à recul, destinés aux montres, et dans lesquels il n'est pas question de cet organe de réglage.

Voici par exemple, un mécanisme qui fut présenté à l'Académie des Sciences, en 1742, par un horloger nommé Volet. Cet inventeur disait, dans son exposé, avoir eu l'idée de ce mécanisme « d'après les réflexions qu'il a faites sur les inégalités des montres qui sont pendues ou posées à plat ».

Nous avons vu, fig. 23, cet échappement appliqué aux horloges ; voici, fig. 46, la disposition qui fut adoptée pour les montres, et dont le dessin était joint au mémoire présenté à l'Académie.

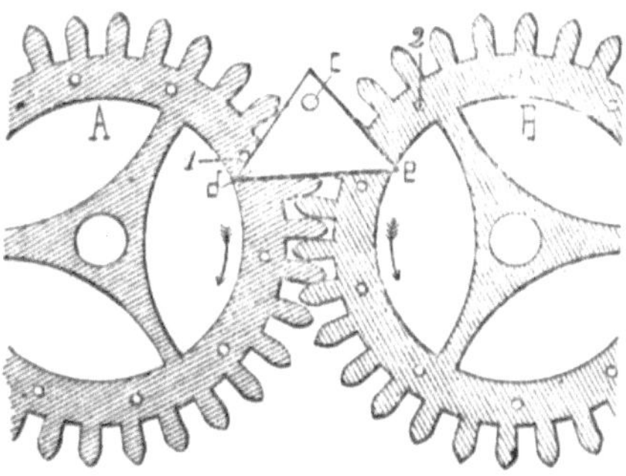

Fig. 46.

Le rapport des commissaires sur cette invention, dit :

> « par l'emploi de cet échappement, la montre n'ayant pas de roue de champ, a cet avantage que tous les engrenages sont plus constants ; de plus, son balancier n'est point sujet au renversement. Cet échappement nous a paru simple et ingénieux et paraît mériter que l'auteur fasse des expériences pour en connaître les proportions les « plus avantageuses ».

La pièce d'échappement est un triangle *c, d, e*, porté par l'axe du balancier. Cet axe est vertical dans une montre, tandis que dans l'application à une horloge, il est horizontal.

Une des deux roues, A par exemple, est actionnée par le rouage et elle entraîne la roue B. Les chevilles portées par ces roues agissent alternativement contre les côtés du triangle pour donner un mouvement circulaire alternatif à l'axe *e* et, par conséquent, au balancier qu'il porte. Sur le dessin, on voit la cheville 1 repoussant le triangle vers la droite ; une fois cette cheville échappée, un nouvel arrêt du rouage aura lieu par la cheville 2 rencontrant le plan *c e* de la pièce d'échappement. Cette cheville 2 donnera ensuite une impulsion en sens contraire.

***

Comme on l'avait essayé dans les horloges, on essaya aussi de donner de la régularité à la marche des montres, en ajoutant un second organe régulateur, qui devait, en quelque sorte, neutraliser les irrégularités du premier. Il est possible que, par hasard, une compensation de ce genre ait pu se produire jusqu'à un certain point, mais on constata beaucoup plus souvent que les irrégularités de l'un des régulateurs s'ajoutaient, dans le même sens, à celles de l'autre ; de plus, la complication même du mécanisme occasionnait de nouvelles irrégularités.

L'horloger anglais Tompion construisit, pour le roi Charles II, une montre à deux balanciers. Le monarque en fut très satisfait ; la renommée de Tompion s'établit et s'étendit jusqu'en France, et le Dauphin lui commanda deux montres pareilles.

La fig. 47 représente un échappement à deux balanciers, que les traités d'horlogerie nous donnent comme ayant été imaginé par le Dr Hooke. La roue d'échappement, R, en forme de rochet, travaille avec les palettes P P', qui sont disposées sur deux axes distincts. Ces axes sont reliés par deux roues B, B', engrenant ensemble ; ils sont, par conséquent, solidaires, et nous avons, en somme, le même mécanisme que celui utilisé dans les horloges et représenté par la figure 25.

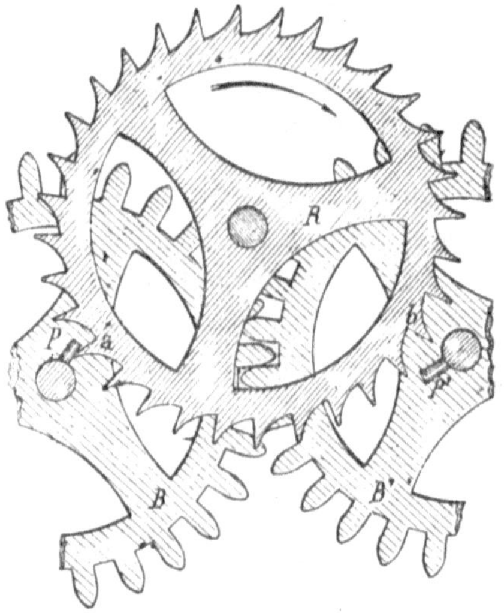

Fig. 47.

Nous pensons toutefois que les deux roues B B' n'étaient là que pour réunir les deux axes et non pas pour jouer le rôle de régulateurs. Chacun des deux axes devait certainement porter un balancier régulateur.

Sur notre figure, la dent a de la roue d'échappement donne une impulsion à la palette P ; lorsque cette dent échappera, la dent *b* atteindra la palette P' ; le recul se produira sous l'action des deux balanciers, puis la dent *b* donnera une impulsion en sens contraire.

***

L'invention du Dr Hooke ne nous parait pas avoir été, même à son époque, une nouveauté bien évidente. Les mêmes ouvrages qui nous la décrivent en signalent une autre qui lui est certainement antérieure et qui doit remonter à l'époque du foliot. La fig. 48 représente cette invention qu'on nous dit avoir été faite en Allemagne.

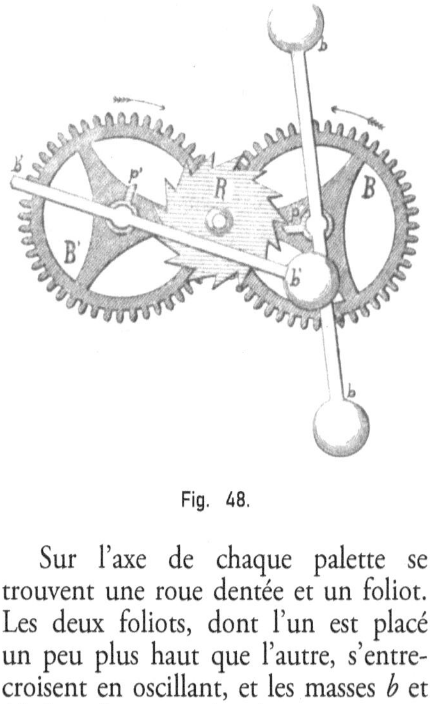

Fig. 48.

Sur l'axe de chaque palette se trouvent une roue dentée et un foliot. Les deux foliots, dont l'un est placé un peu plus haut que l'autre, s'entrecroisent en oscillant, et les masses *b* et *b'*, dont leurs extrémités sont munies, augmentent par leur poids la capacité réglante du système.

***

La fig. 49 nous montre encore une autre invention d'échappement à deux balanciers qui a dû avoir encore moins de succès que le précédent, car les trois engrenages qu'on y voit étaient loin de contribuer à une diminution de frottements et d'irrégularités.

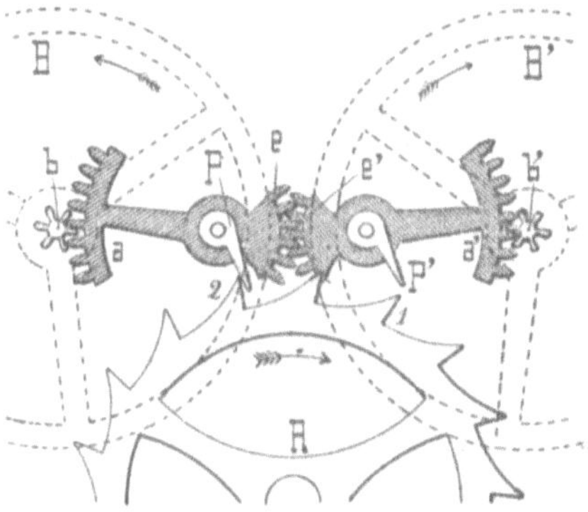

Fig. 49.

La roue d'échappement R agit sur les palettes P P' rendues solidaire, par les arcs dentés *e e'*, montés sur l'axe de ces palettes. Deux autres arcs dentés *a, a'*, transmettent les impulsions aux balanciers B B' dont les axes portent chacun un pignon *b b'*.

Le mécanisme est représenté au moment où la dent 1 vient d'échapper de la palette P' après lui avoir communiqué une impulsion qui fait tourner les deux balanciers dans le sens indiqué par les flèches. La palette P oblige la dent 2, qui est tombée contre elle, à reculer d'abord ; puis cette dent repousse à son tour la palette et occasionne la rotation des balanciers dans l'autre sens.

Ce système est, en somme, une combinaison de l'échappement à deux balanciers, fig. 47, avec la pirouette de Huyghens.

***

Si nous comparons l'échappement de montre représenté ci-contre (fig. 50) à celui pour horloge que nous avons vu fig. 23, nous remarquons tout de suite une certaine analogie. La pièce d'échappement a la même forme dans les deux, et, quoiqu'elle ne soit pas installée de la même façon, son fonctionnement est identique.

Dans le premier de ces mécanismes, les chevilles sont disposées sur deux roues engrenant ensemble ; dans le second, elles sont toutes sur une seule roue, en deux rangées concentriques, et la pièce sur laquelle elles agissent travaille entre les deux rangées.

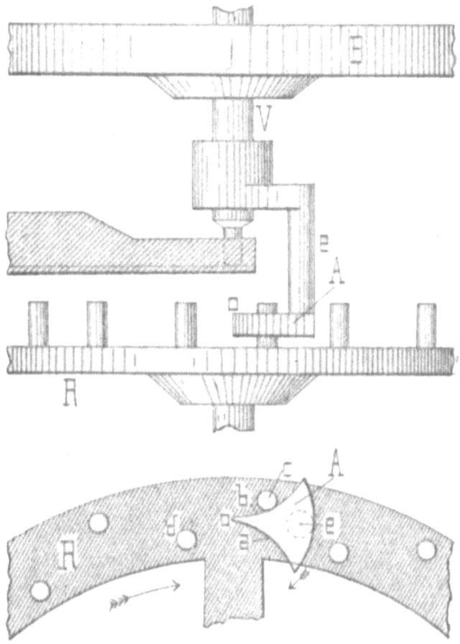

Fig. 50.

La roue d'échappement R, dont il n'est représenté qu'une tranche, en plan et en élévation, porte 30 chevilles disposées comme nous venons de le dire. La rangée extérieure travaille avec la face *b* de la pièce d'échappement A, et la rangée intérieure, avec la face *a*.

Cette pièce A est portée par un bras *e*, en forme de manivelle, ajusté sur l'axe V du balancier B. Elle est placée au-dessous de l'axe, de telle façon que le centre de rotation soit à la pointe O, située sur le prolongement de l'axe.

On voit, sur notre dessin, la cheville *c* en action contre la face *b*. Cette action a pour effet de faire tourner la pièce A, autour de sa pointe *o*, dans le sens marqué par la petite flèche. Arrivée à l'extrémité de la face *b*, la cheville *c* échappera et la cheville *d* tombera contre la face *a*.

Par suite de la force acquise, le balancier continuera à entraîner la pièce A dans le même sens ; la cheville *d* reculera d'abord, puis elle agira à son tour et donnera une impulsion en sens contraire, en glissant contre la face *a*.

Dans ce mécanisme, le recul est moins fort que dans l'échappement fig. 23, parce que les chevilles tombent en arrêt tout près de la pointe *o*.

III - Échappements mixtes pour horloges et montres

Échappements à demi-recul
Échappements à recul modéré

On a compris, par l'étude des mécanismes décrits dans les chapitres qui précèdent, quelles sont les caractéristiques de l'échappement à recul.

Dans ce genre d'échappement, les dents de la roue tombent en arrêt contre les inclinés mêmes, palettes ou inclinés de leviers d'ancre, qui servent aux impulsions. La pièce d'échappement, entraînée par le régulateur, pendule ou balancier, accomplissant son arc supplémentaire grâce à la force vive acquise, fait reculer la roue en repoussant en arrière la dent qui est tombée en repos contre l'incliné. Lorsque le régulateur commence l'oscillation suivante, en sens contraire, la roue devient active et elle agit contre l'incliné pour transmettre au régulateur la force qu'elle reçoit du rouage.

Dans l'échappement dit à repos, les arrêts de la roue ont lieu par une face spéciale de la pièce d'échappement, face distincte de l'incliné d'impulsion et disposée de façon que la roue ait un repos stable, c'est-à-dire sans recul, pendant l'arc supplémentaire.

La fig. 51 permet de comprendre d'un coup d'œil la différence qui existe entre les deux systèmes.

Le levier *e*, ou levier d'entrée, de l'ancre A, possède une face de repos qui est tracée suivant la circonférence *o*, décrite du centre de l'ancre. La dent 1, appuyée contre cette face, y trouve un repos stable et l'ancre ne la fait pas reculer lorsque l'arc supplémentaire s'accomplit.

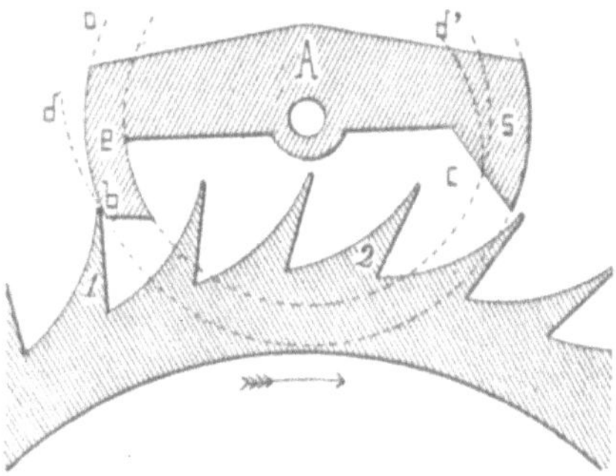

Fig. 51.

L'impulsion, sur ce levier, résulte de l'action de la dent contre l'incliné, et elle se termine par une chute, ensuite de laquelle la dent 2 tombe en arrêt contre le levier de sortie *s*.

Ce levier, *s*, n'a pas de face de repos. La dent tombe en *c*, directement contre l'incliné d'impulsion, qui est prolongé suffisamment. Le régulateur, accomplissant son arc supplémentaire, entraîne l'ancre ; le levier *s* pénètre un peu plus profondément dans les dents de la roue et celle-ci est alors obligée de reculer.

Une impulsion ne peut avoir lieu que lorsque le balancier, ayant achevé son arc supplémentaire, commence l'oscillation suivante, en sens contraire.

Lorsque les deux leviers sont formés comme le levier *s*, nous avons l'*échappement à recul* que nous connaissons, dans lequel un mouvement de recul est donné à la roue, à chaque oscillation. Si les leviers sont formés, tous les deux, comme le levier *e*, la roue ne subit aucun recul ; c'est l'*échappement à repos*, que nous allons étudier dans un prochain chapitre.

Mais auparavant, nous voulons parler de certains échappements mixtes, qui tiennent des deux systèmes, et dont précisément notre figure 51 donne un exemple.

Nous avons d'abord ceux qui sont à recul sur un des leviers et à repos sur l'autre ; on les appelle *échappements à demi-repos.*

Puis les *échappements à recul modéré*, qui ont une face de repos sur chacun des leviers, mais où cette face est formée de façon à produire un certain recul de la roue, pendant l'arc supplémentaire. Par les arcs pointillés *d d'*, on montre, sur la fig. 51, quel serait le tracé d'une ancre à recul modéré.

Ces deux genres de mécanismes sont généralement classés parmi les échappements à recul ; il y aurait cependant tout autant de motifs de les classer avec ceux à repos. Nous croyons donc rationnel de leur ouvrir un chapitre distinct.

⁂

En 1695. Thomas Tompion (16381713), surnommé le père de l'horlogerie anglaise, imagina l'échappement de montre que nous représentons fig. 52, d'après une gravure de l'époque. Ce mécanisme, qu'on désigne généralement comme ayant été le premier échappement à repos, est, en réalité, à demi-repos ; il conserve, sur un de ses leviers, la caractéristique de l'échappement à recul.

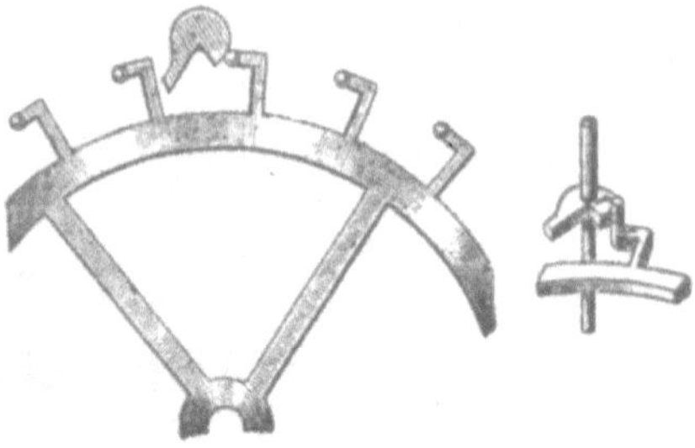

Fig. 52.

Comment Tompion a-t-il été conduit à supprimer le recul sur un des leviers seulement ? Il a dit probablement construire d'abord une ancre avec un repos concentrique sur chacun des leviers, mais les résultats qu'il en obtint ne furent pas satisfaisants. Fonctionnant avec le pendule léger qu'on utilisait dans l'échappement à palettes, le nouveau venu se montra inférieur à son aîné.

Construit un peu au hasard, comme on établissait les échappements à recul, sans s'occuper beaucoup des dimensions, du poids du pendule, de l'étendue des oscillations, l'échappement à ancre à repos fut d'abord reconnu inférieur ; il lui manquait la puissance de corriger les variations de la force motrice, et l'on s'aperçut que, dans ces conditions, un certain recul était utile et même nécessaire.

Les recherches entreprises dans ce sens eurent pour résultat l'invention des échappements à demi-repos, puis de ceux à recul modéré.

L'examen du dessin de l'échappement de Tompion nous permet de constater que, dans ce mécanisme, les dents de la roue, constituées par des chevilles perpendiculaires, font un premier arrêt contre une face circulaire, concentrique au point de pivotement de la pièce d'échappement. Elles pénètrent dans une entaille de cette pièce, sans donner d'impulsion, et elles tombent contre le levier d'impulsion, qui est disposé comme une palette d'échappement à roue de rencontre.

À ce moment, il se produit un recul de la roue sous l'action de la force vive du balancier, puis l'impulsion a lieu.

Cet échappement est *à demi-repos* et *à coup perdu* : demi-repos, parce qu'il n'y a repos stable que d'un côté ; coup perdu, parce qu'une oscillation sur deux se fait sans qu'il y ait impulsion.

Le petit dessin, à droite, nous montre comment était faite la roue dans cet échappement ; on voit qu'il y a déjà un acheminement vers notre roue de cylindre actuelle.

La marche des montres munies de cet échappement était, paraît-il, peu influencée par les variations de la force motrice, mais un fâcheux inconvénient décida Tompion à abandonner ce mécanisme ; le frottement presque constant des dents contre le plateau provoquait une usure rapide des pivots de balancier, qui finissait par détruire la régularité constatée au début.

***

Dans la même année, Tompion, de concert avec Barlow (1636-1716), l'inventeur de la sonnerie à répétition, et un horloger du nom de Hougton, fit breveter un autre échappement, dont le fonctionnement était le même que celui du mécanisme que nous venons de décrire, mais dont la roue était un rochet simple.

Voici ce fonctionnement :

La pièce d'échappement, A, tourne dans le sens indiqué par la flèche. La dent *c*, qui était arrêtée par la face circulaire de repos *b*, est entrée dans l'entaille et a atteint le levier d'impulsion *a*. La rotation du disque A, continuant dans le même sens jusqu'à extinction de la force acquise, il y aura recul de la roue. Lorsque, sous l'action du spiral, la pièce tourne ensuite en sens contraire, la dent *c* lui donne une impulsion, puis échappe ; la dent *d* tombe alors en repos contre *b* et y reste jusqu'à la fin de l'oscillation suivante qui, de nouveau, a lieu dans le sens marqué par la flèche.

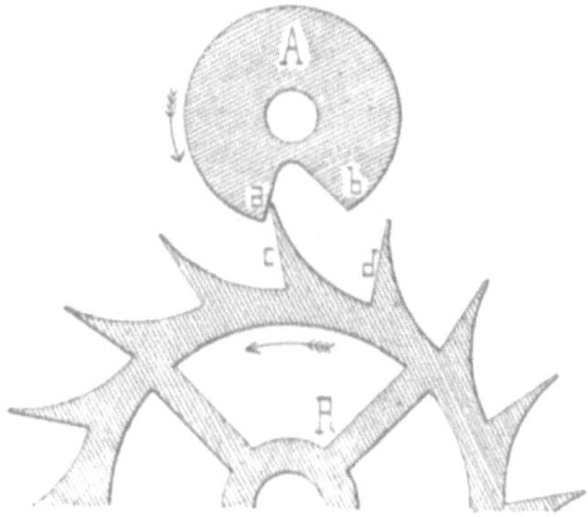

Fig. 53.

Cet échappement ne donna pas de résultats meilleurs que le précédent et Tompion cessa de le construire dès qu'il en eut constaté le rendement défectueux.

***

Le mécanisme que nous venons de décrire fut d'abord appliqué à une montre ; le disque A mesurait 1 ½ ligne, soit environ 3 millimètres de diamètre. On l'adapta ensuite aux horloges ; son principe est utilisé de nos jours encore dans certaines petites pendulettes, sous la forme représentée par la fig. 54.

Le pendule étant fixé sur l'axe de la pièce d'échappement A, il est facile de constater que le jeu du mécanisme est exactement le même que celui que nous venons d'étudier.

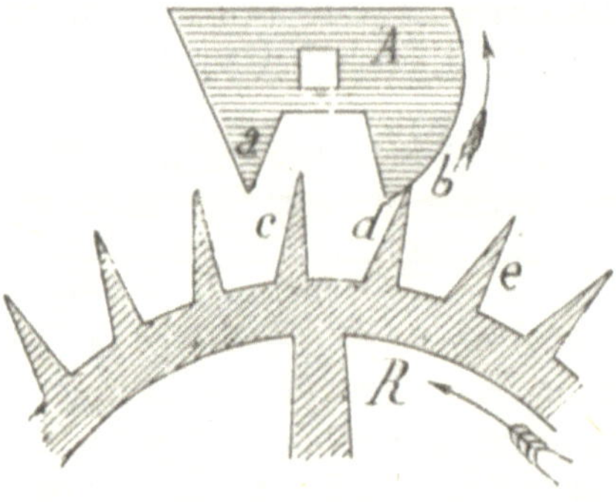

Fig. 54.

On voit en effet que la dent *d*, en repos contre le flanc circulaire *b* de l'ancre, ne peut être dégagée que par la force vive du pendule entraînant l'ancre dans le sens de la flèche, et qu'aucune impulsion n'est communiquée ; la dent *c* subit un mouvement de recul lorsqu'elle a atteint le levier *a*, et c'est seulement alors que l'impulsion aura lieu ; ce sera ensuite le tour de la dent *e* de venir reposer contre *b*.

Cet échappement donne bien des ennuis à l'horloger ; il est employé généralement avec un pendule léger qui n'a parfois pas la force d'opérer le dégagement lorsque le ressort est au haut et que la pression de la dent contre le flanc *b* est la plus forte. Quand l'horloge est près d'être au bas, il y a arrêt par manque de force.

⁂

Le principe de cet échappement fut utilisé à plusieurs reprises et sous diverses formes dans les horloges. La fig. 55 nous montre une de ces applications : l'ancre, pivotant en V, porte, à droite, la palette P qui reçoit l'impulsion, et à gauche, le bras A, servant au repos des dents de la roue.

Oscillant vers la gauche, le pendule entraîne l'ancre et la dent *a* sera dégagée de son repos contre A ; la dent *b* tombera contre P et, après avoir reculé d'abord, elle donnera une impulsion.

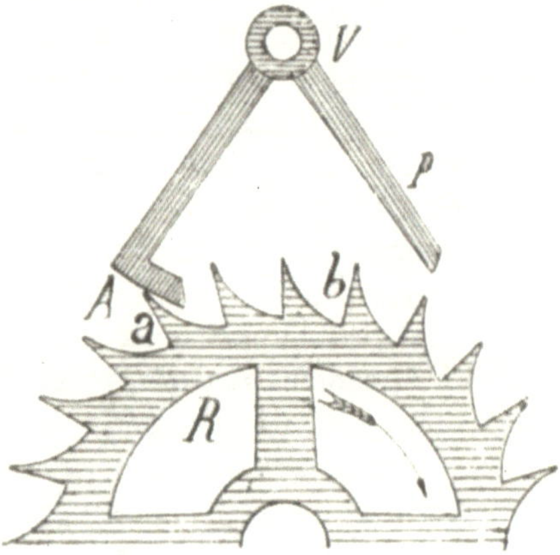

Fig. 55.

C'est, en somme, le même échappement que le précédent, mais avec des leviers plus longs, et l'ancre embrassant un plus grand nombre de dents.

⁂

Un autre mécanisme, plus compliqué celui-là, nous est montré par la fig. 56. Les repos ont lieu contre un demi-rouleau porté par une bascule *a*, *b*, qui pivote en *o*. À l'extrémité du bras droit, *b*, de cette bascule, est un galet *e*, contre la périphérie duquel appuie le levier A

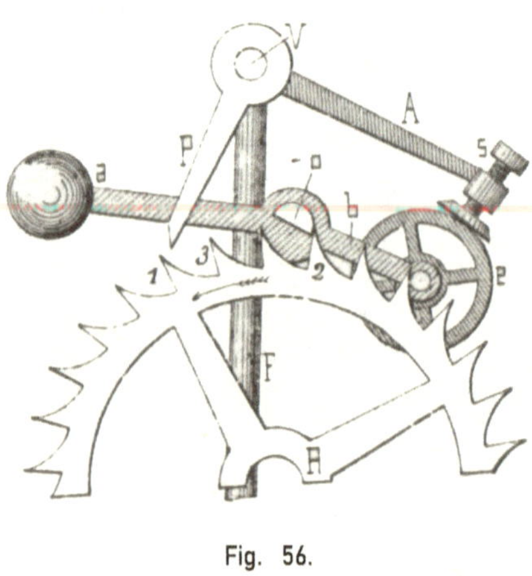

Fig. 56.

de la pièce d'échappement. Au moyen de la vis s, on règle le contact de ces deux pièces. Ce contact est constamment assuré, grâce au poids du bras *a* de la bascule.

La palette d'impulsion, P, fait corps avec le levier A, ainsi qu'avec la fourchette F, le tout constituant la pièce d'échappement, qui pivote sur l'axe V.

Le fonctionnement de ce mécanisme est le suivant :

La dent 1 vient de repousser la palette P et de donner ainsi une impulsion qui est communiquée au pendule par la fourchette F. La dent 2 est tombée en repos contre le demi-rouleau, et le pendule termine son oscillation vers la gauche.

Lorsqu'il revient vers la droite, le levier A participe au mouvement ; ce levier monte et le bras *b* de la bascule le suit. Le demi-rouleau tourne suffisamment pour laisser échapper la dent 2, et la roue est rendue à la liberté.

La dent 3 tombe alors contre la palette P : cette palette, qui marche avec le pendule, fait d'abord reculer la roue puis, lorsque le pendule a terminé son oscillation et qu'il retourne vers la gauche, elle est poussée à son tour par la dent 3, et une nouvelle impulsion est ainsi communiquée au régulateur.

***

La fig. 57 nous montre un autre échappement à demi-repos et à coup perdu. Il y a deux roues, toutes deux en forme de rochet ; les dents de la plus petite, R, donnent les impulsions en agissant sur la palette P ; celles de la grande roue, R', font repos contre l'axe V, qui est entaillé suivant son diamètre, (comme le montre le trait pointillé) dans le but de laisser échapper les dents au moment voulu.

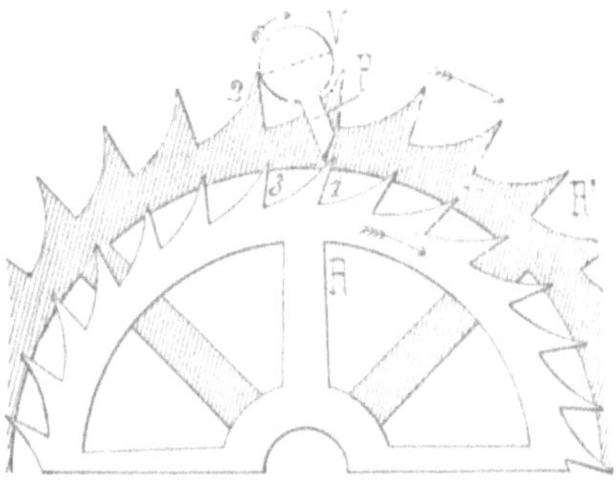

Fig. 57.

Cet axe porte le régulateur, qui peut être aussi bien un balancier de montre, qu'un pendule d'horloge.

Le dessin nous montre la dent 2 en repos contre l'axe V, celui-ci tournant comme l'indique la flèche. Au moment où la palette P sera dirigée à peu près vers le centre de la roue, la dent 2 pénétrera dans l'entaille de l'axe et la roue avancera. La dent 3 atteindra alors la palette P ; celle-ci fera d'abord reculer la roue, puis elle en recevra ensuite une impulsion.

Cet échappement a été imaginé par l'horloger J.-B. Dutertre.

***

Dans l'échappement d'horloge que nous voyons fig. 58 et qui est dû à Thiout l'Ainé, horloger du roi à Paris, les repos ont lieu également contre un demi-rouleau monté sur l'axe V de la pièce d'échappement. Lorsqu'une dent échappe de son repos, ce qui a lieu quand le pendule, et par conséquent la fourchette F, oscille vers la gauche, la palette P arrête la roue et la fait reculer un peu, jusqu'au moment où le pendule a terminé son oscillation. L'impulsion est donnée ensuite, au cours de l'oscillation en sens contraire, par l'action de la roue contre la palette, action transmise au pendule par la fourchette F.

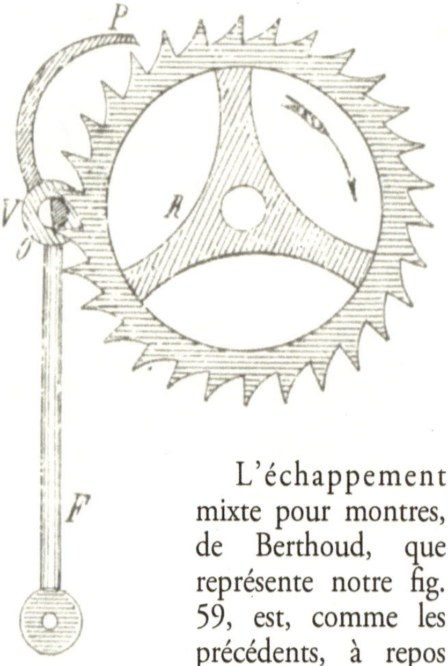

Fig. 58.

L'échappement mixte pour montres, de Berthoud, que représente notre fig. 59, est, comme les précédents, à repos et à recul alternativement. Il y a cependant ici, impulsion des deux côtés et ce mécanisme tient le milieu entre l'échappement à palettes et celui à cylindre. Son principal avantage est d'être d'une exécution simple, la roue étant entièrement plate et ses dents d'une forme facile à tailler.

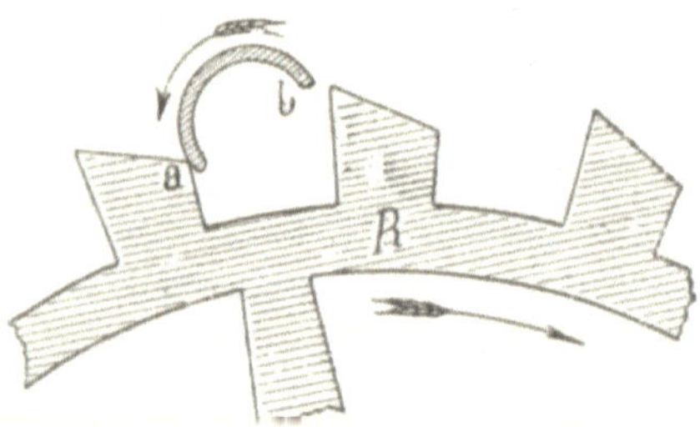

Fig. 59.

La dent *a*, étant appuyée contre la face extérieure du cylindre, celui-ci continue sa rotation dans le sens de la flèche, comme dans l'échappement ordinaire à cylindre. La rotation ayant ensuite lieu en sens inverse, la dent, munie d'un plan incliné, donne l'impulsion et tombe en arrêt, en *b*, contre la face intérieure du cylindre. Mais la lèvre *b* fait reculer la roue et, au retour du balancier, l'incliné de la dent effectue son impulsion contre cette lèvre.

***

Lorsqu'on eut constaté qu'un certain recul dans l'échappement à ancre était un précieux élément de correction des irrégularités dues à la force motrice et au défaut d'isochronisme du pendule, dans les horloges ordinaires, on chercha à déterminer quelle inclinaison il y avait lieu de donner aux faces de repos de l'ancre, pour produire le recul compensateur voulu.

On reconnut que le degré d'inclinaison des faces, c'est-à-dire la quantité de recul à donner, dépendait de la longueur des bras de l'ancre, de la longueur et du poids du pendule, ainsi que de l'importance de la levée de l'échappement.

Le célèbre Ferdinand Berthoud s'occupa de ce problème et il réalisa le mécanisme représenté fig. 60, qu'il appela échappement isochrone.

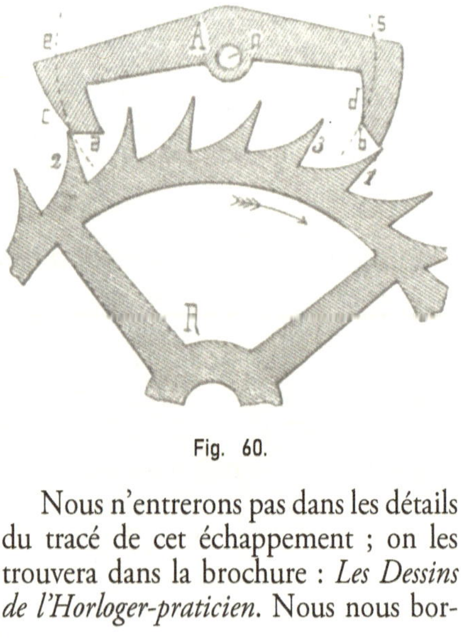

Fig. 60.

Nous n'entrerons pas dans les détails du tracé de cet échappement ; on les trouvera dans la brochure : *Les Dessins de l'Horloger-praticien*. Nous nous bornerons, comme d'habitude, à représenter ce tracé et à expliquer le fonctionnement du mécanisme ainsi construit.

Nous voyons, dans cet échappement, les mêmes inclinés d'impulsion, *a, b*, que dans les échappements à ancre à recul que nous avons étudiés ; ici, toutefois, les dents de la roue, lorsqu'elles effectuent leur chute, ne tombent pas contre ces inclinés, niais contre les faces de repos *c* ou *d*.

Si nous avions affaire à un échappement à ancre à repos, les faces de repos seraient tracées concentriquement au point de pivotement, *o*, de l'ancre, ainsi que le montrent les arcs pointillés *e* et *s*. Les dents appuyées contre ces faces auraient un repos stable, c'est-à-dire que la pénétration des leviers, à l'intérieur de la circonférence des dents, ne ferait pas reculer la roue.

Mais les faces de repos sont tracées de telle façon que la roue est obligée de reculer lorsque l'ancre parcourt l'arc supplémentaire ; ce mouvement de recul, dont l'importance varie suivant la direction des faces, est, dans tous les cas, plus faible que celui qui se produirait si les dents s'appuyaient contre les inclinés *a, b*, ou leur prolongement.

L'ancre A est montée sur l'axe *o*, qui porte la fourchette. La dent 1, ayant échappé du levier de sortie, la dent 2 est tombée en repos contre la face c du levier d'entrée ; le pendule oscillant ensuite vers la gauche, cette dent s'engagera contre l'incliné et donnera une impulsion. La dent 3 tombera au repos contre la face *d* du levier de sortie ; ce levier, en pénétrant à l'intérieur de la circonférence de la roue, fera reculer cette dernière d'une quantité déterminée et calculée pour compenser les variations inévitables avec les pendules courts et à oscillations étendues.

Lorsque le pendule retournera à droite, la dent 2 quittera le repos *d* et s'engagera contre l'incliné 1, pour une nouvelle impulsion.

*
* *

Nous avons, fig. 61, un autre mécanisme à recul modéré dont le principe de fonctionnement est absolument le même. Les inclinés et les faces de repos, au lieu d'être sur l'ancre, sont sur les dents de la roue. Les leviers de l'ancre sont constitués par deux fines chevilles, *e, s*, implantées verticalement à l'extrémité des bras.

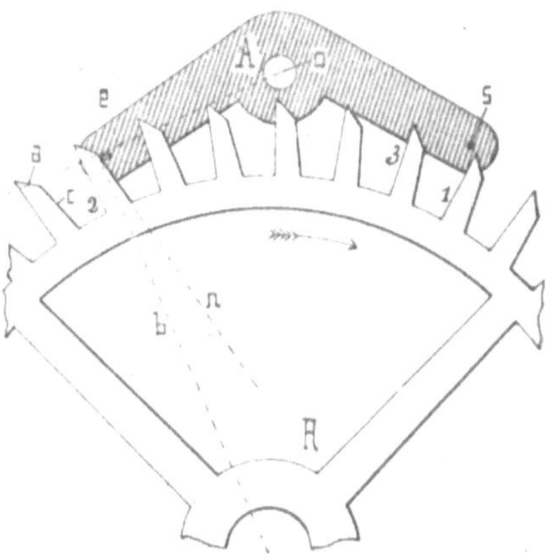

Fig. 61.

Chacune des dents de la roue est munie d'un plan d'impulsion, *a*, et d'un plan de repos, *c*. Si ce plan de repos était dirigé suivant la ligne pointillée *b*, c'est-à-dire vers le centre de la roue, il ne se produirait pas de recul de la roue pendant l'arc supplémentaire du pendule. Mais on constate que ce plan a une certaine inclinaison par rapport au rayon *b*, et c'est cette inclinaison, représentée ici par le tracé *n*, qui occasionne le recul modéré dont nous avons expliqué les propriétés compensatrices.

Nous voyons l'échappement dans la même position que le précédent ; la dent 2 en repos contre le levier d'entrée de l'ancre, et prête à donner une impulsion en agissant par son plan *a*, contre la cheville.

⁂

La construction que l'on voit fig. 62 est analogue à celle de l'échappement à recul représenté fig. 32. Les dents de la roue portent les inclinés d'impulsion comme dans le mécanisme précédent, et elles travaillent avec deux palettes, *e*, *s*, implantées verticalement dans le corps de l'ancre A.

Les faces de ces palettes constituent ici les plans de repos et, suivant la direction donnée à ces plans, on obtient un recul qui peut être modifié à volonté.

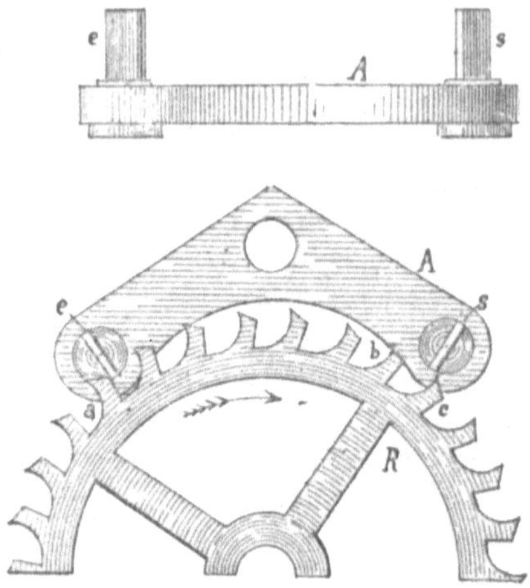

Fig. 62.

IV - Échappements à repos pour horloges

Échappement à ancre de Graham
Échappement à chevilles
Échappement Brocot

À l'époque où Tompion cherchait à perfectionner l'échappement, en vue d'obtenir une marche plus régulière des appareils horaires, il avait chez lui un élève du nom de Georges Graham (1673-1751) qui y était entré en 1688.

Graham montra de suite de réelles dispositions pour le bon et le beau travail, et Tompion, satisfait de son élève, le considérait comme un membre de sa famille. Il l'associa à ses recherches et l'amena à s'intéresser tout particulièrement à la question du perfectionnement de l'échappement, qui le préoccupait.

Ce fut Graham qui, par des essais faits avec intelligence, en tenant compte de l'étendue des repos, des rapports de leviers, de la hauteur des plans d'impulsion, de la longueur et du poids du pendule, etc., réussit à démontrer que l'échappement à ancre à repos était susceptible de donner à la marche d'une horloge une régularité inconnue à cette époque.

On n'indique aucune date précise, fixant l'époque de l'invention de l'échappement auquel Graham a donné son nom ; cela nous porte à croire que cette invention fut plutôt une mise au point des conditions requises pour le fonctionnement rationnel de l'échappement à deux repos, et qu'elle constitua l'achèvement, par l'élève, de l'œuvre commencée par le maître.

***

On peut fixer à 1715 environ, l'époque de l'apparition de l'échappement à ancre Graham, dont la fig. 63 nous représente le premier modèle.

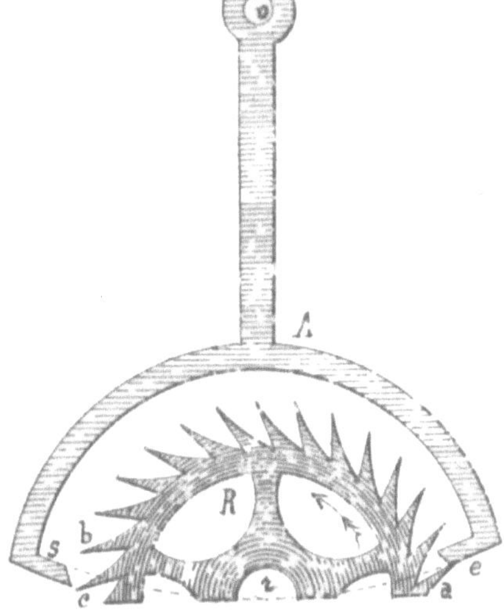

Fig. 63.

Les deux faces de repos, *s* et *e*, contre lesquelles s'arrêtent les dents de la roue, sont formées suivant une circonférence tracée depuis le centre, *o*, de pivotement de l'ancre, et passant par le centre de la roue.

L'ancre embrassait le plus grand nombre de dents possible, c'est-à-dire que l'arc, *s, r, e*, devait passer par le centre, *r*, de la roue, et par la pointe de la première dent qui suit celle placée à l'extrémité du diamètre perpendiculaire à la ligne des centres.

Par le tracé de cet arc, dont on avait trois points, on obtenait le centre de pivotement de l'ancre.

Plus tard, on disposa les repos à la tangente, c'est-à-dire qu'on plaça le centre de pivotement de l'ancre à l'intersection de deux lignes tracées tangentiellement à la circonférence, aux points de repos. Il suffisait donc de tirer deux rayons aboutissant aux points de repos et d'élever des perpendiculaires à l'extrémité de ces rayons (fig. 64).

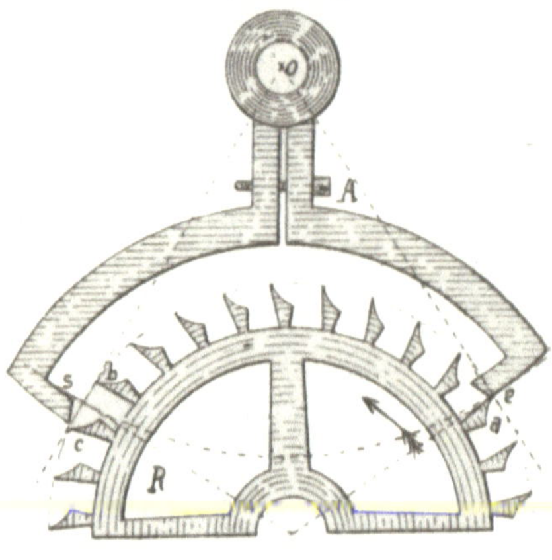

Fig. 64.

Par cette construction, on obtenait des repos équidistants, c'est-à-dire placés à égale distance du centre de l'ancre, mais comme l'un des inclinés d'impulsion est rentrant et l'autre sortant, les leviers étaient de longueur inégale.

On les rendit égaux en les traçant de manière à ce que les rayons aboutissant aux points de repos, soient au milieu de leur largeur ; les inclinés d'impulsion étaient alors limités par deux mêmes circonférences décrites du centre de l'ancre ; les leviers devinrent équidistants, mais les repos ne l'étaient plus. (Fig. 65).

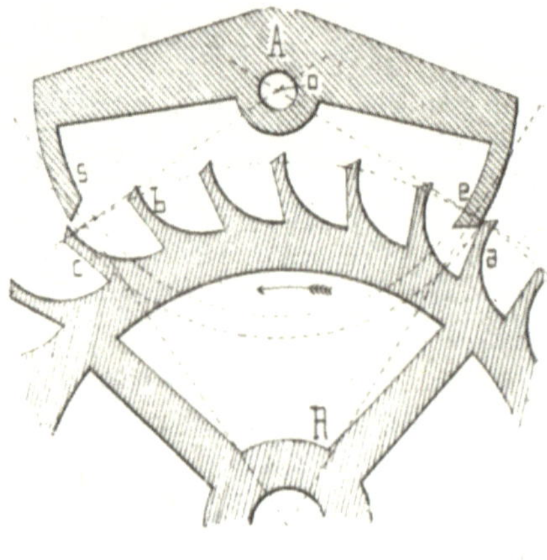

Fig. 65.

***

Les trois dessins que nous venons de voir nous montrent que les deux pièces constituant l'échappement à ancre de Graham peuvent varier de forme, mais que le fonctionnement reste toujours le même. Nous voyons, sur ces trois dessins, une dent, *a*, en repos contre le levier d'entrée, *e* ; la dent. *c*, venant d'échapper du levier de sortie, *s*. Les faces de repos, *e, s*, sont tracées du point de pivotement, *o*, de l'ancre ; les dents de la roue, appuyées contre l'une ou l'autre de ces faces, restent donc immobiles pendant l'arc supplémentaire du pendule, et ne subissent aucun recul.

Au retour de l'oscillation, la dent *a*, s'engage sur le plan incliné, et donne une impulsion à l'ancre ; elle échappe, et la dent, *b*, tombe alors au repos contre le levier de sortie *s*, pour donner ensuite une impulsion en sens contraire.

Le nombre des dents de la roue d'échappement peut varier, mais on le fixe généralement à 30. L'ancre peut embrasser entre ses leviers un nombre de dents plus ou moins grand ; la distance des centres varie alors en conséquence.

Les arcs de repos sont invariablement tracés depuis le centre de pivotement de l'ancre ; la largeur des leviers est déterminée suivant l'écartement des dents de la roue et l'inclinaison des plans d'impulsion règle l'étendue de l'arc d'oscillation du pendule.

À part ces trois points fondamentaux, tous les autres sont arbitraires ; l'ancre peut embrasser un nombre quelconque de dents et son corps peut avoir n'importe quelle forme.

Les fig. 63, 64 et 66 nous montrent des roues à dents pointues, travaillant avec des leviers dont la largeur est égale à la moitié de l'espace compris entre deux pointes de dents, moins la chute nécessaire.

Dans les grosses horloges, les dents aiguës des roues en laiton s'usaient rapidement, c'est pourquoi l'on a imaginé de leur donner une forme élargie, en leur faisant porter une partie du plan d'impulsion ; l'échappement représenté fig. 65 a ses inclinés d'impulsion, moitié sur les dents de la roue et moitié sur les leviers de l'ancre.

***

Nous avons, fig. 66, un échappement tracé suivant le principe des leviers équidistants, c'est-à-dire dont le milieu des plans inclinés est à égale distance du centre de l'ancre. La construction de l'ancre est, ici, ingénieuse et pratique ; la mobilité des deux leviers sur les bras permet d'obtenir sans peine

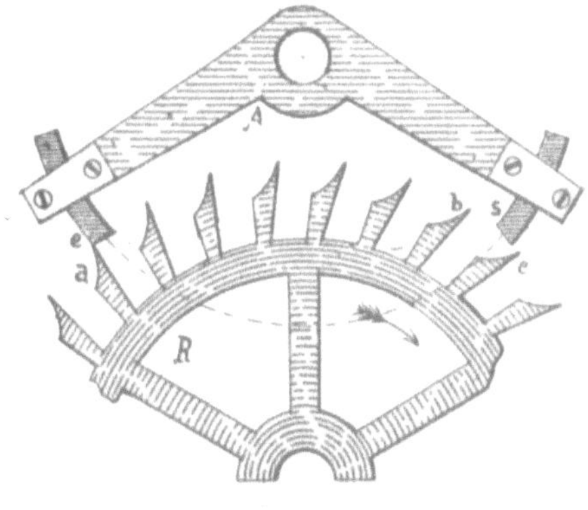

Fig. 66.

des fonctions irréprochables. C'est une construction fort appréciée de nos jours dans la fabrication de la pendule à bon marché. Elle a été imaginée par un horloger allemand, F. Leonhard.

***

On voit, fig. 67, un échappement dans lequel les leviers se terminent en pointe, les plans d'impulsion étant portés entièrement par les dents de la roue ; cette disposition dont le tracé général est le même que dans les précédentes, est très peu employée, parce que l'extrémité des leviers est rapidement détruite par le choc répété des dents de la roue.

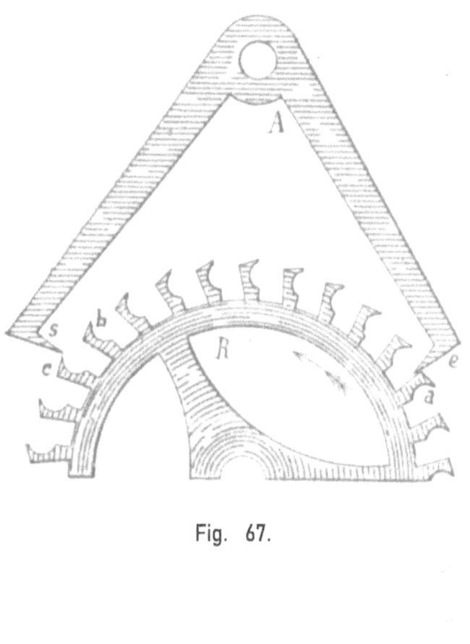

Fig. 67.

La forme représentée fig. 68 est donnée simplement à titre de démonstration, afin de montrer quelles variétés de constructions on peut obtenir, tout en observant les principes fondamentaux que nous avons signalés.

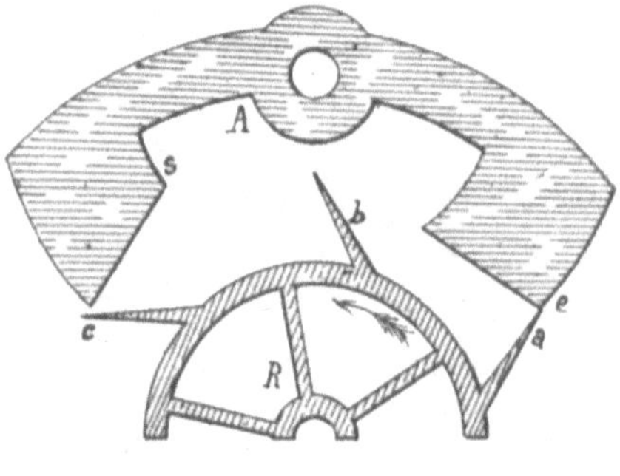

Fig. 68.

On a aussi cherché, en donnant une certaine courbure, concave ou convexe, aux plans de levée, à obtenir un gain dans la force de l'impulsion, ainsi qu'un choc plus faible sur les repos, mais ces essais n'ont donné aucun résultat satisfaisant.

⁂

La fig. 69 nous montre un échappement avec une ancre à leviers mobiles comme celle que nous avons vue fig. 66 ; ici, la forme des dents est toute particulière ; on voit qu'on a cherché à obtenir les dents les plus fortes et les plus courtes possible, laissant cependant aux leviers, une pénétration suffisante.

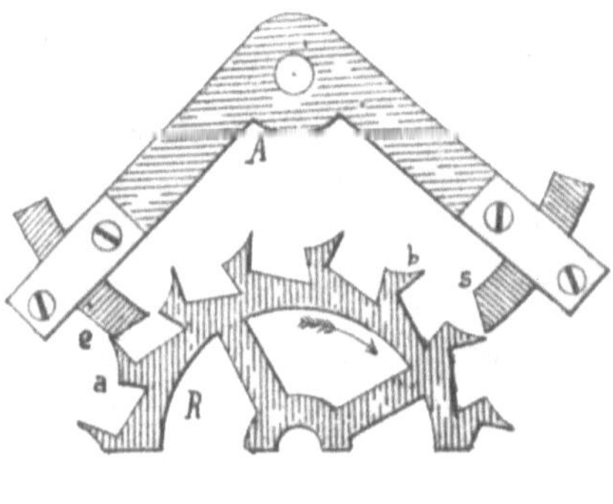

Fig. 69.

Dans la fig. 70, les leviers de l'ancre, mobiles également, sont portés par deux bras dont on peut régler l'écartement à l'aide d'une vis à pas différentiel, V ; cet échappement a été construit par B.-L. Vulliamy (1780-1854), habile horloger d'origine suisse, établi à Londres.

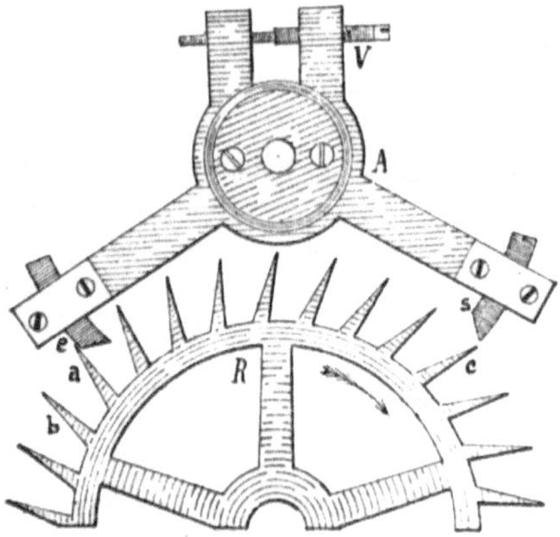

Fig. 70.

⁂

À première vue, le mécanisme que l'on voit fig. 71 fait penser à l'échappement à cylindre des montres, que nous étudions plus loin ; les leviers de l'ancre sont, en effet, constitués par une

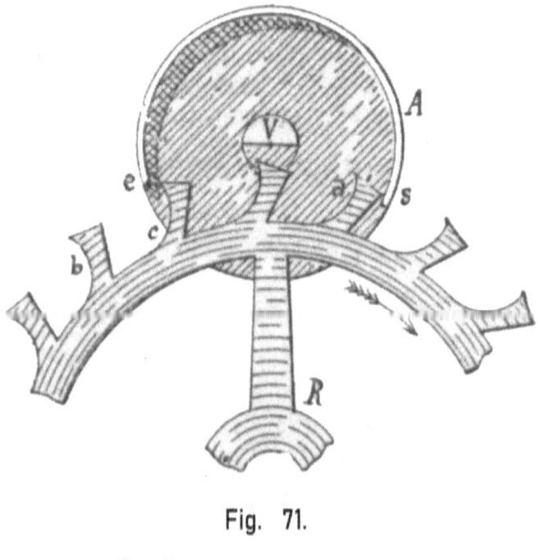

Fig. 71.

écorce cylindrique, coupée en *e* et en *s*, et formant deux lèvres contre lesquelles viennent travailler les dents de la roue, dents qui portent la totalité des plans d'impulsion.

Nous avons encore affaire à l'ancre de Graham, à repos tracés depuis le centre de l'ancre, et ici, la pièce d'échappement a été modifiée de manière à pouvoir être formée au tour. Le fonctionnement est toujours le même : une dent, *c*, vient d'échapper du levier d'entrée *e* ; la dent *a* est tombée en repos contre le levier de sortie *s*, et est prête à fournir une impulsion au retour de l'oscillation du pendule. L'ancre n'embrassant que 3 dents, son centre de pivotement est forcément très rapproché de la circonférence extérieure de la roue ; il a fallu entailler l'axe V pour le passage des dents.

Cet échappement a été adapté par l'horloger Henri Robert (1794-1874) à des horloges donnant la demi-seconde ; son auteur l'a dénommé *échappement identique*, ce qui voulait probablement dire interchangeable, les ancres pouvant être facilement exécutées au tour, dans des conditions d'exactitude absolue.

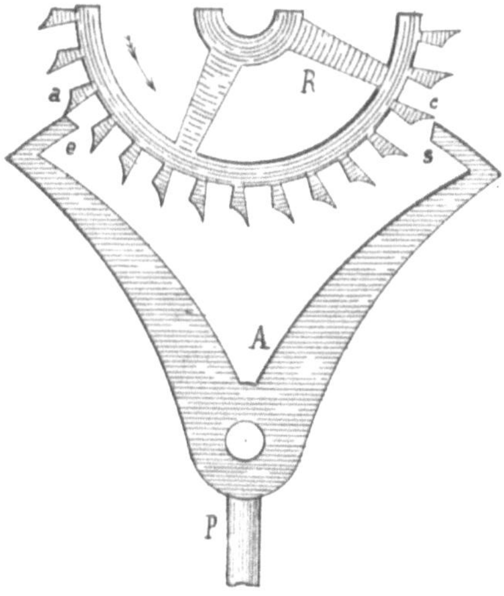

Fig. 72.

Dans tous les échappements dont nous venons de parler, le point de pivotement de l'ancre se trouve au-dessus de celui de la roue, et l'axe de l'ancre porte la fourchette qui communique le mouvement au pendule. En voici un, fig. 72, dans lequel l'axe de l'ancre est au-dessous de celui de la roue ; l'ancre, A, et le pendule, P, ne forment qu'une seule pièce. On fabriquait, vers 1820, un genre d'horloges avec une roue d'échappement en carton et une ancre en corne, dont la disposition était celle que représente cette figure.

***

La fig. 73 nous fait voir un échappement dans lequel la fourchette est supprimée. L'ancre, A, est fixée directement à l'extrémité supérieure de la tige du pendule P, au-dessous de la suspension. Cette construction est due à l'horloger Joseph Thaddaus Winnerl (1799-1866) ; Berthoud et d'autres l'avaient déjà essayée.

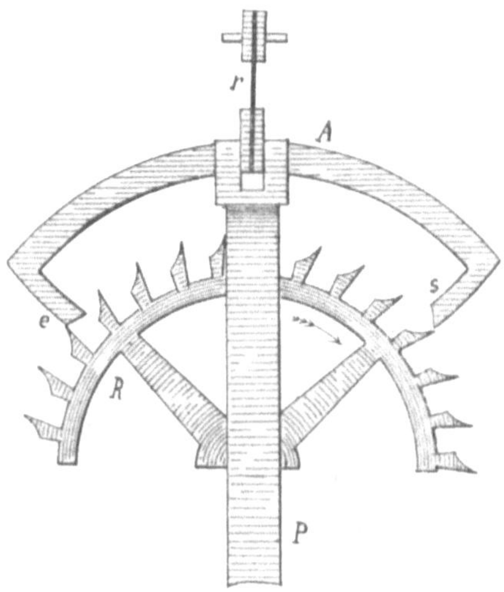

Fig. 73.

Les avantages que l'on faisait valoir pour la suppression de la fourchette étaient les suivants : moins de poids, annulation de l'influence de l'huile sur les pivots de la fourchette, et enfin, concordance des centres de mouvement du pendule et de l'ancre.

***

En 1741, un horloger français, nommé Amand, modifia l'échappement de Graham en rapprochant les deux leviers de l'ancre et en les faisant travailler tous deux sur le même point de la circonférence de la roue, avec des chevilles implantées de champ sur la serge de cette dernière.

La fig. 74 nous montre la première forme de l'*échappement à chevilles* ; on voit les deux leviers avec leurs faces de repos, *e* et *s*, tracées, comme d'habitude, du centre de l'ancre. Une des chevilles de la roue est en repos en *s* ; elle glissera sur le plan incliné pour produire l'impulsion, puis la cheville suivante travaillera de la même façon avec le levier *e*.

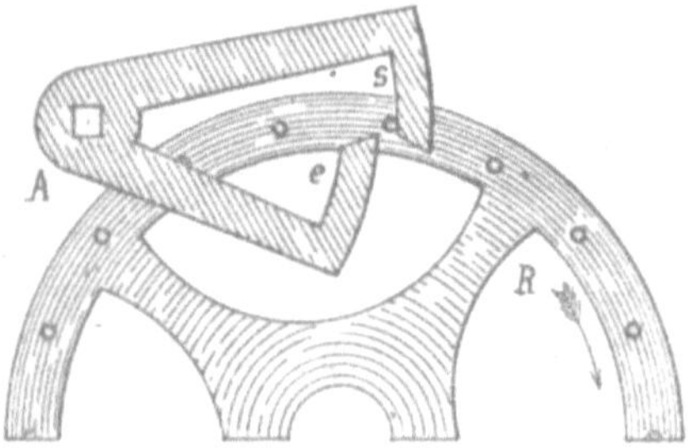

Fig. 74.

L'échappement à chevilles présente certains avantages sur l'échappement à ancre de Graham, et il fut adopté immédiatement pour les régulateurs et les horloges monumentales. Il n'exige pas une précision aussi grande que celui de Graham, et l'agrandissement des trous de pivots de la pièce d'échappement n'a pas autant d'influence que dans ce dernier.

***

En 1753, J.-A. Lepaute (1709-1789), l'un des plus célèbres horlogers français de l'époque, présenta l'échappement à chevilles modifié comme nous le montre la fig. 75. Les deux bras de l'ancre A, sont ajustés sur un même axe V, mais de manière que leur écartement puisse être modifié pour la mise au point de l'échappement ; ils se terminent par les leviers *e* et *s*, ayant les plans de repos et les inclinés formés comme habituellement, mais travaillent chacun d'un côté de la roue.

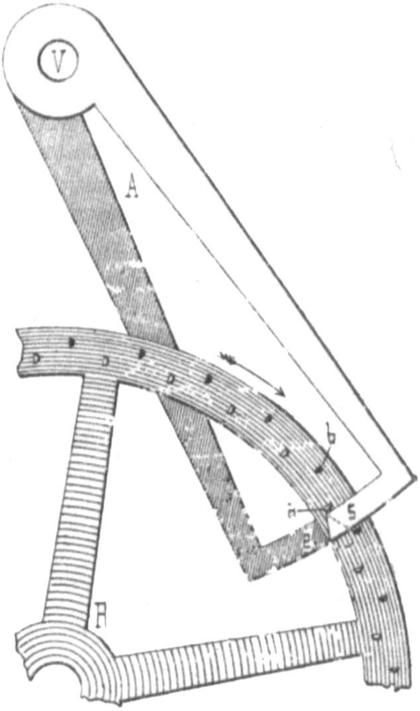

Fig. 75.

La roue porte deux rangées de chevilles demi-cylindriques ; celles représentées blanches sur le dessin sont disposées sur la face antérieure, elles travaillent avec le levier *s*, qui passe devant la roue ; le levier *e*, au contraire, passe derrière la roue et y rencontre les chevilles dessinées en noir, lesquelles sont sur la face postérieure. Les fonctions s'opèrent toujours de la même manière.

Ainsi construit, l'échappement à chevilles de Lepaute présentait de nouveaux avantages ; les repos et les impulsions s'y faisaient à égale distance du centre de l'ancre, contrairement à ce qui se produisait dans le mécanisme d'Amant ; cet avantage fut, il est vrai, reconnu illusoire par la suite, mais celui qui résulte de la substitution de chevilles demi-cylindriques aux chevilles entièrement rondes, fut reconnu de grande valeur, car il permettait de diminuer l'étendue de la chute.

***

L'échappement à chevilles moderne est représenté fig. 76 ; ce dessin fait mieux comprendre que le précédent pourquoi la demi-cheville diminue la chute ; il nous paraît inutile de nous arrêter à ce sujet.

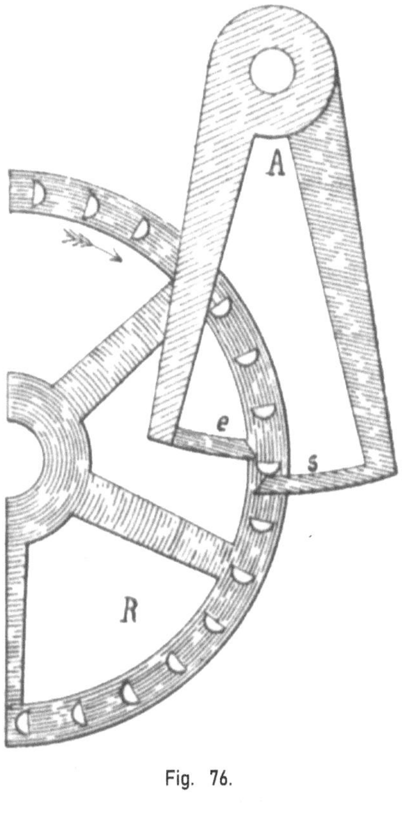

Fig. 76.

L'échappement à chevilles convient spécialement pour les grosses horloges ; la disposition des deux leviers d'un même côté de l'axe de la roue présente l'avantage de ne pas agiter les pivots de l'ancre dans leurs trous. Dans l'ancre de Graham, l'usure des trous provoque facilement l'accrochement, ce qui n'est pas le cas dans l'ancre à chevilles, lequel peut fonctionner même lorsque les effets de cette usure sont très prononcés.

La longueur des bras de l'ancre a été l'objet de discussions et d'expériences, desquelles il est résulté que cette longueur est indifférente au point de vue de l'impulsion, mais qu'au point de vue du frottement, elle devait être réduite le plus possible ; le raccourcissement est cependant limité par certaines considérations pratiques. Il fut reconnu, en outre, que la position verticale de l'ancre était la meilleure, l'huile se maintenant mieux sur les leviers.

***

Le mécanisme représenté par la fig. 77 paraît, à première vue, ne pas différer de celui de la figure précédente mais, en l'examinant mieux, on voit que les plans inclinés sont établis en sens contraire de ce qu'on voit sur les précédents dessins. L'action de la roue a tendance à soulever l'ancre au lieu d'exercer sur elle une pression qui s'ajoute à son poids ; on a obtenu ainsi un certain avantage au point de vue de l'usure des trous de pivots, mais la pratique a démontré que cet avantage était annulé si les trous n'étaient pas d'une précision absolue, car alors les pivots ballottaient facilement lorsque l'ancre était soulevée.

Nous verrons plus loin, un autre échappement dans lequel on a cherché à diminuer le frottement des pivots, en disposant les organes de manière que l'action de la roue se fasse sentir en sens

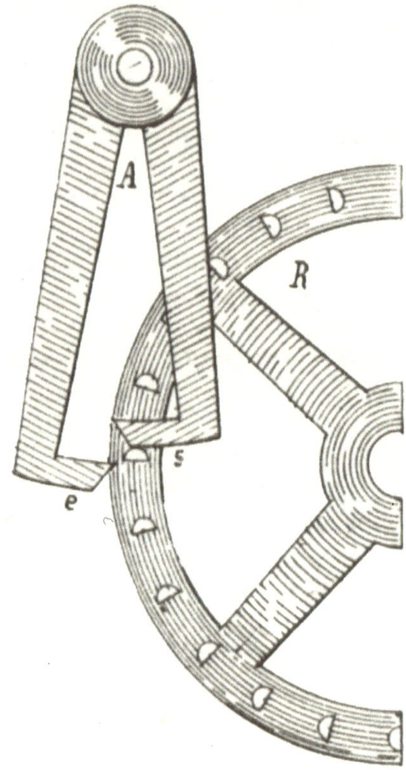

Fig. 77.

inverse de celle du poids de la pièce d'échappement.

*
* *

Comme on l'a fait avec l'échappement de Graham, on a aussi essayé de construire l'échappement à chevilles, en fixant les leviers de l'ancre directement au pendule. La disposition très élégante représentée fig. 78, a été imaginée en 1832 par Auguste-Lucien Vérité, célèbre horloger et mécanicien de Beauvais, mort en 1887. Ce constructeur d'horloges a établi plusieurs pièces avec l'échappement ainsi disposé. Il est inutile de nous arrêter à décrire le fonctionnement du mécanisme qui se fait toujours de la même manière ; disons seulement que, pour la mise d'échappement, on déplace, d'un côté ou de l'autre, la pièce B, à laquelle est fixé le ressort de suspension du pendule P.

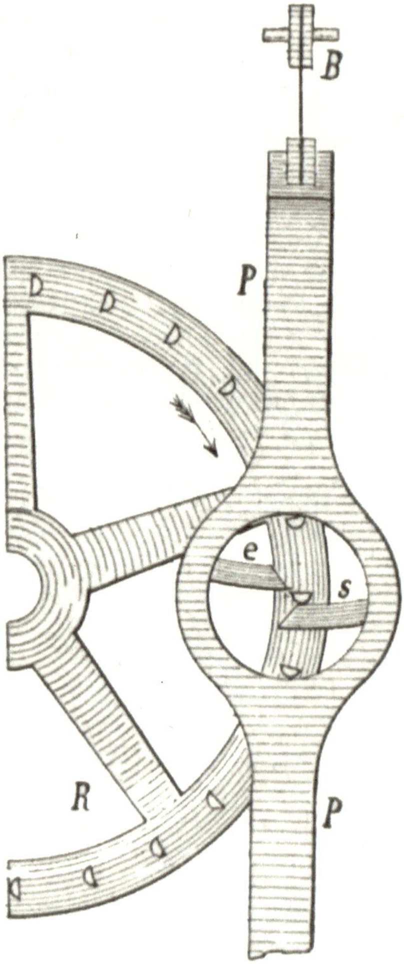

Fig. 78.

*
* *

L'échappement Brocot, qui porte le nom de son inventeur, Achille Brocot (1817-1878), est un échappement dans le genre de celui de Graham, mais où les dents de la roue travaillent avec de fortes chevilles demi-cylindriques. On l'appelle aussi *échappement à rouleaux*.

Dans ce système, le repos a lieu quand une dent s'appuie sur le sommet de l'arc du demi-rouleau, et l'impulsion résulte de la pression qu'exerce la pointe de la dent contre le flanc arrondi de ce rouleau.

Les inclinés d'impulsion sont, en effet, constitués de chaque côté, par l'arrondi des chevilles ou rouleaux. On voit, fig. 79, la dent *a* en repos contre la cheville *c* ; sa pointe glissera sur la partie arrondie, en repoussant ainsi l'ancre ; la dent *b* arrivera alors en repos contre le rouleau *s*.

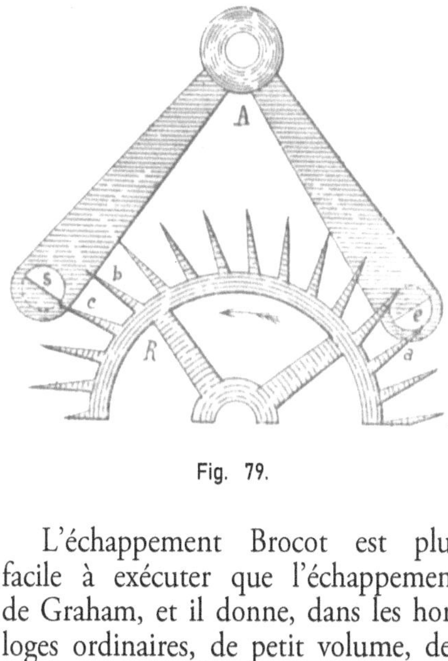

Fig. 79.

L'échappement Brocot est plus facile à exécuter que l'échappement de Graham, et il donne, dans les horloges ordinaires, de petit volume, des résultats très suffisants. L'échappement Brocot est généralement classé parmi les échappements à repos, mais il présente cependant un léger recul qui se remarque surtout dans les grandes oscillations ; ce recul corrige du reste en partie les irrégularités de la force motrice que le pendule, généralement court et léger, ne peut compenser.

L'échappement Brocot, quoique sortant quelque peu des principes de la vraie théorie, a donné d'assez bons résultats ; il n'aurait évidemment aucun succès dans une horloge de précision, mais les facilités que présente sa construction, la durée de marche qu'on peut en obtenir en faisant les rouleaux en pierre dure, la bonne conservation de l'huile aux frottements, lui permettent de répondre à toutes les exigences de l'horlogerie courante ; le grand usage qu'on a fait et qu'on fait encore de cet échappement, prouve qu'il donne des résultats sérieux.

Les repos, dans cet échappement, ne se font pas à la tangente, mais c'est encore un défaut de peu d'importance dans une horloge ordinaire. Enfin, l'action de la roue sur les leviers, est irrégulière, puisque l'incliné est beaucoup plus prononcé à la fin qu'au commencement.

Les dents de la roue ne rencontrent pas d'angle en passant du repos à l'impulsion, ce qui nous paraît être une qualité, mais M. Brocot fils (Paul Brocot, 1846-1882) n'en a pas jugé de même, puisqu'il a modifié la construction inventée par son père, et transformé la partie circulaire d'impulsion en un plan incliné pareil à celui du Graham. Cette modification, faite dans une pendule exposée en 1849 n'a, du reste, pas eu de suites.

***

Brocot fils tenta un autre perfectionnement ; il établit l'échappement de son père avec des rouleaux d'un diamètre plus grand et qu'il entailla davantage. La courbe sur laquelle les dents opéraient leur impulsion, au lieu d'être demi-cylindrique, n'était plus que le segment d'un cercle de plus grand diamètre.

Le mouvement angulaire de l'ancre ou arc de levée restait le même qu'avec le rouleau demi-cylindrique ; l'action de la roue s'exerçait durant un dépla-

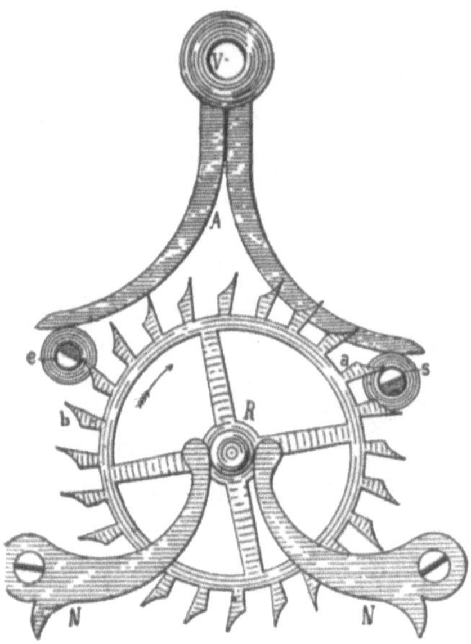

Fig. 80.

cement angulaire identique du pendule, pendant que le mouvement circulaire de cette roue se réduisait d'un peu moins de moitié, ce qui permettait d'augmenter le nombre des dents et, par suite, d'obtenir une plus longue marche de la pendule. La pratique montra que ce changement était plutôt nuisible au bon fonctionnement.

***

L'échappement Brocot est employé le plus généralement comme échappement visible sur le cadran des pendules. À cet effet, on le dispose comme le fait voir notre figure 80, et il constitue ainsi, un réel ornement pour la pendule. L'ancre A, de forme élégante, est dorée, ainsi que le pont N, sous lequel pivote la roue ; ce pont est fixé au moyen de deux vis polies. La roue est polie également, et les deux rouleaux avec lesquels

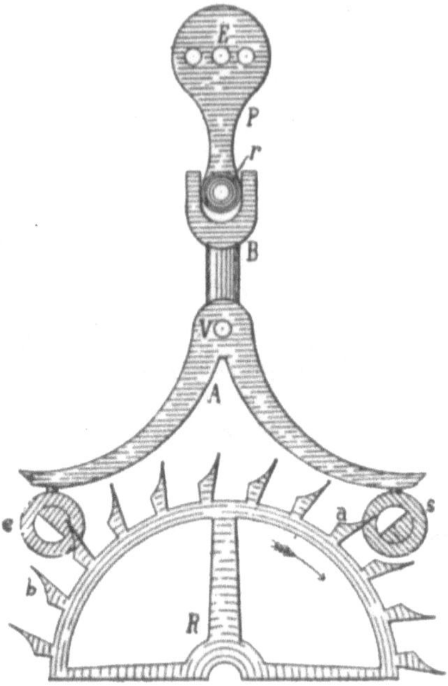

Fig. 81.

elle travaille sont en pierre rouge ; le tout est d'un très bel aspect.

Un inventeur a présenté à l'exposition de 1867 un échappement à rouleaux modifié, — ou plutôt compliqué, — ainsi que le montre la fig. 81. L'ancre pivote en V comme d'habitude, mais cet axe ne porte pas la fourchette. Cette dernière se trouve sur un autre axe, E, qui communique avec l'axe V par l'intermédiaire de deux bras B et P. Le premier de ces bras, fixé à l'ancre, porte deux cornes, entre lesquelles joue un rouleau *r*, monté sur le bras P, lequel est fixé sur l'axe portant la fourchette.

Nous ne voyons pas bien les avantages que l'inventeur prétend avoir réalisés avec cette complication et nous ne voulons même pas les énumérer.

Mécanismes divers

Nous voyons, fig. 82, 83 et 84, trois échappements imaginés par Thiout, l'horloger français que nous avons déjà nommé. Le premier de ces échappements, fig. 82, est composé d'une roue à double denture et d'une ancre travaillant de champ avec cette roue.

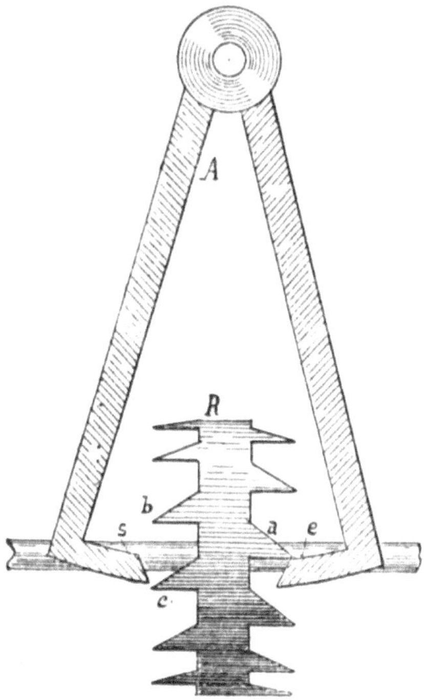

Fig. 82.

En examinant la forme de l'ancre, la disposition des plans inclinés, le mode d'action de la roue, laquelle travaille dans la même direction sur les deux leviers, on ne peut s'empêcher de remarquer une certaine analogie avec l'échappement à chevilles, inventé à peu près à la même époque et dont nous venons de parler. Le fonctionnement de ce mécanisme se fait de la même manière que dans l'échappement de Graham, sauf que l'action de la roue sur les pivots de l'ancre a lieu toujours dans le même sens ; mais cet avantage est annulé par le frottement considérable qui se produit sur les repos.

*
* *

Thiout a compliqué cet échappement en le faisant à deux leviers pivotant chacun sur un axe différent (fig. 83). Les deux leviers sont reliés de la même façon que dans l'échappement à demi-repos, fig. 56.

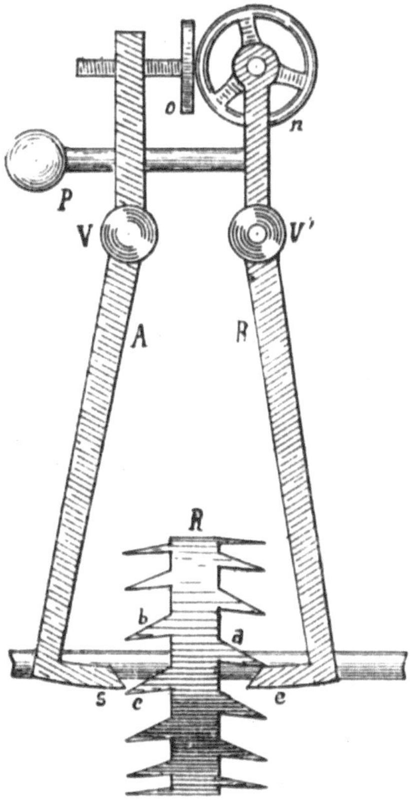

Fig. 83.

Ce mécanisme était plus spécialement destiné aux grosses horloges. La fourchette est fixée sur l'axe V du levier A, et le levier B suit tous les mouvements du premier, grâce au contrepoids P, qui sert à maintenir le galet *n* constamment appuyé contre le plateau *o*. Le réglage de l'échappement se fait au moyen de la vis sur laquelle est ajusté ce plateau.

L'établissement des deux bras de l'ancre sur deux points de pivotement différents, constitue une complication qui ne présente aucun avantage ; tous les échappements, à recul ou à repos, construits sur ce principe, ont été rapidement abandonnés.

Il en fut de même de ce dernier, et Thiout a été le premier à reconnaître que le fonctionnement de ce mécanisme, comme aussi celui du précédent, laissait à désirer. Il dit lui-même qu'on doit donner la préférence à celui que nous représentons par la fig. 84.

Celui-ci est certainement préférable, car les repos s'y effectuent dans de bien meilleures conditions. Pour que le fonctionnement en soit mieux compris, nous avons représenté, à droite (fig. 85), la roue vue de face. La dent *a* est en train de donner une impulsion en agissant sur l'incliné du levier *e* ; elle tombera ensuite en repos contre le levier *s*. Après une nouvelle impulsion, en sens contraire, donnée sur le levier *x*, la dent suivante, *b*, arrivera à son tour en arrêt contre *e*.

***

Ainsi qu'on l'avait fait dans l'échappement à recul, on a essayé aussi des échappements à repos avec deux roues ; la fig. 86 nous en montre un

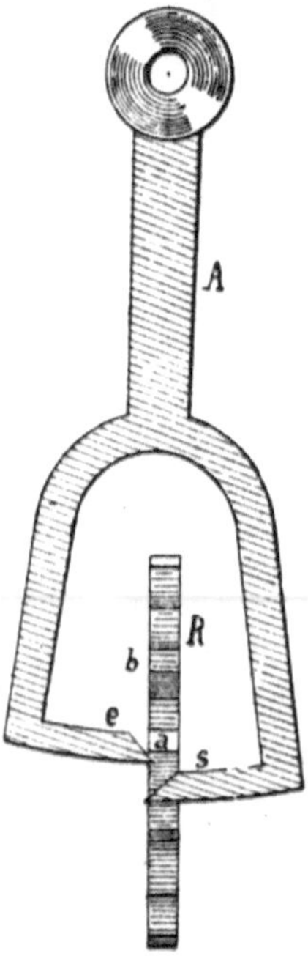

Fig. 84

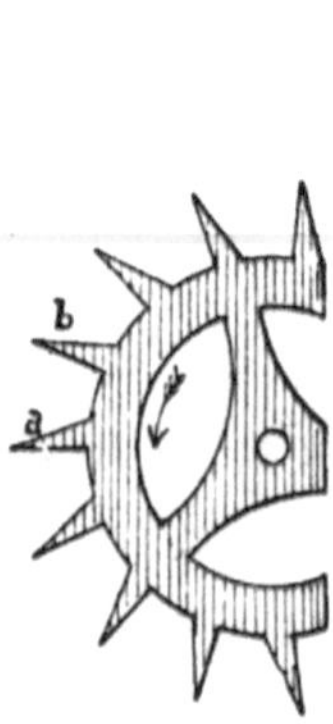

Fig. 85.

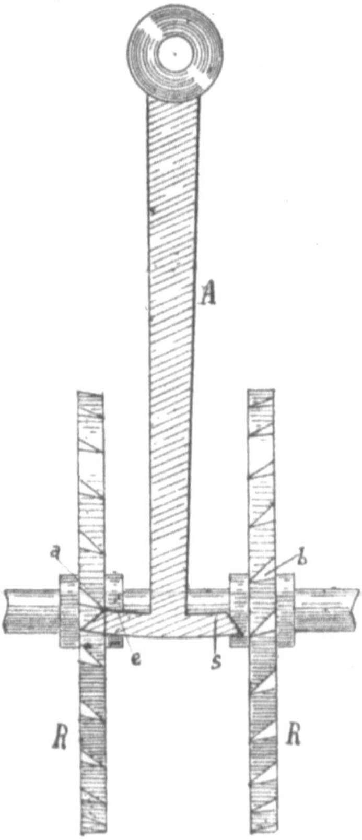

Fig. 86.

dont nous ne connaissons pas l'auteur. Les deux roues, R, R, fixées sur le même axe, portent des dents triangulaires actionnant alternativement l'ancre A, qui a la forme d'un T renversé et qui se meut entre elles.

Le fonctionnement de l'échappement, ainsi disposé, est toujours le même ; on voit, sur notre dessin, la dent a, de la roue de gauche, commençant à glisser sur le plan incliné du levier e; l'ancre, repoussée vers la droite, recevra, de l'autre côté, sur la face de repos du levier s, la dent suivante b, de la roue de droite.

***

Une autre disposition du même genre, mais dans laquelle les deux roues tournent sur deux axes différents, se voit fig. 87. Cette disposition rappelle beaucoup celle de l'échappement à recul, fig. 23 ; elle est due à Achille Brocot. La pièce d'échappement est formée d'un seul bras, lequel porte à

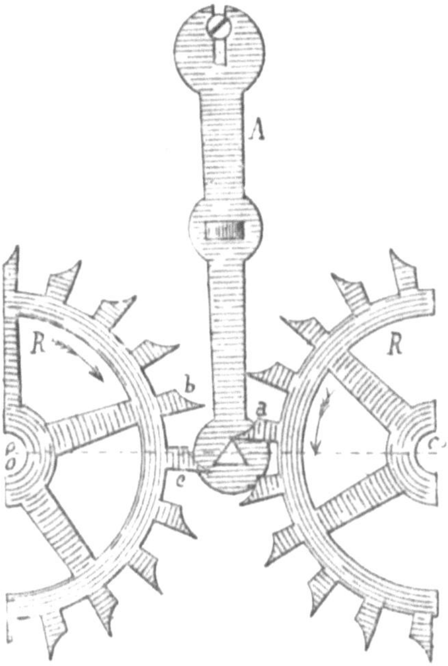

Fig. 87.

son extrémité inférieure, une cheville triangulaire, dont deux côtés servent de plans d'impulsion. Ce bras est ajusté sur son axe de façon qu'il soit possible de le faire monter ou descendre sans changer le centre de pivotement.

Si ce bras est descendu suffisamment pour que le sommet de la cheville, où se font les repos, se trouve à la hauteur de la ligne *o, o*, joignant les centres des roues, il n'y aura aucun recul. La cheville étant plus élevée, comme elle est représentée sur le dessin, on conçoit que les roues subissent un mouvement de recul pendant l'arc supplémentaire.

Cette construction a été imaginée dans le but de permettre de donner à volonté un certain recul corrigeant les écarts de marche.

Cet échappement a paru à l'Exposition de Paris, en 1839, et Saunier nous dit, qu'étant ajusté sans recul, il donnait un écart de 17 secondes en 24 heures, tandis qu'avec un certain recul, indiqué par l'expérience, l'écart n'était plus que de 1 à 1 ½ seconde, et que les oscillations du pendule étaient plus étendues.

***

Nous voyons, fig. 88, l'échappement dit à manivelle, qui a paru pour la première fois à l'exposition de 1827.

Son nom lui vient de ce que la roue d'échappement est, en quelque sorte, une simple manivelle. Elle pivote en *r* et est formée d'un seul bras qui porte, en *a*, un rouleau travaillant avec la pièce d'échappement. Cette pièce d'échappement, A, a son point de pivotement en V, et le même axe porte la fourchette. Elle pourrait tout aussi bien faire corps avec le pendule lui-même, et être ajustée sur la tige de ce dernier. *e* et *s* sont les deux plans d'impulsion ; *b* et *c* les deux faces de repos. Le jeu de

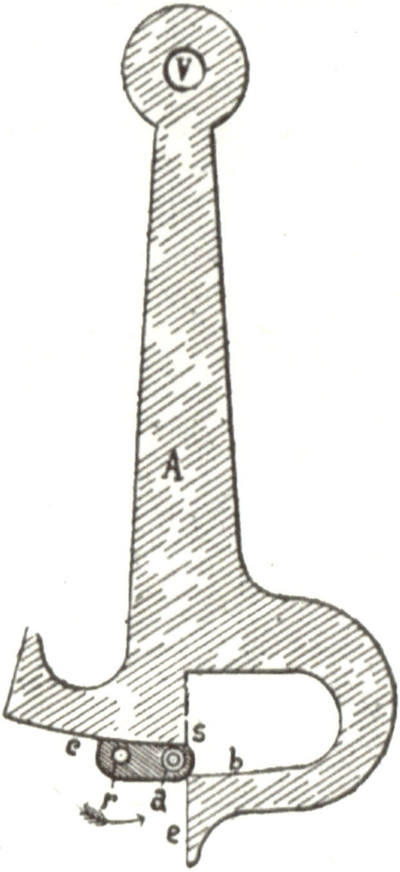

Fig. 88.

l'échappement est des plus simples : la roue, tournant dans le sens indiqué par la flèche, vient de donner une impulsion en agissant contre le plan *e* du levier d'entrée et le rouleau *a* s'est arrêté contre la face de repos *c*.

L'oscillation s'achève vers la droite, puis l'ancre revient en sens contraire. La manivelle peut alors continuer sa rotation et le rouleau *a* glisse contre le plan *s* du levier de sortie en repoussant ce levier vers la gauche. Un nouveau repos se fait sur la face *b* ; ce repos est suivi d'une nouvelle impulsion contre le plan *e*.

***

La figure 89 représente un mécanisme établi d'après le même principe que le précédent, mais avec une roue d'échappement à trois bras au lieu d'un seul.

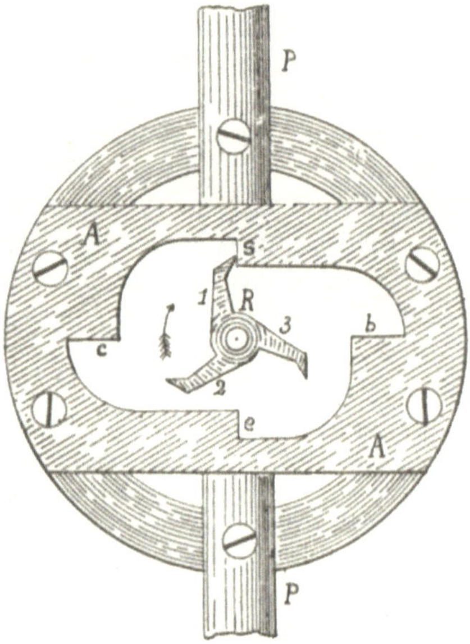

Fig. 89.

La pièce d'échappement, A, est ajustée directement sur la tige du pendule P ; *e* et *s* sont les plans d'impulsion, et *b* et *c* les faces de repos.

Sur notre dessin, on voit la dent 1 qui donne une impulsion, de gauche à droite, au pendule, en agissant contre le plan *s*. Lorsqu'un certain arc aura été parcouru, cette dent échappera et la face de repos *c* se trouvera en position pour recevoir la dent 2. L'arc supplémentaire s'effectuera pendant ce repos, puis le pendule, oscillant en sens contraire, la dent 2 quittera son repos, ce qui permettra à la dent 3 de donner une impulsion contre le plan *e*, et la dent 1 tombera en repos en *b*.

Cet échappement fut d'abord adopté pour la colossale horloge de Westminster, à Londres, construite en

1853 par l'horloger E.-J. Dent (1790-1853). En attendant l'achèvement de la tour qui devait la recevoir, cette horloge fut placée pendant cinq ans en observation, et elle ne donna pas les résultats de marche qu'on en attendait. L'échappement fut changé et remplacé par un autre mécanisme, inventé par Dennison (Lord Grimthorpe) (1816-1905), mécanisme dont nous donnons la description plus loin.

***

Un horloger habile, M. Robert de Sancerre, a présenté, à l'Exposition universelle de 1856, un échappement qui est une combinaison de l'échappement de Graham et de celui à chevilles.

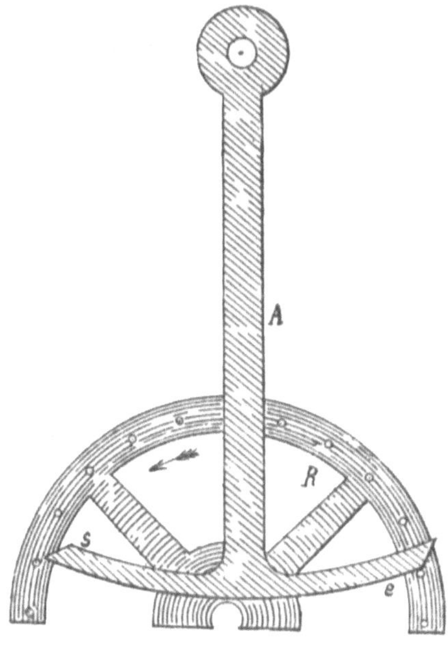

Fig. 90.

Ce mécanisme, fig. 90, est très simple, et s'il possédait les qualités de ceux dont il est dérivé, il serait parfait ; malheureusement, l'expérience a prouvé qu'il ne valait ni l'un ni l'autre.

On se rend très bien compte que lorsque les chevilles font repos sur le levier *e*, elles ont tendance à soulever la pièce d'échappement, tandis que de l'autre côté, elles font pression en sens contraire.

***

Dans l'échappement suivant, fig. 91, on voit une ancre de même forme et des fonctions pareilles ; tout le mécanisme est renversé, la fourchette est supprimée et l'ancre A forme une seule pièce, pivotant en V, avec le pendule P, comme dans l'échappement représenté fig. 72.

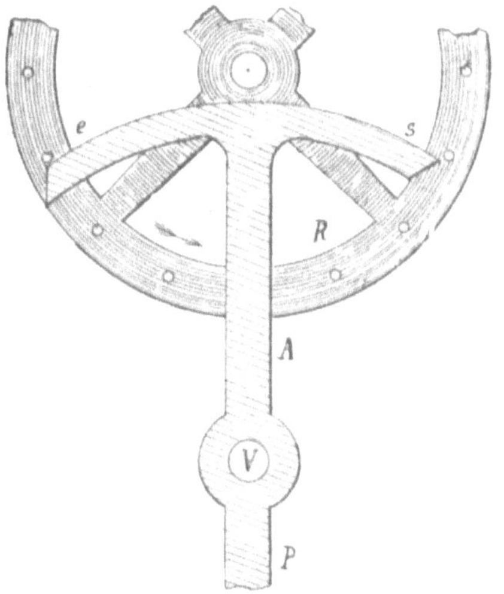

Fig. 91.

Cette disposition est due à A.-L. Vérité ; son auteur ne l'adapta cependant qu'à un très petit nombre d'horloges, car ce système exigeait une très grande précision.

***

En décrivant l'échappement de Graham, nous avons dit que les plans d'impulsion pouvaient être portés par les dents de la roue, au lieu de l'être par les leviers de l'ancre. La figure 67 nous a montré un échappement établi suivant ce principe, et nous avons expliqué que cette construction avait été reconnue pratiquement défectueuse.

On a cependant tenté de l'améliorer, en substituant des chevilles aux becs aigus des leviers.

La figure 92 nous montre un essai de ce genre, dit à l'horloger L. Perron, de Besançon, et construit en 1832. Les chevilles portées par les leviers s et e, sont aussi fines que le permet la force d'impulsion, et la roue n'a que cinq dents, dont les inclinés repoussent alternativement les chevilles.

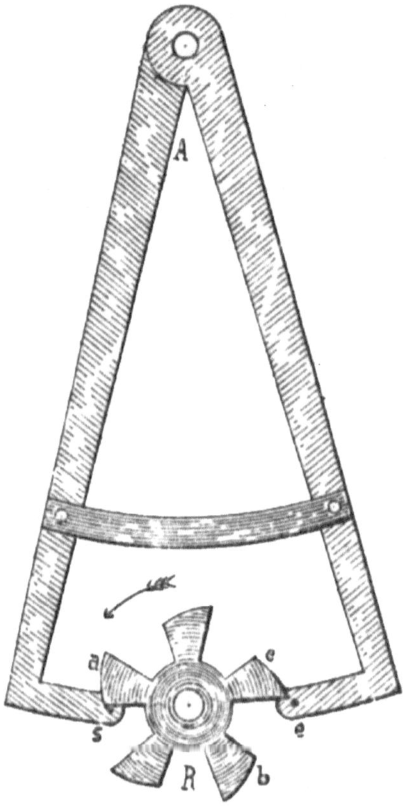

Fig. 92.

Notre dessin représente l'échappement au moment où la dent *c*, venant d'échapper de la cheville *e*, la dent *a* est tombée en repos sur la cheville *s*. L'ancre oscille vers la droite et accomplit son arc supplémentaire ; il revient ensuite en sens contraire et la dent *a* peut alors communiquer une nouvelle impulsion en repoussant la cheville *s*.

***

Une autre disposition du même système est représentée fig. 93. Ici, l'on a remplacé les chevilles, qui occasionnent un repos frottant, par des rouleaux tournants, ou galets, qui donnent un frottement roulant beaucoup plus doux. Mais on a été obligé de diminuer la largeur des faces d'impulsion des dents de la roue, et il n'a pas été possible d'éviter une chute bien plus forte que celle qui existe dans le mécanisme précédent.

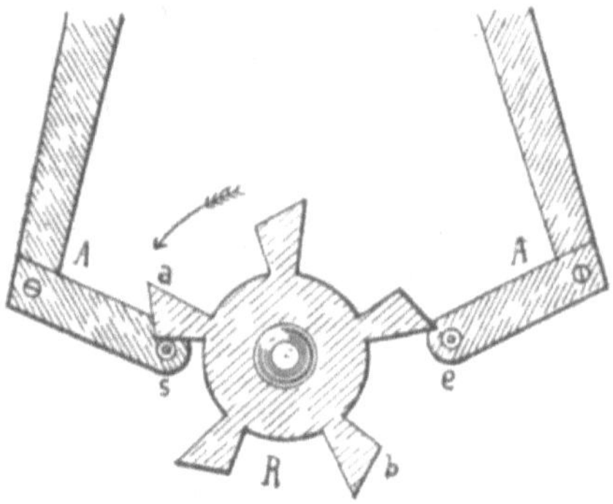

Fig. 93.

***

En 1742, un inventeur imagina la construction qu'on voit fig. 94, dans le but de supprimer le frottement sur les repos et contre les inclinés.

Il fit travailler les dents de la roue avec deux galets tournants, *e*, *s*, montés à l'extrémité des leviers de l'ancre. Par cette disposition, il transformait le frottement de glissement en un frottement de roulement bien plus doux.

Malheureusement, la forme circulaire de ces galets ne constitue pas une face d'impulsion convenable, et ce qui pouvait être gagné par la diminution du frottement, se perdait par suite de la transmission défectueuse de la force et d'une chute nécessairement plus grande.

Fig. 94.

Ce mécanisme présentait une disposition assez pratique de la fourchette. Celle-ci était montée sur une pièce B, suspendue par un demi-cardan, à l'axe *a* de l'ancre. Une vis, *d*, permettait de fixer la fourchette en position voulue pour la mise au point exacte de l'échappement.

***

Nos lecteurs reconnaîtront immédiatement, dans la figure suivante, 95, un échappement de Graham analogue à ceux qui ont été représentés par les figures 63 à 70, et ils se demanderont sans doute à quoi peut bien servir la seconde roue, plus grande, qu'on voit sur notre dessin. Nous allons les renseigner.

Un inventeur s'est dit — et il a bien raisonné — que le frottement des dents sur les leviers, pendant les repos, serait plus réduit s'il pouvait se produire plus près du centre de pivotement de l'ancre. Partant de ce principe, il a installé sur l'axe de la roue R, une seconde roue R', plus grande et destinée uniquement aux

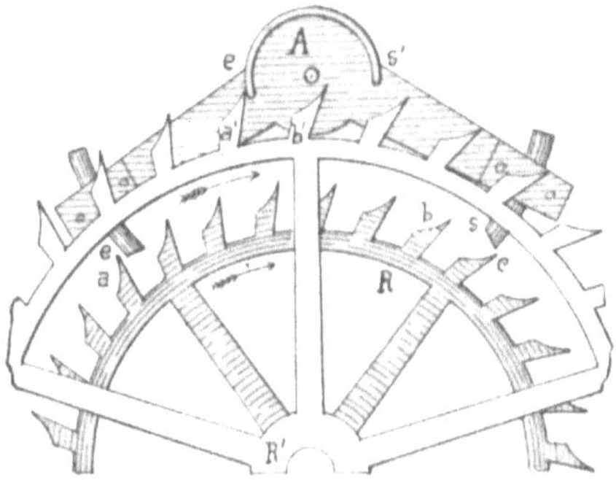

Fig. 95.

repos. Les dents de cette seconde roue font arrêt contre un cylindre entaillé *e'*, *s'*, fixé sur le corps de l'ancre A. Les dents de la petite roue ne servent donc plus que pour les impulsions, et elles ne frottent pas contre les leviers pendant les repos, comme cela a lieu dans tous les échappements de Graham que nous avons examinés.

On voit, sur notre figure, la dent *a'* de la grande roue, en repos, en *e'*, contre le cylindre, et la dent *a* de la petite roue, R, prête à donner l'impulsion sur le levier *e*, mais ne reposant pas contre celui-ci.

Le frottement pendant l'arc supplémentaire du pendule se fait donc entre *a'* et *e'*, et ce frottement est évidemment plus réduit que s'il avait lieu entre *a* et *e*. L'inventeur de ce système a dû voir un grand avantage à cette diminution de frottement, puisqu'il n'a pas hésité à adopter une construction bien plus compliquée et demandant une exécution très précise.

Les inventions de ce genre sont justement les plus intéressantes au point de vue du but spécial que nous poursuivons en publiant cette étude. Si elles ont été abandonnées, elles n'en ont pas moins un caractère souvent très instructif, et leur description peut rendre service à certains chercheurs, en les empêchant de s'égarer dans des combinaisons qui, quoique parfaitement réalisables, théoriquement parlant, sont sans valeur au point de vue essentiellement pratique.

***

Avec un échappement de Graham ou à chevilles, ayant une roue de 30 dents ou 30 chevilles, et actionnant un pendule de 984 mm de longueur, on obtient, de l'aiguille ajustée sur l'axe de la roue, des sauts d'une seconde. La demi-seconde est donnée par le pendule mesurant 248 mm de longueur. Pour obtenir, avec ce pendule à demi-secondes, un tour de l'aiguille en une minute, il faudrait employer une roue de 60 chevilles. Le rapprochement

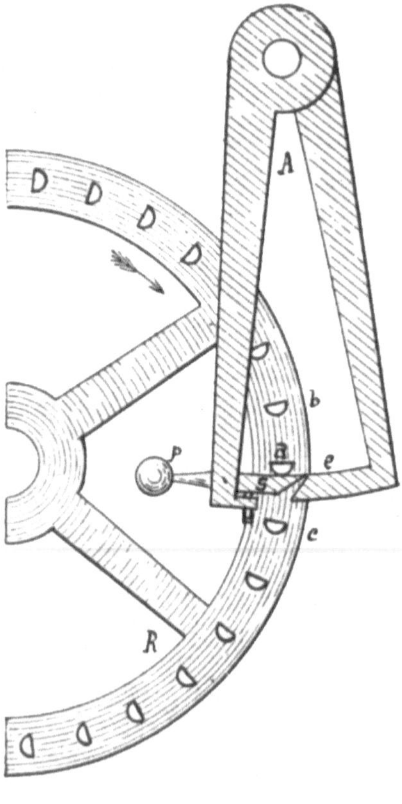

Fig. 96.

des chevilles serait alors excessif, car la grandeur de la roue ne peut dépasser certaines limites.

Pour obtenir une aiguille marquant les secondes avec un pendule à demi-secondes, on a recours au système d'échappement dit à coup perdu, lequel, en rendant muette une oscillation sur deux, fait marquer les secondes avec une roue de 30 dents.

Nous voyons, fig. 96, un de ces échappements à coup perdu : c'est l'échappement à chevilles dit à bec .brisé, dans lequel un des leviers de l'ancre est construit de manière à donner une oscillation muette. Le levier *e* est formé comme habituellement, tandis que l'autre, *s*, a un bec mobile qui tend constamment à se soulever, sous l'influence du poids *p*.

Le fonctionnement de ce mécanisme se fait de la manière suivante : la cheville *a* vient de tomber en repos sur le bec mobile *s*, qu'elle abaisse dans la position où nous le voyons, et l'oscillation de gauche à droite s'achève.

L'ancre revenant en sens inverse la cheville passe sur le repos *e*, et à ce moment, le bec mobile se lève ; à l'oscillation suivante, la cheville *a* passe sous le bec mobile et glisse contre le plan incliné du levier e, puis la dent *b* vient prendre sa place en rabattant le bec *s*.

Ce système d'échappement, dont le bec mobile doit toujours fonctionner à l'aide d'un poids ou d'un ressort, n'a donné que de médiocres résultats, l'épaississement des huiles nuisant à la liberté du bec.

***

La fig. 97 nous montre un autre système d'échappement à coup perdu. La roue porte des dents et des chevilles ; les dents ne servent qu'à un repos muet,

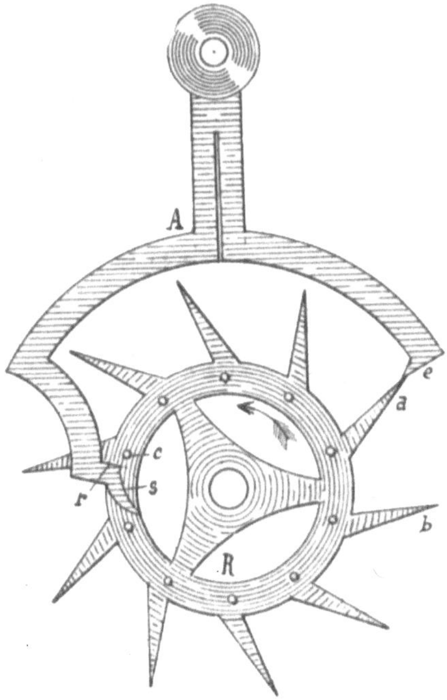

Fig. 97.

tandis que les chevilles servent à un second repos, suivi d'une impulsion.

On voit sur notre figure, une dent *a*, en repos contre le bras *e* de l'ancre ; lorsque cette dent échappe, aucune impulsion n'a lieu et la roue ne tourne que d'une faible quantité, la cheville *c* rencontrant le repos *r* de l'autre bras de l'ancre. L'impulsion est donnée ensuite, au retour de l'oscillation, par la cheville *c*, glissant contre l'incliné concave *s*, et cette impulsion se termine par l'arrivée au repos de la dent *b* contre le bras *e* de l'ancre.

Cet échappement donne de bons résultats, mais il ne faudrait cependant pas lui demander la régularité qu'on obtient de l'échappement Graham ou de celui à chevilles.

***

Dans le système représenté fig. 98, nous retrouvons le même principe, et les mêmes fonctions sont obtenues au moyen d'une disposition toute différente. Les repos s'effectuent sur les leviers *e* et *s*, comme dans l'échappement fig. 97, mais l'incliné d'impulsion du levier *s* est supprimé, ainsi que les chevilles de la roue R.

Les impulsions sont données par une seconde roue, *r*, plus petite, dont les dents agissent sur un troisième levier, *n*, adapté à la pièce d'échappement A A'.

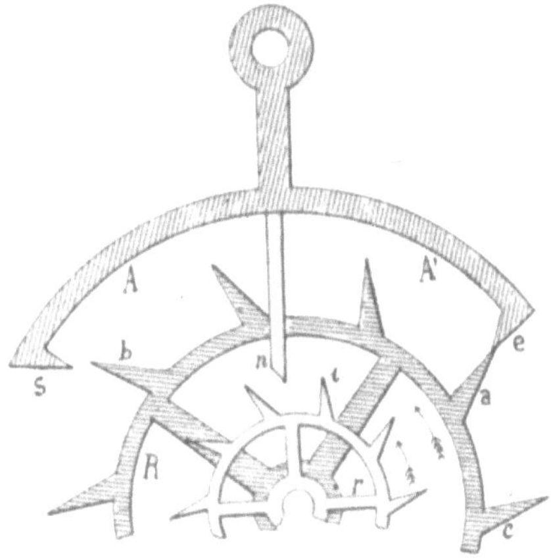

Fig. 98.

Le fonctionnement du mécanisme est le même. Après le repos de la dent *a* contre le levier *e*, nous aurons celui de la dent *b* contre *s* lorsque la dent *b* échappera à son tour, la dent *i* de la petite roue *r*, entrera en action, en communiquant une impulsion au levier *n* de l'ancre. Cette impulsion terminée, la dent *c* de la grande roue arrivera, à son tour, au repos en *e*.

***

Le système représenté fig. 99 diffère sensiblement des précédents. La roue, R, est munie d'une denture ordinaire de roue de rouage, qui n'est pas représentée sur le dessin.

Elle engrène avec le pignon P, sur l'axe duquel se trouvent deux fouets, *n*, *n'*. Ces fouets font arrêt contre le levier *e*. L'autre levier, *s*, travaille avec des chevilles implantées dans la serge de la roue R, et il porte un incliné contre lequel ces chevilles agissent pour l'impulsion.

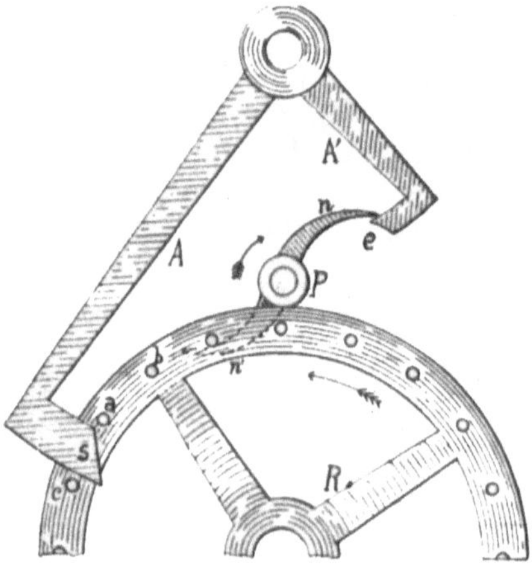

Fig. 99.

Voici, dès lors, comment les fonctions s'effectuent : un des fouets d'arrêt, *n*, est en repos sur le levier *e*, et le pendule oscille de gauche à droite. Cette oscillation a pour effet de dégager ce fouet ; le pignon P, sollicité par la roue d'échappement, R, tourne alors d'une petite quantité dans le sens indiqué par la flèche, ce qui permet à la cheville *a* d'atteindre la face de repos du levier *s*.

Au retour de l'oscillation, la cheville a s'engage contre l'incliné du levier *s*, et donne ainsi une impulsion. La rotation de la roue R, provoque celle du pignon, P, et il y a un nouvel arrêt au moment où le fouet n'atteint le levier *e* qui s'est remis en position pour le repos. Cet arrêt se produira à l'instant où la cheville *a* aura terminé son impulsion, et avant que la cheville suivante, *b*, ait atteint la face de repos du levier *s*. La cheville *b* n'effectuera son repos sur le levier *s*, que lorsque le fouet aura été dégagé par une nouvelle oscillation de gauche à droite.

Cet échappement était exposé par la maison Brocot en 1855.

V - Échappements à repos pour montres

Mécanismes divers

L'invention de l'échappement à repos, sans recul, eut pour résultat immédiat de provoquer l'éclosion d'un grand nombre de systèmes destinés aux montres et parmi lesquels nous trouvons l'échappement à cylindre. Mais, malgré les qualités incontestables de ce dernier, vu sans doute les difficultés d'exécution que présentaient alors la roue et le cylindre, et surtout aussi, à cause de la disposition parallèle de ses axes, on continua pendant un certain temps encore, à donner la préférence aux échappements qui permettaient de conserver le calibre dont on avait l'habitude.

C'est vers 1760 que Jean-Ant. Lépine (1720-1814) transforma ce calibre, mais il fallut encore plus de soixante ans pour que la nouvelle construction soit adoptée un peu généralement.

***

Les échappements à repos, dans lesquels on a conservé la même disposition des mobiles que dans l'échappement à roue de rencontre, c'est-à-dire l'axe du balancier perpendiculaire à celui de la roue, sont nombreux ; mentionnons d'abord l'échappement de Flamenville, fig. 100, dans lequel on voit la roue de rencontre ordinaire, travaillant non plus avec des palettes, mais avec deux

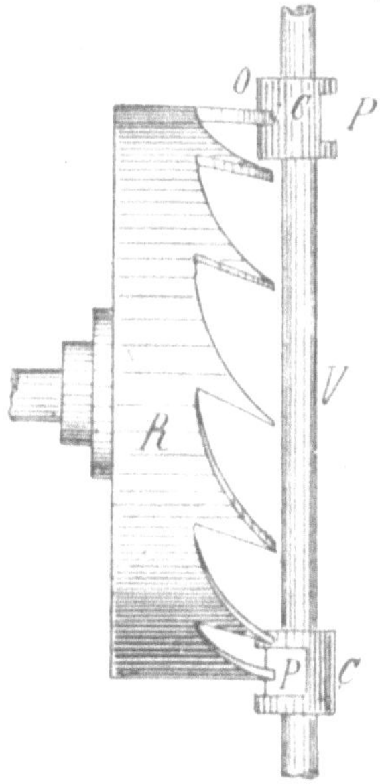

Fig. 100.

cylindres concentriques à l'axe de la verge et entaillés suivant leur diamètre. Les dents de la roue tombent en repos alternativement sur le pourtour de ces cylindres et s'échappent en effectuant leur impulsion contre le plan formé par la partie entaillée P, P.

***

La fig. 101 nous montre un échappement qui ne diffère que très peu du précédent ; au lieu des entailles prati-

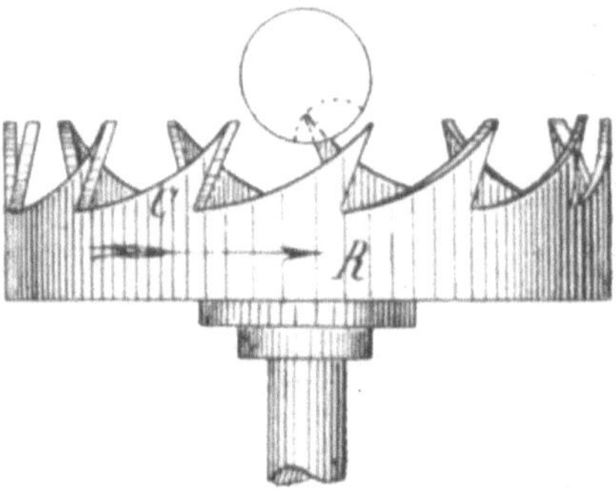

Fig. 101.

quées suivant le diamètre de la verge, il y a simplement deux creusures circulaires dans l'axe de celle-ci. C'est contre les parois de ces creusures que les dents de la roue travaillent.

*
* *

En 1700, un mathématicien genevois, Nicolas Faccio (1664-1753), découvrit le moyen de percer et de travailler le rubis et les autres pierres dures ; il se rendit en Angleterre pour exploiter son invention, et s'associa avec deux horlogers : Pierre et Jacob Debaufré, dans le but de construire des montres destinées à faire valoir celle découverte. Les pivots de balancier et de roue d'échappement de ces montres roulaient dans des rubis percés, et un certain nombre de ces pièces étaient munies de l'échappement représenté fig. 102.

L'axe du balancier, V, portait un petit plateau en diamant, D, coupé en plan incliné à partir de son diamètre. La roue d'échappement, R, était double et les dents faisaient repos alternativement sur la surface du disque, puis donnaient l'impulsion en glissant contre le plan incliné P. L'épaisseur du plateau était un peu moindre que l'intervalle entre les pointes des dents, chaque pointe d'une des roues correspondant exactement au milieu d'un intervalle de l'autre. Ces montres donnaient, paraît-il, d'assez bons résultats.

*
* *

Henri Sully, célèbre horloger anglais, né en 1680, mort à Versailles en 1728, et qui passa la plus grande partie de sa vie en France, imagina, en 1721, une autre disposition de l'échappement de Debaufré. Il mit une roue simple, et

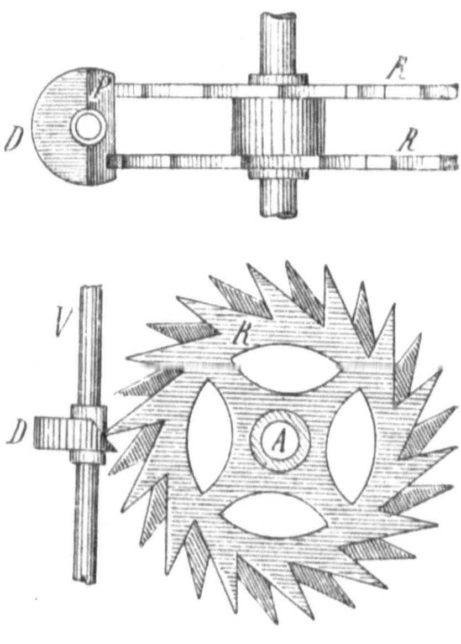

Fig. 102.

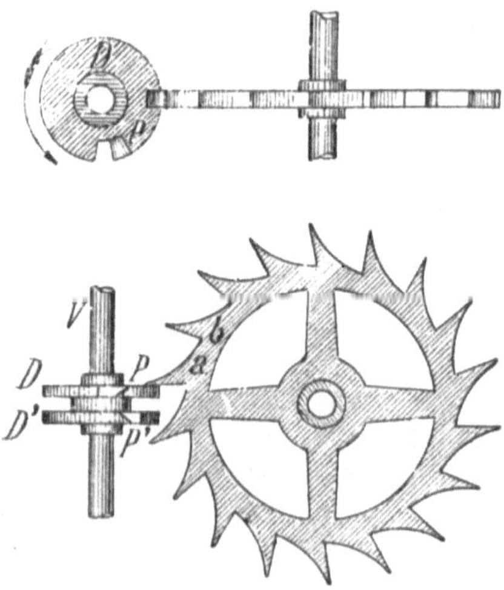

Fig. 103.

deux plateaux au lieu d'un seul ; chacun de ces deux plateaux portait une entaille en plan incliné, destinée à recevoir l'impulsion. Notre fig. 103 fait voir cette disposition dont le fonctionnement est très simple : la dent *a* est en repos sur le disque supérieur D, qui tourne, par la force du spiral, dans la direction de la flèche ; au moment où la dent rencontre le plan incliné P, elle donne l'impulsion, puis tombe en repos sur le disque inférieur D'. Au retour de l'oscillation, la même dent agit contre l'incliné P' et donne une nouvelle impulsion en sens contraire. La dent *b* tombe alors sur le disque P, et les mêmes fonctions se reproduisent.

***

Un horloger, nommé Enderlin, imagina en 1736 une autre combinaison, fig. 104.

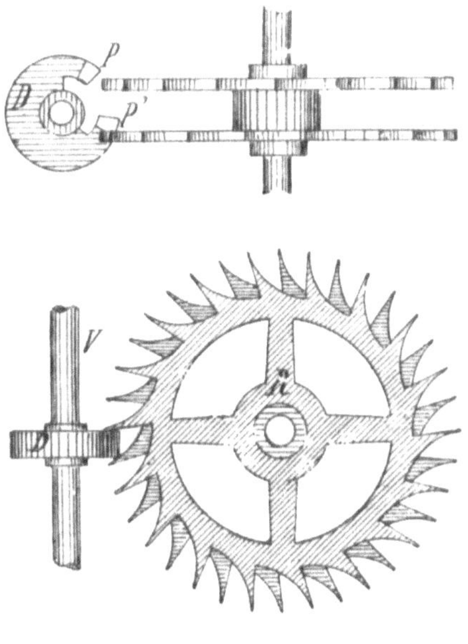

Fig. 104.

Il prit la roue double de Debaufré et les deux plans inclinés de Sully, mais disposa ces deux plans inclinés sur le même disque, en regard l'un de l'autre. On voit que le fonctionnement de ce mécanisme est exactement le même que celui des deux précédents.

***

Nous reproduisons, fig. 105, un dessin que nous avons trouvé dans le *Recueil des Machines et Inventions approuvées par l'Académie royale des sciences*, et qui nous montre un échappement présenté en 1742 par Pierre Le Roy.

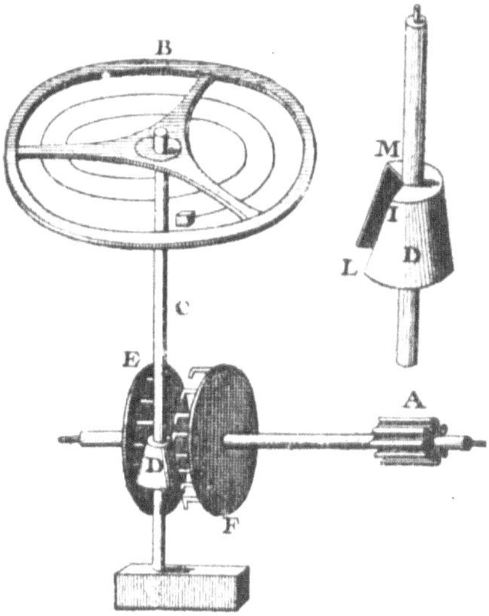

Fig. 105.

On voit que nous avons affaire ici à un mécanisme du genre de ceux représentés fig. 102 à 104, et l'on en comprend immédiatement le fonctionnement. Il a une double roue E, F, portant des chevilles terminées par un crochet ; l'extrémité de ce crochet fait repos sur la face supérieure M d'un cône tronqué, D, dont on voit un agrandissement à côté de la figure principale, et qui est fixé sur l'axe C du balancier B. Après avoir effectué leur repos, les chevilles agissent alternativement contre les plans inclinés I et M, et provoquent ainsi les oscillations du balancier. Le dessin, que nous avons reproduit, tel que nous l'avons trouvé, est mal fait, car d'après la description qui l'accompagne, chacune des parties de la double roue ne doit avoir que six dents ou chevilles, posées alternativement.

Un fait digne de remarque, c'est qu'en général, les horlogers qui ont présenté un échappement à repos, après l'invention de celui à cylindre, par Graham, en 1725, ne manquent jamais de citer ce dernier et de lui reconnaître de grandes qualités, mais ils s'empressent de déclarer que leur système vaut mieux.

Dans l'exposé de l'invention de Le Roy, nous lisons en effet :

> « Cet échappement que M. Le Roy a appliqué à une montre qu'il a envoyée à Londres, a les mêmes propriétés que l'ingénieux échappement à repos de M. Graham, qui a souvent été mis en usage par bien des horlogers, avec cette différence seulement que l'échappement de M. Le Roy a une diminution de frottement dont celui de M. Graham n'est pas susceptible. »

La première montre faite par Le Roy avec cet échappement, lui fut commandée par M. de Villeneuve, un Français, graveur du roi de Portugal et de l'Académie de Lisbonne, à l'occasion d'une gageure *de 100 monnaies d'or ou 3000 livres de France* qu'il fit avec des Anglais au sujet de la comparaison des montres françaises et anglaises. Le rapport dit que la montre de Le Roy soutint si bien la comparaison qu'on en fit avec une montre du célèbre Graham, qu'il fut impossible de décider laquelle était la meilleure.

Malgré tout, l'échappement à cylindre est resté vainqueur et si l'on peut prévoir qu'il sera complètement supplanté un jour, par l'échappement libre à ancre, ce ne sera pas sans avoir fourni une carrière des plus honorables.

***

Dans le même recueil, nous trouvons les dessins fig. 106 et 107, qui représentent un échappement inventé par un sieur Gourdain, horloger. Nous reproduisons ces dessins et la description qui les accompagne, en avouant ne pas comprendre bien clairement la construction de la roue.

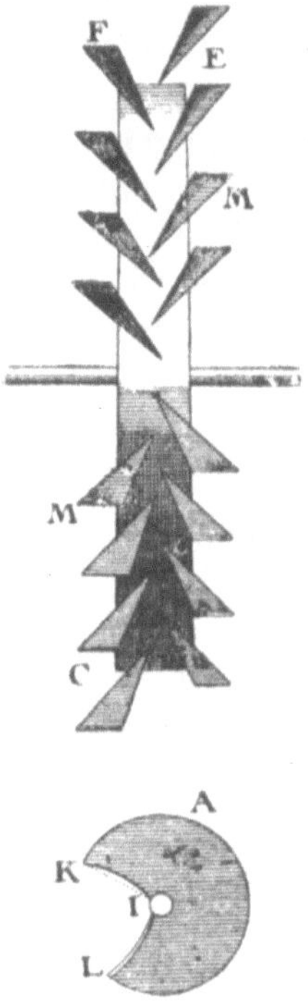

Fig. 106.

Selon nous, il s'agit de l'échappement de Debaufré (voir fig. 102) modifié ainsi que Garnier l'a fait plus tard en faisant porter les inclinés par les dents de la roue.

Voici la description qui accompagne ces dessins :

> « M. Gourdain emploie le cylindre du sieur Debaufré, mais il le réduit à n'être qu'un plan A (fig. 50), sans épaisseur, et il prétend que pour conserver un parfait isochronisme, il faut courber les rayons I K, I L du secteur à angle droit, dans les grands échappements seulement, parce que la chose n'est pas praticable

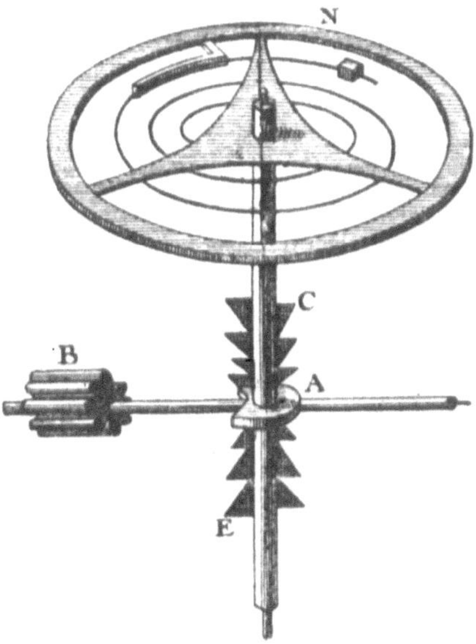

Fig. 107.

dans le petit volume ; par cette courbure l'on aura toujours des forces égales du centre à la circonférence.

Sur un des bouts du dernier pignon B, il place une roue plate CE ; cette roue en forme deux à la circonférence, de même diamètre, éloignées d'environ une ligne l'une de l'autre ; la roue ayant été fendue en 30 dents toutes en arbres, il l'a travaillée, et supprimé la moitié des dents dont elle est chargée, en observant d'en ôter autant d'un côté que de l'autre, et que les vides des dents de chaque roue se trouvent opposées les uns aux autres. Il donne aux dents restantes M, M, une forme de plan incliné, tendant au sens dans lequel elles doivent agir sur le balancier.

Il faut remarquer que la pièce en plan incliné et proportionné A est coupée dans son épaisseur en plan incliné et proportionnellement à l'inclinaison des dents de la double roue.

Ces deux pièces ajustées ensemble et montées d'un balancier ordinaire N garni de son ressort spiral, le tout en équerre, les dents de la roue agissent alternativement sur les plans de la pièce A, et forment leur repos sur le plan droit de cette pièce, d'où il suit que l'effort de l'échappement et du repos ne se fait pas sur la longueur et épaisseur des pivots de la verge du balancier, mais sur la pointe d'un seul pivot ; et pour en empêcher l'usure, on y ajuste une agathe bien polie, sur le plat de laquelle porte le pivot.

***

Nous avons vu, fig. 105, que Julien Le Roy a cherché à perfectionner l'échappement de Debaufré (voir fig. 102) ; une autre disposition, imaginée par ce célèbre horloger, est représentée par notre fig. 108.

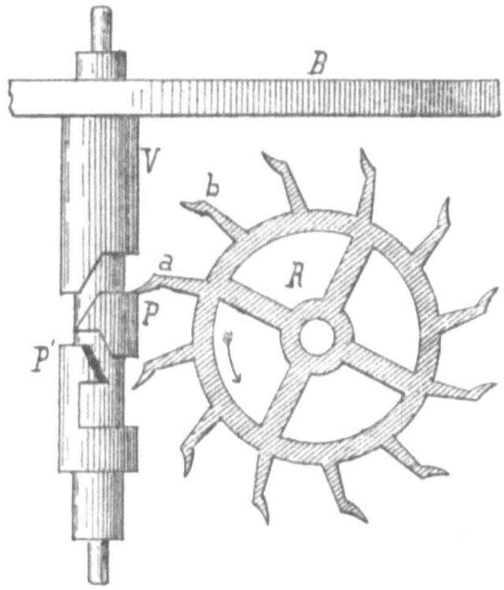

Fig. 108.

La roue d'échappement, R, dont les dents sont peu nombreuses et très longues, effectue ses repos sur deux zones circulaires, P, P' taillées dans l'axe, V, du balancier B. À l'une des extrémités de ces zones se trouve un arrêt destiné à prévenir le renversement et à l'autre extrémité commence l'incliné d'impulsion. Les deux inclinés sont notablement plus longs que ceux des disques minces, employés par Sully.

Dans notre figure, on voit la dent, *a*, en repos sur la zone supérieure P ; elle donnera l'impulsion en glissant sur l'incliné qui termine cette zone et tombera en repos sur la zone inférieure P'. Au retour de l'oscillation, l'incliné inférieur se présente à la dent *a*, et celle-ci s'échappe en donnant une seconde impulsion ; la dent *b* entre alors en fonction, de la même manière.

***

À l'époque où ces essais étaient faits, l'art de travailler les pierres était encore presque inconnu ; les contre-pivots d'acier, sur lesquels travaillaient les pivots de balancier, étaient rapidement usés, surtout celui de dessous, lorsque, suivant la position de la montre, la pression de la roue sur l'axe s'ajoutait au poids du balancier. C'est dans le but de remédier à cet inconvénient qu'un autre inventeur, J. Samuel, imagina de faire travailler la roue en sens contraire de l'action du poids du balancier. La roue, pendant son repos, soutenait en quelque sorte l'axe du balancier, au lieu d'ajouter à son poids ; il est évident que ce changement n'avait de valeur que si la montre était constamment placée le balancier en haut.

L'échappement de J. Samuel est représenté fig. 109 ; on reconnaît immédiatement les deux disques de l'échappement de Sully, fig. 103, mais ils sont ici plus épais, et les plans inclinés, formés par une simple rainure, sont beaucoup plus longs. Une flèche indique le sens de rotation de la roue ; la dent *a* travaille comme dans l'échappement précédent, mais de bas en haut. Les repos s'effectuent sous les disques P, P', portés par l'axe V ; il n'y a, dans cet échappement, pas de renversement à craindre ; le balancier peut donner deux tours et plus sans inconvénient ; c'est, selon l'inventeur, un grand avantage.

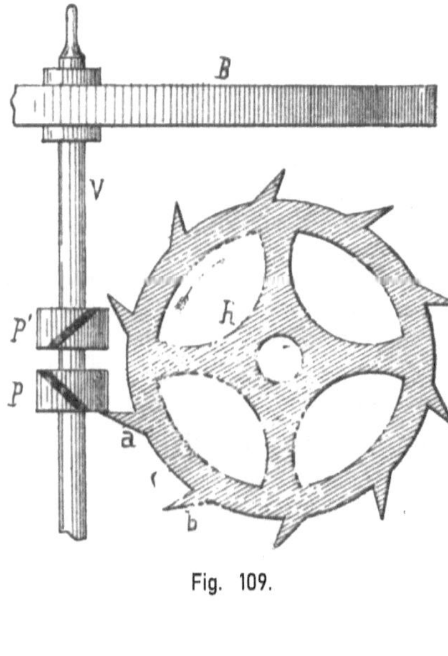

Fig. 109.

***

Tous ces systèmes d'échappements ne donnèrent que de médiocres résultats et ils furent vite abandonnés. Ils étaient tombés dans l'oubli, lorsque, vers 1830, M. Paul Garnier en présenta un du même genre.

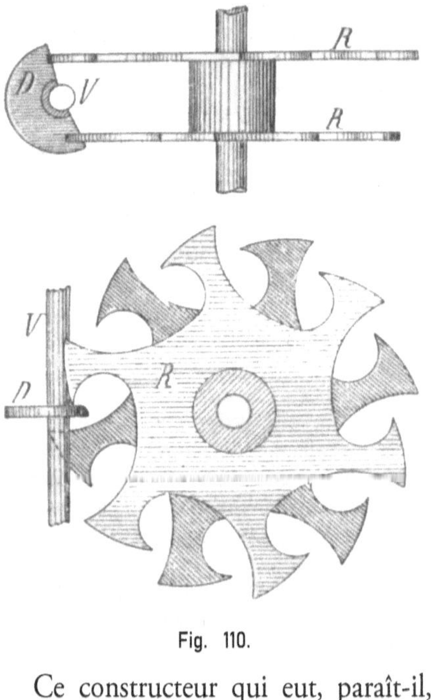

Fig. 110.

Ce constructeur qui eut, paraît-il, plein succès, conserva la double roue, mais fit porter les inclinés d'impulsion aux dents. Le disque était très mince et les impulsions se donnaient de chaque côté de l'axe, contre sa tranche. Garnier combina cet échappement en prenant pour base les principes de l'échappement à cylindre ; il donna aux dents de sa double roue le même incliné que celui des dents de la roue de cylindre ; la tranche du disque, de même ouverture qu'un cylindre, reçut la forme des lèvres de ce dernier. La seule différence consistait, selon l'inventeur, en ce que, dans cet échappement, le repos avait lieu sur le plan horizontal du disque, et l'effort sur le bout du pivot inférieur de l'axe, tandis que dans l'échappement à cylindre, le repos se fait contre une surface concentrique à l'axe, en pressant les pivots contre les parois de leurs trous.

⁂

La fig. 111 montre un mécanisme qui, quoique différent en ce qui concerne la disposition des inclinés d'impulsion, peut être classé avec ceux que nous venons de voir. La roue est

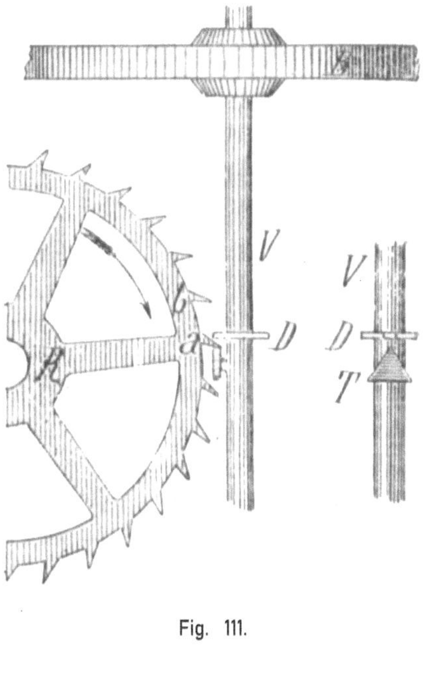

Fig. 111.

simple ; les repos se font sur un disque mince, porté par l'axe du balancier V. Une pièce triangulaire, T, fixée à l'axe, au-dessous du disque, est là pour recevoir, d'un côté et de l'autre alternativement, l'impulsion des dents, lesquelles s'échappent tour à tour par une entaille pratiquée au bord du disque, directement au-dessus de l'angle supérieur du triangle. Sur notre dessin, la dent *a* commence son impulsion et la dent *b* va tomber en repos sur le disque. On voit, à droite de la figure principale, l'axe du balancier représenté de face.

⁂

Les derniers échappements à repos, avec l'axe du balancier perpendiculaire à l'axe de la roue, ont été probablement ceux imaginés en 1869 par Claudius Saunier (1816-1896)[2].

Ces échappements, destinés surtout aux pendules de voyage, étaient disposés comme ceux des montres, c'est-à-dire avec balancier circulaire et spiral ; leur emploi permettait d'éviter l'engrenage de champ, toujours défectueux.

Le pendule est le régulateur par excellence quand il remplit les conditions indiquées par la théorie et par l'expérience ; mais il n'est pas toujours possible de lui donner la longueur demandée par les exigences du réglage, et, dans la fabrication des horloges d'appartement, on s'occupe peu d'examiner si tel modèle nouveau est favorable ou non à la régularité de la marche. C'est ce qui a conduit Saunier à chercher, pour les pendules et pour les pièces de voyage, un échappement à balancier circulaire, moins coûteux que le cylindre ou l'ancre, donnant un réglage plus soute-

[2] Voir le *Guide-manuel de l'Horloger* et *Traité d'horlogerie moderne*, rééditions Decoopman 2020 et 2021

nu et permettant de supprimer l'engrenage de champ.

Ce célèbre horloger aurait, selon lui, obtenu d'excellents résultats, mais ces résultats n'ont sans doute pas été confirmés par l'expérience, puisque les échappements à cylindre et à ancre continuent à être seuls employés quand il s'agit de construire une pendule, une pièce de voyage ou un réveil marchant en toutes positions.

Le modèle le plus simple, construit par Saunier, est représenté fig. 112 ; son inventeur l'a appelé échappement *Simplex* ou *Équerre*. Un cylindre, C, est ajusté sur l'axe, V V, du balancier B : ce cylindre a une ouverture qui correspond

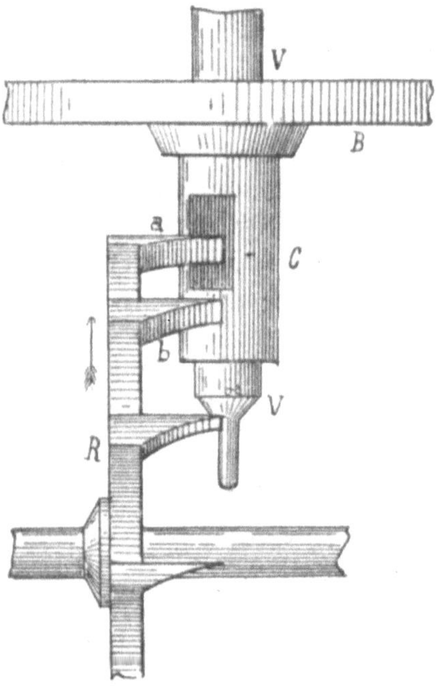

Fig. 112.

à une entaille faite dans l'axe, pour le passage des dents de la roue, R. Le balancier tournant de gauche à droite, la dent, *a* appuyée contre le cylindre, a un léger mouvement d'avance, puis de recul, lorsque l'entaille se présente sous elle ; au retour du balancier, la dent pénètre dans l'entaille et donne une impulsion. Elle échappe ensuite ; la dent *b* tombe en repos contre le cylindre puis donne une impulsion à son tour.

Cet échappement est à coup perdu, mais la grande étendue de sa levée lui permet de mener un balancier au moins aussi lourd que celui d'un échappement à cylindre, tout en donnant plusieurs milliers d'oscillations de plus à l'heure, et sans qu'il soit nécessaire d'y mettre une goupille de renversement.

Claudius Saunier fondait de grandes espérances sur ce mécanisme ; voici ce qu'il en disait :

> « À voir la simplicité et la sûreté des fonctions de ce petit mécanisme, le nombre des oscillations qu'on peut en obtenir, etc., ne peut-on pas se croire autorisé à dire que l'échappement réclamé depuis longtemps par l'horlogerie à bon marché est aujourd'hui trouvé ? Il nous paraît difficile, si nous ne nous trompons, d'aller au-delà, comme solidité, bon marché, facilité d'exécution et de maniement, très bonne régularité relative, et sans compter qu'on n'a plus d'engrenage de champ. Il peut s'appliquer à la montre, avec sa roue devenue simplement plate et disposée horizontalement. »

***

Saunier a perfectionné ensuite son mécanisme en vue d'obtenir une impulsion à chaque oscillation. Il mit deux roues d'échappement, R R, fixées sur le même axe (fig. 113) et travaillant parallèlement de chaque côté de l'axe du balancier, construit exactement comme celui de l'échappement Simplex.

Dans ce nouvel échappement, appelé *Double-équerre*, le balancier reçoit les impulsions des cieux roues alternativement. On voit, sur notre figure, que la dent *a* de la roue de gauche est sur le point de pénétrer dans l'entaille de l'axe

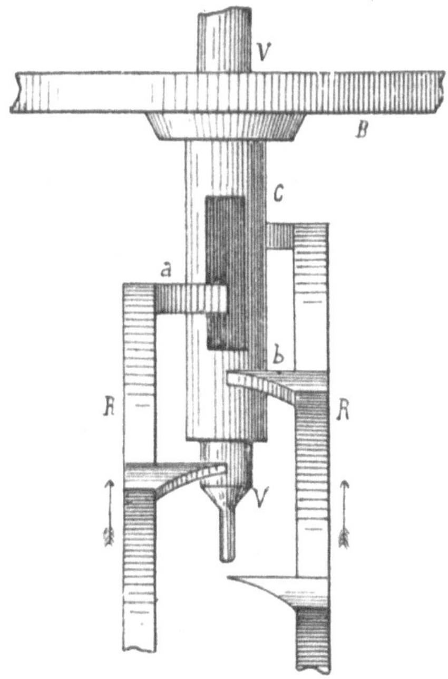

Fig. 113.

du balancier, ce dernier tournant de droite à gauche. Cette dent, ayant passé en effectuant son impulsion, la dent *b* de l'autre roue tombe alors en repos contre l'axe, et pénètre dans l'entaille au retour du balancier.

Les deux roues sont de grandeur inégale, afin de laisser un passage pour un bras coudé dans lequel tourne le pivot inférieur de l'axe du balancier ; ce bras coudé devait singulièrement compliquer la fabrication. L'oscillation muette ou coup perdu était supprimée et l'on avait les mêmes fonctions que dans les échappements fig. 100 et 101, avec la complication d'une roue en plus.

La seule supériorité de ce mécanisme consistait en ce que le repos des dents se faisait exactement sur la tangente.

*
* *

Avant de quitter les échappements à axes perpendiculaires, nous voulons encore revenir à celui de Sully, représenté fig. 103.

C'est en 1704 que Sully eut la première idée de cet échappement, en examinant la montre de Newton, avec lequel il avait de bonnes relations, montre fabriquée par Pierre Debaufré, et qui était munie d'un échappement à repos que nous avons représenté fig. 102.

Nous donnons, fig. 114, un second dessin de l'échappement de Sully, la fig. 103 ne nous ayant montré que la roue et les disques de repos fixés sur un axe vertical. Cet axe ne porte pas le balancier, mais une roue dentée qui engrène avec un pignon, P, faisant corps avec un autre axe, disposé horizontalement, et sur lequel est fixé le balancier. C'est en quelque sorte l'échappement à pirouette de Huyghens, transformé en échappement à repos.

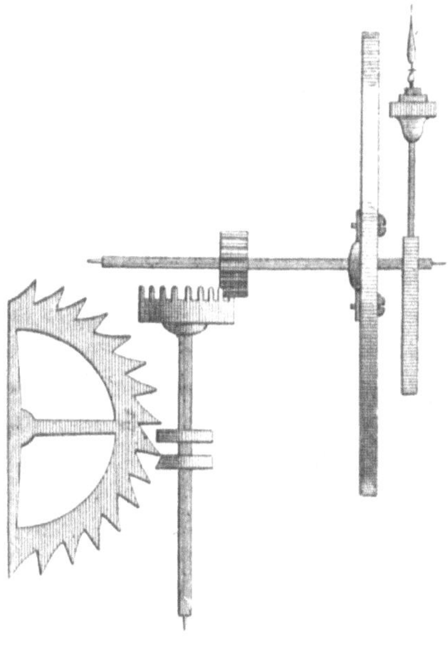

Fig. 114.

Mais l'échappement de Sully, tel que nous le montre la fig. 114, n'est pas encore complet ; l'artiste y avait adapté un régulateur spécial qui, dans son idée, devait, remplacer le pendule qu'on ne pouvait songer à employer pour le réglage des horloges destinées aux vaisseaux. C'est pour donner la description complète de ce mécanisme, qui a fait époque, et sur lequel de belles espérances, bien vite déçues, avaient été fondées, que nous revenons sur ce sujet.

Avant de quitter l'échappement proprement dit, mentionnons encore une pièce spéciale que nous voyons fixée sur l'axe horizontal du balancier, et dont la figure suivante nous permettra de mieux voir la forme et de mieux comprendre le but.

La fig. 115 nous montre l'ensemble de la disposition adoptée par Sully, en vue d'obtenir le réglage des oscillations du balancier de son échappement. A B C D est la platine de derrière du mouvement. G H I est le balancier, qui se trouve au milieu, entre les deux platines, et dont on voit les quatre bras par l'ouverture. L'axe du balancier, qui, nous l'avons dit, tourne horizontalement, repose sur deux paires de rouleaux qui pivotent, comme on le voit, en m^1 et m^2, tout près de la face intérieure des platines. Cette disposition a pour but de transformer le frottement glissant des pivots de l'axe, en un frottement roulant, beaucoup plus faible.

La pièce *q* est celle que nous avons mentionnée, de la figure précédente ;

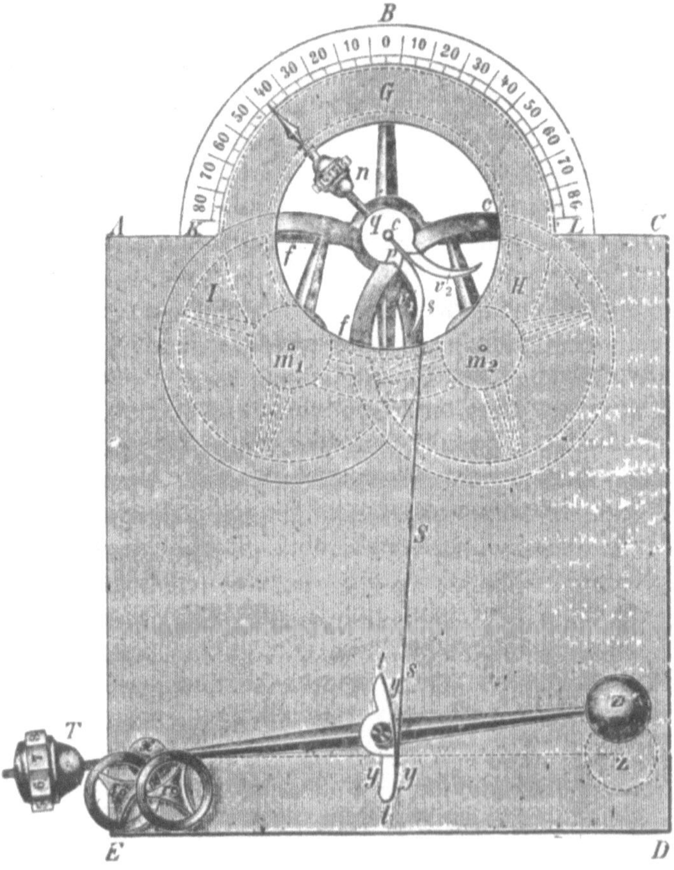

Fig. 115.

on la voit ici, de face ; c'est un disque portant deux becs formés suivant une courbe épicycloïdale. Le poids de ces becs est équilibré par une aiguille sur laquelle peut se déplacer une rondelle-écrou, *n*, ce qui permet de régler l'équilibre avec la plus grande précision.

À la naissance des deux courbes v^1, v^2, est attaché un fil très souple, S, qui descend jusqu'à une pièce *t, t,* formée en arc de cercle, fixée sur un levier T Z, placé extérieurement, au bas de la platine. Ce levier pivote en *x*, sur un axe reposant également sur deux paires de rouleaux, et le poids, T, qu'il porte à son extrémité, permet d'en régler l'équilibre à volonté.

Quand l'échappement est au repos, l'aiguille *n* se trouve au point *o* de l'arc de cercle gradué K. B L, et le levier T Z est horizontal, c'est-à-dire qu'il occupe la position tracée en pointillé ; le fil S descend alors verticalement. Par suite de l'oscillation du balancier, d'un côté ou de l'autre, le fil S, en s'appuyant contre l'une ou l'autre des courbes v^1, v^2, soulève le levier T Z, en restant toujours tangent à la courbe *r, r,* et laisse ensuite retomber ce levier par son propre poids.

D'après Sully, cette disposition de levier devait non seulement remplacer le pendule, mais elle devait aussi annuler la variation de pesanteur sous les diverses latitudes.

L'horloge à laquelle ce mécanisme fut adapté, était travaillée à la perfection, et elle marcha pendant plusieurs semaines avec la plus grande précision. Les résultats obtenus furent si satisfaisants, que Sully, qui était établi en ce temps-là à Paris, présenta son mécanisme à l'Académie et au roi Louis XV ; ce dernier lui accorda une pension de 600 livres.

Les commandes affluèrent de tous les pays et, comme elles étaient en partie payées d'avance, la position financière de Sully, qui n'était pas brillante, en fut améliorée, et il commença la fabrication en grand. Mais il s'aperçut que les résultats pratiques ne répondaient pas aux premières expériences ; au bout de peu de temps, la variation des frottements détruisait toute régularité. Pendant longtemps, il travailla à améliorer son échappement, tout en conservant le principe de sa construction, mais ce fut sans résultat.

Les livraisons ne se faisant pas, les clients réclamèrent et Sully, pour arriver à en satisfaire une partie, leur livra des pendules, en y adaptant l'ancien échappement à roue de rencontre.

L'insuccès de l'invention de Sully prouve une fois de plus qu'il ne suffit pas toujours d'avoir de l'imagination et du talent, et que la science et l'expérience sont deux autres qualités tout aussi nécessaires si l'on veut éviter bien des déceptions.

***

Nous allons aborder maintenant les échappements à repos pour montres, dans lesquels les deux axes, celui de la roue et celui de la pièce d'échappement, portant le balancier, sont parallèles. C'est dans cette catégorie que se classent l'échappement à cylindre et l'échappement duplex, auxquels nous voulons réserver un chapitre spécial.

Faisons remarquer ici que l'invention de l'échappement à cylindre est antérieure à celles de presque tous les mécanismes à axes perpendiculaires que nous venons d'examiner.

Nous avons dit (voir page 44) que le mécanisme imaginé par Tompion, et qu'on a l'habitude de désigner comme étant le premier échappement à repos pour montres, était, en réalité, un échappement mixte. Mais Tompion imagina d'autres mécanismes ; celui que représente notre fig. 116 en est un, et celui-ci peut réellement être classé dans les échappements à repos.

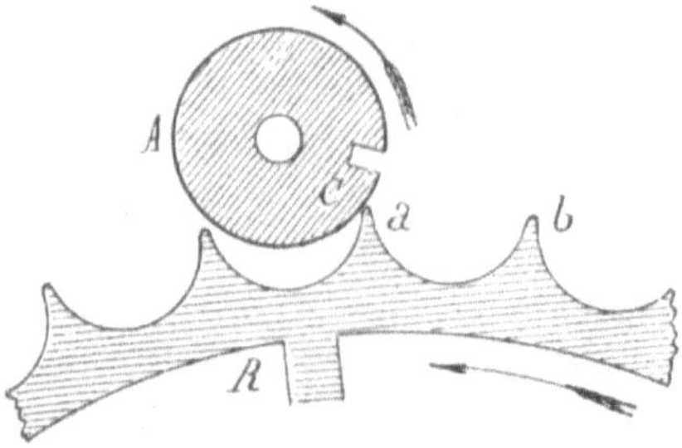

Fig. 116.

Ce mécanisme est la simplicité même : une roue plate, à dents formées par de simples arcs de cercle et un rouleau muni d'une petite coche.

Voici son fonctionnement :

Le rouleau A tourne dans le sens indiqué par la flèche et la dent *a* est en repos, appuyée contre sa périphérie. La coche *c*, passe devant la dent et elle fait faire à la roue un petit soubresaut qui ne peut être assimilé à un recul.

Au retour de l'oscillation, la dent *a* pénètre dans la coche ; elle donne une impulsion au rouleau et passe de l'autre côté. La dent *b* vient alors prendre sa place et arrêter de nouveau la roue ; après une nouvelle oscillation muette dans le sens de la flèche, cette dent donne à son tour une impulsion.

Cet échappement est donc à coup perdu, c'est-à-dire que les impulsions n'ont lieu qu'au cours d'une oscillation sur deux.

Par suite de la position de la pointe de la dent contre le rouleau, le frottement sur le repos était excessif ; il y avait presque arc-boutement dans un sens le système fut bien vite reconnu défectueux.

***

La simplicité du mécanisme que nous venons de voir était un attrait pour les chercheurs, aussi s'en trouva-t-il un qui essaya de le faire revivre. Cette tentative eut lieu vers 1850 et la fig. 117 nous montre la disposition adoptée. On supprima la roue d'échappement et on actionna le rouleau directement par la roue de secondes dont les dents étaient formées comme le dessin l'indique.

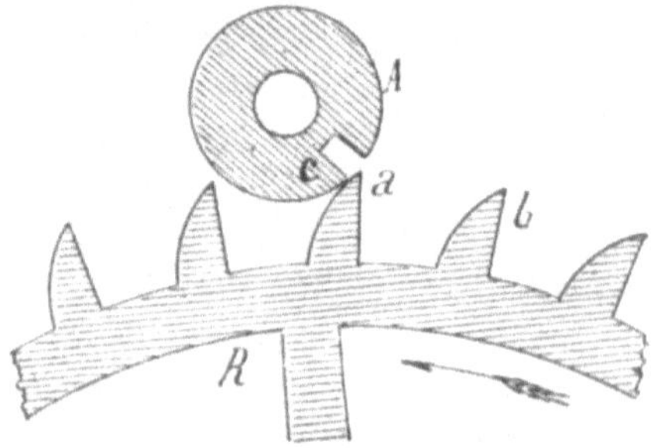

Fig. 117.

Les variations étonnantes qu'on obtint, d'une heure à l'autre, avec ce mécanisme, le firent abandonner bien vite, comme Tompion l'avait fait un siècle et demi auparavant.

***

Au point de vue du réglage, le mécanisme qu'on voit fig. 118, doit avoir été encore inférieur au précédent. Il est vrai qu'il marche sans spiral, puisque le balancier B tourne constamment dans le même sens.

L'axe de ce balancier porte un plateau P, muni de deux coches, dans lesquelles pénètrent les chevilles dont la roue d'échappement est pourvue, en guise de dents. Ces chevilles font repos contre le bord du plateau, et, à chaque demi-tour du balancier, l'une d'elles, pénétrant dans une des coches, donne l'impulsion qui entretient le mouvement de rotation.

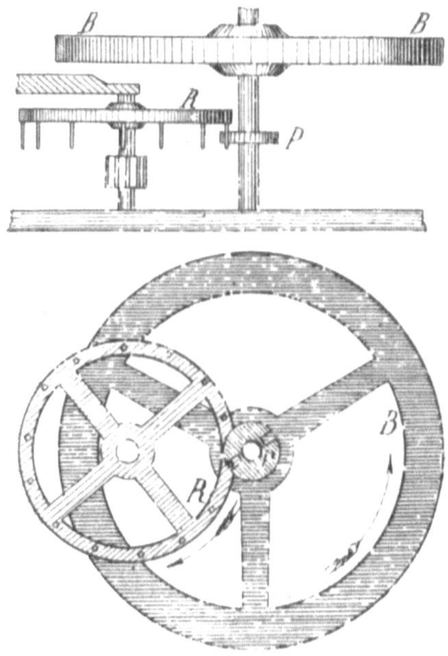

Fig. 118.

Il est évident qu'un pareil échappement ne pouvait donner aucun résultat sérieux, aussi, n'est-ce qu'à titre de curiosité que nous le reproduisons ici.

***

Nous avons, fig. 119, un échappement que l'horloger français J.-B. Dutertre construisit en 1724. Selon son auteur, il aurait été peu sensible aux secousses, mais il est à présumer que les frottements de l'engrenage des deux balanciers, constituaient un défaut plus sérieux que celui qu'on voulait éviter.

Quelques auteurs voient dans ce mécanisme, l'origine de l'échappement duplex. Ce n'est pas notre avis.

Quoi qu'il en soit, cet échappement de montre a quelque analogie avec celui pour horloge, représenté par la fig. 25. Ce dernier est à recul, tandis que celui que nous allons décrire est à repos ; leur ressemblance consiste en ce que les deux balanciers et les deux pendules sont rendus solidaires par un engrenage, et qu'ils portent chacun une palette ou cheville d'impulsion.

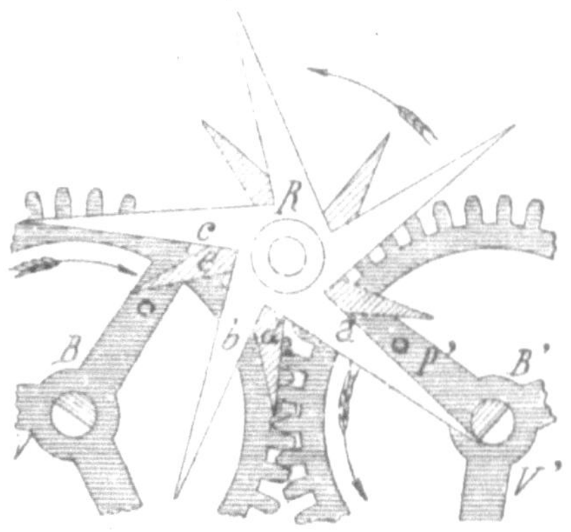

Fig. 119.

Voici comment fonctionne le mécanisme que nous montre la fig. 119. La roue d'échappement, formée de deux étoiles à cinq bras, fixées sur un même axe, est en repos, par sa dent *a*, contre l'axe V du balancier B', lequel tourne dans la direction indiquée par la flèche. Cet axe, entaillé suivant son diamètre, va laisser passer la dent *a* ; à ce moment, la dent *e* de la petite étoile atteint la cheville P du balancier B et lui donne une impulsion qui se termine par l'arrivée au repos, de la dent *c* de la grande étoile, contre l'axe du balancier B. Les deux balanciers, dont l'un est muni d'un spiral, terminent leur oscillation dans la même direction, puis reviennent en sens inverse ; à ce moment, la dent *c* échappe de son repos, la dent *d* opère l'impulsion sur la cheville P' du balancier B', et la dent *b* est à son tour arrêtée par l'axe V'.

***

L'idée qui a présidé à la combinaison de l'échappement que nous représentons fig. 120, est celle d'après laquelle Graham a travaillé pour transformer son échappement à ancre, à repos, en échappement à cylindre.

Considérons l'échappement à chevilles, pour horloges, représenté par la fig. 75, et diminuons par la pensée la longueur des bras de l'ancre, jusqu'à amener le centre de pivotement, V, le plus près possible de l'axe de la roue, en traçant toujours les arcs de repos depuis ce centre.

La limite extrême de cette transformation sera atteinte lorsque le point de pivotement de l'axe V sera sur la circonférence décrite par les chevilles mais, pour permettre alors à la roue de passer entre les leviers, cet axe doit présenter une solution de continuité.

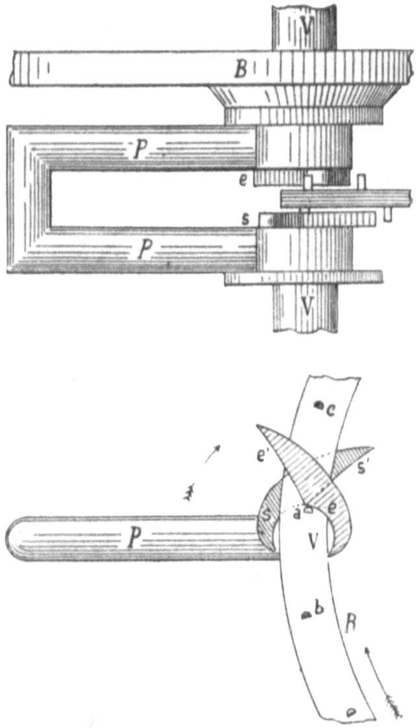

Fig. 120.

Le célèbre horloger J.-B. Lepaute (1709-1789) avait résolu le problème en construisant un axe formé de deux parties réunies par une pièce coudée, P, qu'il appela « manivelle ». Les deux dessins que nous donnons de l'échappement ainsi obtenu nous font comprendre la construction adoptée. Le dessin supérieur montre la disposition de l'axe V, qui porte le balancier B, et dont les deux tronçons sont réunis par la pièce P, de façon à laisser entre les leviers *e* et *s*, ajustés à l'extrémité de chaque tronçon, un passage pour la roue d'échappement, munie de chevilles sur ses deux faces.

Le dessin inférieur donne la forme des leviers et fait comprendre le mode d'action des chevilles de la roue contre ces leviers. Les repos sont constitués par les faces *e* et *s*, et les inclinés d'impulsion par les faces *e'* et *s'*.

Les repos se font comme dans l'échappement à cylindre, avec cette différence qu'ils ont lieu très près du point de tangence et que tous deux sont intérieurs. La longueur des inclinés d'impulsion a été notablement augmentée en vue d'obtenir un arc d'oscillation plus étendu que dans l'échappement d'horloge dont celui-ci est dérivé, et cette longueur correspond à celle des inclinés des dents de la roue de l'échappement à cylindre.

La manivelle P a la longueur voulue pour permettre au balancier de donner des oscillations d'au moins un demi-tour d'étendue.

Voici le jeu du mécanisme :

La cheville *c*, qui fait partie de la rangée de celles qui travaillent, d'un côté de la roue, avec le levier *s s'*, a repoussé ce levier en glissant contre l'incliné *s'* et en communiquant une impulsion. La cheville *a*, qui appartient à la rangée disposée sur l'autre face de la roue et travaillant avec le levier *e e'*, est tombée en repos contre ce levier.

Après avoir accompli son oscillation, le balancier revient en sens inverse, soit dans le sens indiqué par la flèche, et la cheville *a* va s'engager contre l'incliné *e'* pour donner une impulsion à son tour. Cette impulsion effectuée, la cheville *b* arrivera au repos en *s*, puis elle actionnera à son tour la pièce d'échappement, en glissant contre l'incliné *s'*.

Lepaute trouvait dans ce mécanisme toutes les qualités de l'échappement à cylindre, et y voyait, en outre, « toutes les perfections qu'on peut désirer dans un échappement ».

Dans la description qu'il a donnée de son invention, il insistait surtout sur le fait que la roue à chevilles est quatre fois plus facile à exécuter que la roue d'un échappement à cylindre, et qu'un accident arrivé à une cheville est facilement réparable, tandis qu'une dent de roue de cylindre cassée met la pièce hors d'usage.

La manivelle, qui permet au balancier de donner un demi-tour environ, ne présente, selon l'inventeur, aucun inconvénient au point de vue de son poids, car on a soin d'alourdir le balancier du côté opposé, afin que tout soit bien d'équilibre.

⁂

Le mécanisme que nous voyons fig. 121, est l'échappement à virgule, ainsi nommé à cause de la ressemblance de l'un de ses organes avec le signe de ponctuation de ce nom.

Cet échappement a joui d'une grande faveur pendant la dernière moitié du XVIIIe siècle ; il a été employé avec succès par plusieurs artistes, notamment par Lépine que l'on suppose en être l'inventeur. Mais comme il exige une très grande précision, les résultats qu'on en obtint furent moins bons dès qu'on essaya de l'introduire dans la pratique courante : il présentait le grave défaut de ne pas conserver l'huile aux par-

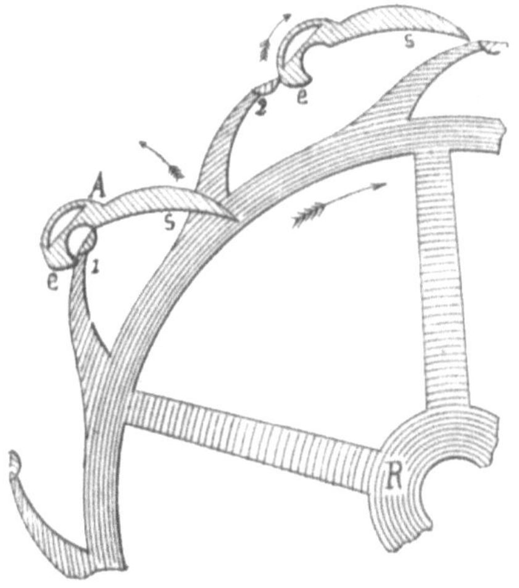

Fig. 121.

ties frottantes, et les perfectionnements apportés à l'échappement à cylindre le firent abandonner tout à fait.

La roue, R, porte de longues dents, dont l'extrémité se relève de champ, sous forme de petites chevilles demi-cylindriques. La pièce d'échappement A, montée sur l'axe du balancier, a la forme d'un cylindre à écorce très épaisse, et dont la lèvre de sortie, *s*, est prolongée en un levier aussi long que le permet l'intervalle des dents. La lèvre d'entrée, *e*, n'a qu'une longueur correspondante à l'épaisseur du cylindre.

Dans la position représentée à gauche, la dent 1 de la roue est en repos à l'intérieur de la partie cylindrique de la virgule. Cette dent est sur le point de s'engager contre le levier de sortie et elle va communiquer à la virgule, une impulsion en suivant toute la courbe de ce levier.

Dans la position de droite, celle dent a échappé, avec une petite chute, de l'extrémité du levier, et la dent suivante, 2, a été arrêtée contre l'écorce extérieure du cylindre. L'arc supplémentaire s'accomplit, puis la virgule reviendra en sens contraire, ainsi que la flèche l'indique, et la dent 2 pénétrera à l'intérieur en repoussant le levier d'entrée *e*.

Un autre grand défaut de cet échappement est l'extrême fragilité de l'axe portant la virgule. Cet axe doit être entaillé suffisamment pour le passage des dents ; il n'en reste plus qu'un segment circulaire qui se loge dans l'épaisseur de l'écorce du cylindre.

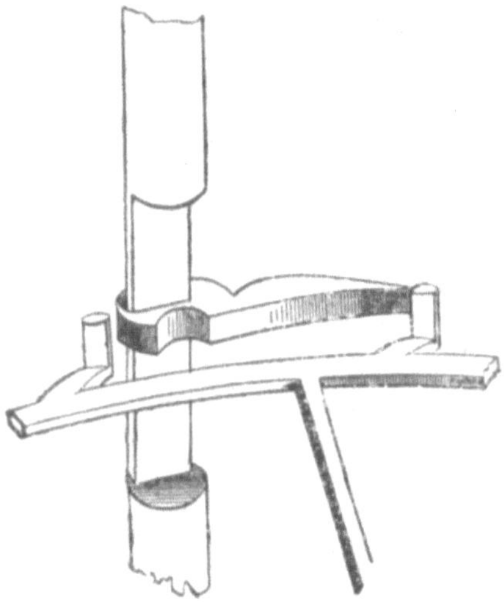

Fig. 122.

La fig. 122, extraite d'une ancienne publication, représente, en perspective, l'ensemble de l'échappement, et nous fait comprendre la disposition et la forme des organes.

Quelques traités nous parlent de l'échappement à double-virgule, mais aucun ne le décrit ; on se borne à dire que son exécution présentait de telles difficultés qu'il n'a pour ainsi dire jamais été employé.

Le seul dessin de l'échappement à double virgule que nous ayons trouvé est reproduit fig. 123. Il est incorrect, et nous ne chercherons pas à le rectifier, ni même à le discuter : nous le donnons simplement pour faire ressortir la ressemblance qui existe entre ce méca-

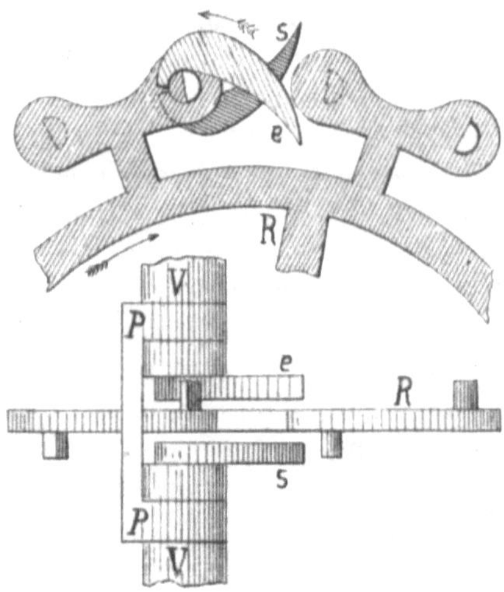

Fig. 123.

nisme et celui de Lepaute (fig. 120), dont nous venons de parler.

L'échappement à double virgule a certainement été imaginé dans le but de rendre égales les deux impulsions qui, dans le mécanisme à virgule simple, sont très différentes. Pour y arriver, on a disposé une seconde virgule, en sens inverse de la première, travaillant en dessous de la roue et remplaçant la lèvre d'entrée. Cette lèvre d'entrée étant supprimée, les repos sont identiques sur les deux virgules, comme le sont les impulsions.

La disposition imaginée par Lepaute, en vue de l'application aux montres, de son échappement à ancre à chevilles, se trouve répondre exactement à celle dans laquelle on tombe forcément en cherchant à faire un mécanisme avec deux virgules pareilles.

La forme des virgules de la figure 123 est incorrectement indiquée, car si elle était exacte nous aurions un échappement à recul. Nous supposons que la forme des virgules ne peut être que celle que nous avons vue dans l'échappement de Lepaute.

La disposition des dents de la roue dans ce mécanisme, qui est attribué à Beaumarchais, a permis de rapprocher du centre le coude de la manivelle P, qui relie les deux tronçons de l'axe portant chacun une virgule.

Ces deux inventions auraient été faites à peu près à la même époque, soit en 1753. Il y eut contestation entre Lepaute et Beaumarchais, et l'Académie des Sciences, devant laquelle le débat fut porté, décida en faveur de Beaumarchais.

Échappement à cylindre

L'échappement à cylindre a été inventé par Georges Graham, en 1725.

Après qu'il eut perfectionné, ainsi que nous l'avons vu, l'échappement à ancre des pendules, il est tout naturel que Graham ait eu l'idée d'appliquer le même système aux montres ; il y est arrivé en réduisant de plus en plus le nombre de dents embrassées par l'ancre et en rapprochant les points de pivotement des pièces.

L'échappement à cylindre peut, en effet, être considéré comme un échappement à ancre à repos, dont l'ancre, fixée directement sur l'axe du balancier, embrasse, entre ses leviers, une seule dent de la roue.

Les avantages que présentait ce nouveau mécanisme, sur l'échappement à roue de rencontre, étaient les suivants :

1. Suppression du recul et de son influence néfaste, spécialement au point de vue de l'usure ;

2. Correction, par les repos, des variations de la force motrice ;

3. Suppression de la fusée, et, par suite, simplification du mécanisme des montres et réduction de leur prix ;

4. Suppression de l'engrenage d'angle, toujours défectueux, et réduction de l'épaisseur des montres ;

5. Oscillations plus étendues du balancier, permettant d'obtenir un réglage plus précis.

Mais, construit comme il l'était au début, en laiton, avec une roue massive, un cylindre très épais, muni d'un grand balancier léger, et marchant sur de gros pivots, dans des trous en laiton, l'échappement à cylindre devait être loin de donner les résultats qu'on en obtient actuellement. Une usure rapide se produisait, modifiant l'importance des frottements et causant d'énormes variations, augmentées encore par l'effet de l'épaississement et de la décomposition de l'huile, dont cet échappement ne peut se passer comme celui à roue de rencontre.

De plus, il y eut, outre la défiance qu'inspire souvent une nouveauté, une certaine jalousie de la part des artistes horlogers du continent qui, au lieu de reconnaître franchement les qualités du nouveau venu, de l'étudier sérieusement et de le perfectionner, ont cherché à l'imiter en le construisant d'une autre façon, ou à le discréditer en lui opposant leurs propres inventions.

La figure ci-dessous (fig. 124) nous montre comment Thiout, dans son traité d'horlogerie, publié en 1741, avait représenté l'échappement à cylindre. Quelles qu'aient pu être les imperfections du premier modèle établi par Graham, nous ne pensons pis que ce modèle ait été aussi défectueux que le mécanisme que Thiout a présenté à ses lecteurs.

Les dents de la roue n'ont de plan d'impulsion que sur une partie de leur longueur, vers la pointe, et ces dents, qu'on voit en profil, en *a*, ont une forme de couteau que certainement Graham ne leur a pas donnée. Le cylindre, représenté dans quatre positions, A, B, C, D, n'a pas d'ouverture bien déterminée, et son point de pivotement est en dehors du rayon extérieur de la roue. Le cylindre complet, avec son axe, est représenté à droite et ce dessin nous paraît être plutôt une fantaisie exécutée en se basant sur les principes connus

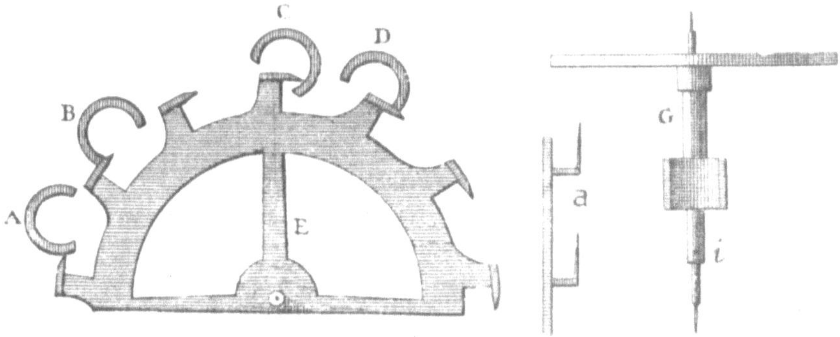

Fig. 124.

de l'échappement à ancre de Graham et sur ceux, encore mal étudiés ou mal compris, de l'échappement à cylindre.

En examinant ces dessins, on est tenté de croire que Thiout a cherché à jeter le discrédit sur le nouvel échappement, et à rendre incompréhensibles les principes d'après lesquels il avait été conçu. Mais ce n'est pas le cas ; il y a eu plutôt une grande négligence, et ces dessins prouvent qu'à cette époque on ne s'était pas encore donné la peine d'étudier sérieusement le nouvel échappement.

Voici, en effet, ce que Thiout dit :

« Je ne connais point d'échappement de montre qui renferme tant de propriétés que celui-ci : 1° Il est aussi simple que celui à roue de rencontre. 2° Il est moins susceptible des secousses. 3° Il n'est point sujet au contre-battement, au renversement ni à l'accrochement, quand même les trous s'agrandiraient. 4° Il n'est pas beaucoup susceptible des inégalités de la force motrice ni de celles du rouage. 5° Les engrenages des dernières roues sont plus constants que ceux des roues de champ. 6° La montre se règle plus facilement sur toutes les positions. 7° Enfin, cet échappement n'est pas si sujet à se déranger que les autres qui engrènent par la suite plus à une palette qu'à l'autre. Il me paraît que tant d'avantages réunis seraient encore plus admirables si la traînée des dents qui se fait sur la convexité du cylindre et dans la cavité, quand la dent entre et sort, qui font quatre frottements de différentes natures, n'obligeaient pas de nettoyer ces sortes de montres plus souvent que nous ne faisons celles à roue de rencontre ».

Cette appréciation de Thiout a été publiée en 1741 ; l'échappement à cylindre était alors connu en France depuis une douzaine d'années ; pendant le quart de siècle qui suivit, quelques artistes français essayèrent de le construire, mais ils le firent sans enthousiasme et tout en cherchant une autre construction à opposer à cette invention qui venait d'Outre-Manche. Les difficultés que présentait la fabrication de ses organes furent exagérées un peu à plaisir, et certains artistes, qui faisaient autorité en ce temps-là, se refusèrent à admettre les qualités précieuses que présentait cet échappement.

Dans son traité d'horlogerie, publié en 1767, Lepaute dit, en parlant de l'échappement à cylindre :

« Il est beaucoup plus difficile à exécuter que les autres échappements, surtout par rapport à la roue qui doit porter autant de courbes que de dents : dont les courbes décident de la levée du balancier et de la grandeur de ses arcs ; cette roue seule est l'ouvrage de trois jours pour un très habile ouvrier, qui ne saurait même jusqu'au dernier moment se promettre qu'un ouvrage aussi délicat sortira de ses mains sans aucun accident. On y emploie pour plus grande sûreté, du vieux cuivre de chaudière qui est plus serré, plus égal, plus doux et moins fragile ».

La vérité est que Lepaute, qui avait inventé, ou plutôt perfectionné l'échappement à chevilles dont nous avons donné, fig. 75, la disposition pour les horloges, et qui avait cherché à appliquer ce même échappement aux montres, ne voyait pas de bon œil la rivalité du mécanisme de Graham ; il admettait bien la supériorité de l'échappement à cylindre sur tous les autres échappements, mais il prétendait avoir trouvé mieux encore. Après avoir décrit les différents échappements de montres, il termine un chapitre en disant :

« Enfin, l'échappement de Graham a succédé à tous ceux-là ; il parut en France vers 1730, et a toujours été regardé depuis, comme le plus parfait ; nous le croirions encore tel si nous n'en avions pas un à lui opposer, qui lui est de beaucoup supérieur ».

Or, l'échappement que Lepaute prétend opposer à celui de Graham est son échappement à chevilles, dont nous avons représenté, fig. 120, la disposition adoptée pour les montres, disposition qui paraît n'avoir eu aucun succès.

Quoi qu'il en soit, et malgré ces objections, les qualités de l'échappement à cylindre étaient généralement reconnues, aussi est-il surprenant de lire dans l'*Histoire de la mesure du temps*, de Ferd. Berthoud, ouvrage publié en 1803, ce qui suit :

« L'échappement à cylindre n'a été connu en France qu'en 1728 ; M. J. Leroy fit venir de Londres une montre de Graham dans laquelle cet échappement était employé ; il céda ensuite cette montre à M. de Maupertuis, après l'avoir éprouvée. Depuis cette époque, plusieurs artistes ont adopté en France cet échappement auquel ils ont attribué des propriétés merveilleuses, surtout celle de compenser les inégalités de la force motrice. Un artiste habile de Paris, J. Jodin, a même publié un livre dans lequel il prétend établir la supériorité de cet échappement sur tous les autres connus. Nous n'avons pu partager cet enthousiasme, et nous pensons que l'échappement de Debaufré vaut mieux. Au reste, on peut voir sous quel point de vue un autre artiste, qui a écrit à peu près dans le même temps, a considéré les effets de cet échappement ».

Pour expliquer ces mots de Berthoud, disons que Jean Jodin, horloger réputé, avait, en effet, en 1760, publié un *Traité des échappements* dans lequel il établissait que le bon rendement de l'échappement à cylindre dépendait en première ligne d'une certaine harmonie des mobiles. Quant à l'autre artiste dont parle Berthoud, nous pensons qu'il s'agit de Lepaute, dont nous venons de citer l'appréciation intéressée. L'échappement de Debaufré, que Berthoud considérait comme supérieur à l'échappement à cylindre, est celui que nous avons représenté fig. 102.

Celle obstruction systématique de la part de Ferdinand Berthoud et d'autres artistes fut certainement la cause principale du mauvais accueil qui fut fait à l'échappement à cylindre.

Notons en passant que F. Berthoud devint, dans la suite, si enthousiasmé de cet échappement, qu'il l'employa dans plusieurs de ses horloges marines et que, pendant longtemps, il soutint sa supériorité sur l'échappement libre, nouvelle erreur dont il fut longtemps à revenir.

***

Abraham-Louis Breguet (1745-1823) apporta à l'échappement à cylindre une amélioration importante, consistant dans l'emploi de la roue en acier, dont l'usage avait été rejeté jusque-là parce qu'on redoutait la production d'un effet magnétique par le frottement continu de deux pièces du même métal.

Dans cette circonstance, comme dans bien d'autres, la théorie a été démentie par la pratique. Les roues en bon « cuivre de chaudière » usaient en peu d'années les cylindres d'acier. Quand on se fut décidé à faire les roues également en acier, on fut surpris de constater que les cylindres, après de nombreuses années, ne présentaient aucune trace d'usure.

Un horloger danois, Urbain Jurgensen (1811-1830), fut, il est vrai, le premier qui fit des roues de cylindre en acier, mais il ne les trempait pas et elles coupaient le cylindre encore plus promptement que les roues de cuivre, malgré la précaution qu'il prenait de les river mal plates, c'est-à-dire de façon que le plan des dents ne soit pas à angle droit avec l'axe ; chaque dent travaillait ainsi à une hauteur différente sur le cylindre et l'usure était répartie sur une plus grande surface.

L'introduction d'un nouveau calibre, par l'horloger Jean-Antoine Lépine (1720-1814), avait contribué puissamment au développement de la fabrication des montres à cylindre, et ce fut alors que leur supériorité sur celles à roue de rencontre commença à se dessiner nettement.

L'échappement à cylindre sera tôt ou tard supplanté entièrement par l'échappement à ancre, ce dernier s'exécutant dans des conditions toujours meilleures de bon marché et d'interchangeabilité. Il disparaîtra de la fabrication comme l'a fait celui à roue de rencontre, mais ce ne sera pas sans avoir eu un règne des plus glorieux.

***

Pas plus pour l'échappement à cylindre que pour tous ceux que nous avons décrits et ceux que nous décrirons encore, nous n'allons donner la théorie du mécanisme ; nous nous contenterons d'expliquer son fonctionnement en nous aidant de figures aussi simples que possible et permettant de se rendre facilement compte des différentes positions prises par les mobiles pendant la marche.

La figure 125 nous explique la construction du cylindre. Le cylindre proprement dit, C C, est formé d'une écorce d'acier, polie intérieurement et extérieurement. Une entaille, qui atteint presque la moitié du diamètre, est pratiquée sur une certaine longueur pour former les lèvres *e* et *s*. Une seconde entaille, *a*, appelée *petite coche*, sert au passage du fond ou limbe de la roue, et permet au cylindre d'accomplir des arcs d'oscillation étendus, sans faire reculer la dent qui se trouve en repos à son intérieur.

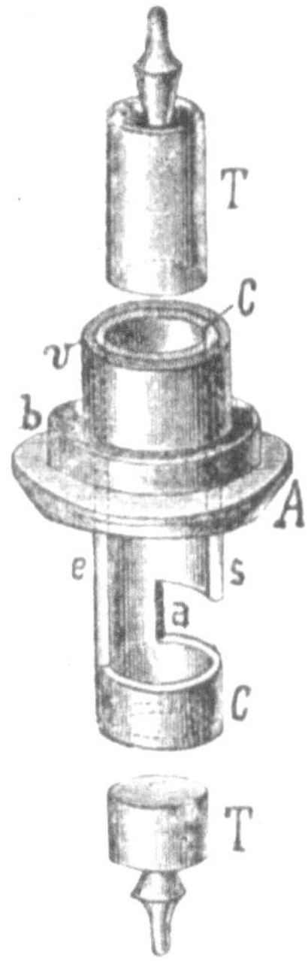

Fig. 125.

Dans cette écorce cylindrique, s'ajustent les deux tampons T T', appelés grand et petit tampon, ou tampon supérieur et tampon inférieur, et qui portent chacun un tigeron à l'extrémité duquel est formé un pivot.

Extérieurement au cylindre, et sur sa partie supérieure, est ajustée une pièce de laiton A, appelée *assiette*, sur laquelle se place, en *b*, le balancier, et en *v*, la virole du spiral.

La figure suivante (126) nous montre l'échappement dans les différentes phases de son fonctionnement, et nous présente le cylindre en coupe, dans quelques-unes des positions qu'il prend sous l'action des dents de la roue.

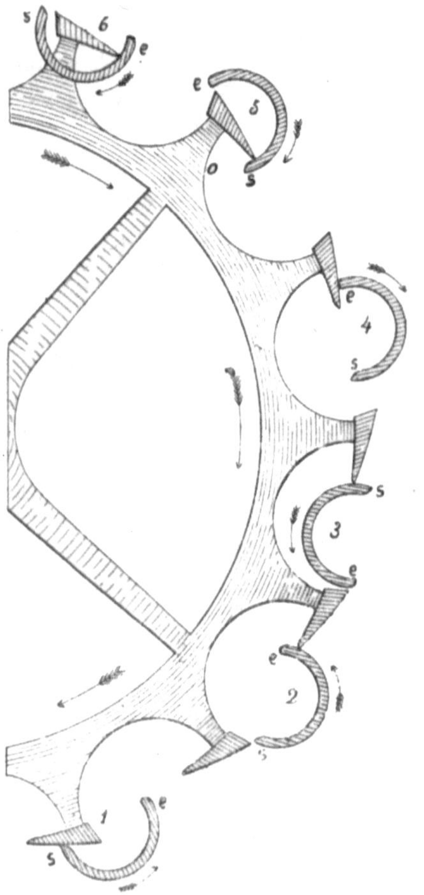

Fig. 126.

Nous voyons, en 1, la dent de la roue donnant une impulsion au cylindre, en agissant contre la lèvre de sortie *s*, et lui communiquant un mouvement de rotation dans le sens de la flèche. En 2, l'impulsion est terminée et la dent a échappé de la lèvre de sortie ; la dent suivante est tombée en repos contre le cylindre, extérieurement à son écorce, et ce dernier continue sa rotation dans le même sens, en vertu de la force acquise, jusqu'à ce que cette force soit contrebalancée par l'action du spiral, action qui a pour effet de ramener le cylindre en sens contraire.

La limite extrême de cette rotation est représentée en 3 ; si le cylindre tournait davantage, la dent qui est en repos passerait derrière la lèvre *s*, et le cylindre, maintenu d'un côté par cette dent et de l'autre par la force du spiral armé, ne pourrait plus se dégager ; c'est ce qu'on appelle le renversement. Pour éviter ce renversement, qui peut se produire, soit lorsque la montre étant remontée au haut, le balancier parcourt de trop grands arcs, soit sous l'effet de secousses, on a adopté le système représenté par la figure 127.

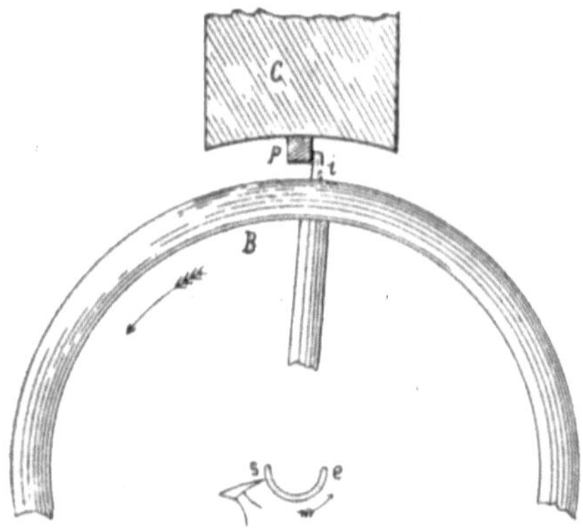

Fig. 127.

Une goupille *i*, fixée à la serge du balancier B, vient buter contre un plot *p*, ajusté au talon du pont de balancier ou coq, *c*, et empêche ainsi un arc d'oscillation plus étendu.

En marche normale, le cylindre n'arrive pas jusqu'à la position représentée par la figure 127, c'est-à-dire à la position 3 de la figure 126. Sollicité par le spiral, il revient en sens contraire, la dent restant toujours appuyée contre sa face extérieure, et cette dent peut alors s'engager à l'intérieur, comme on le voit en 4, en donnant une impulsion sur la lèvre d'entrée. En 5, on voit la dent complètement à l'intérieur du cylindre ; l'impulsion a été donnée et le cylindre continue à tourner dans le même sens. Il viendrait buter en *o*, contre le limbe de la roue, si la petite coche, *a*, dont nous avons parlé, n'existait pas. Cette petite coche permet au cylindre de fournir un arc supplémentaire plus étendu et d'arriver à la position 6.

Cette position est représentée par la figure 128, dans laquelle on voit la goupille *i* du balancier, en arrêt contre le plot *p* du coq C. Si cet arrêt n'existait pas, un renversement se produirait ici aussi, et la dent passerait sur la lèvre *e*.

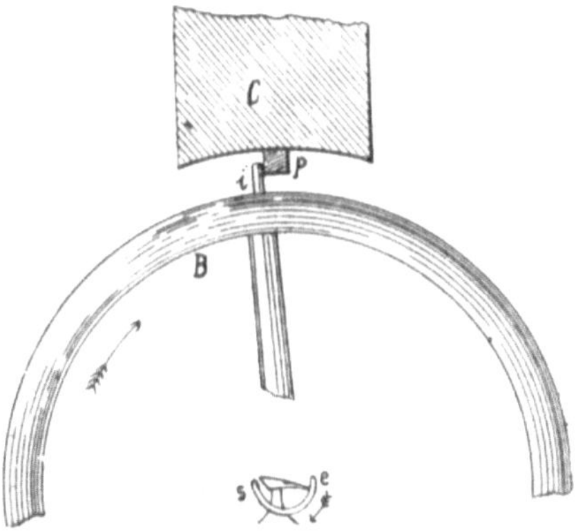

Fig. 128.

Le spiral agissant au moment opportun, le sens de rotation change, et la dent sort du cylindre, en repoussant la lèvre *s*, ainsi qu'il est montré par la position 1 (fig. 126).

Nous voyons fig. 129 un cylindre représenté de profil, avec la dent de la roue dans la position 6 de la fig. 126. Cette figure 129 explique clairement les positions relatives des deux mobiles, et le mode de fonctionnement. La dent de la roue, dont le plan incliné est tourné contre nous, travaille avec les lèvres *e* et *s*, et le limbe ou fond, partage la petite coche *a*.

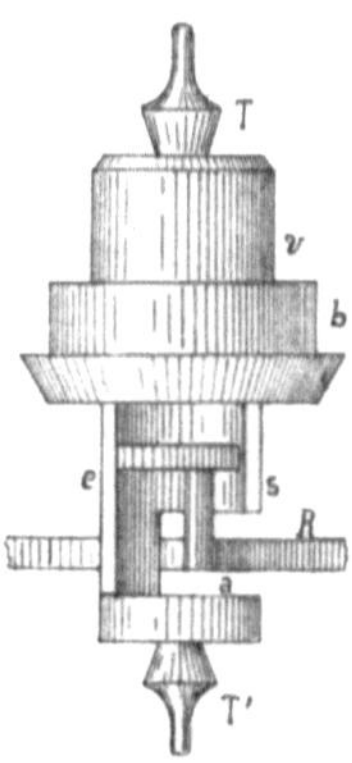

Fig. 129.

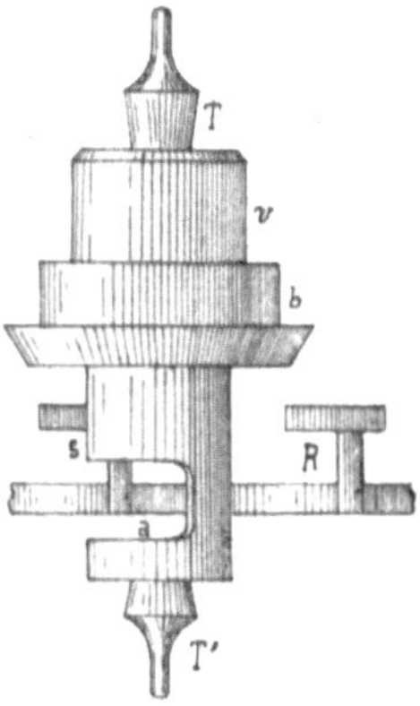

Fig. 130.

La figure 130 nous fait voir une autre position du cylindre et de la roue ; c'est la position 1 de la fig. 126.

***

La fig. 131, que nous relevons dans l'ouvrage *Der Cylindergan*, de B. Hillmann, nous fait voir la disposition générale de l'échappement à cylindre dans une montre moderne. Le cylindre, le balancier, le spiral et la roue d'échappement sont représentés en élévation, tandis que la platine, les ponts, les vis, etc., sont dessinés en coupe, afin de mieux laisser voir leurs positions respectives.

Le pont A, appelé chariot, ajusté sous la platine P, reçoit le pivot inférieur du cylindre. Un talon de ce chariot traverse la platine et sert au fixage, sur la platine, du pont ou coq, B, dans lequel travaille le pivot supérieur du cylindre.

Cette disposition du chariot et du coq donne de grandes facilités pour modifier la pénétration ou force de l'échappement, ainsi que la hauteur du cylindre par rapport à la roue.

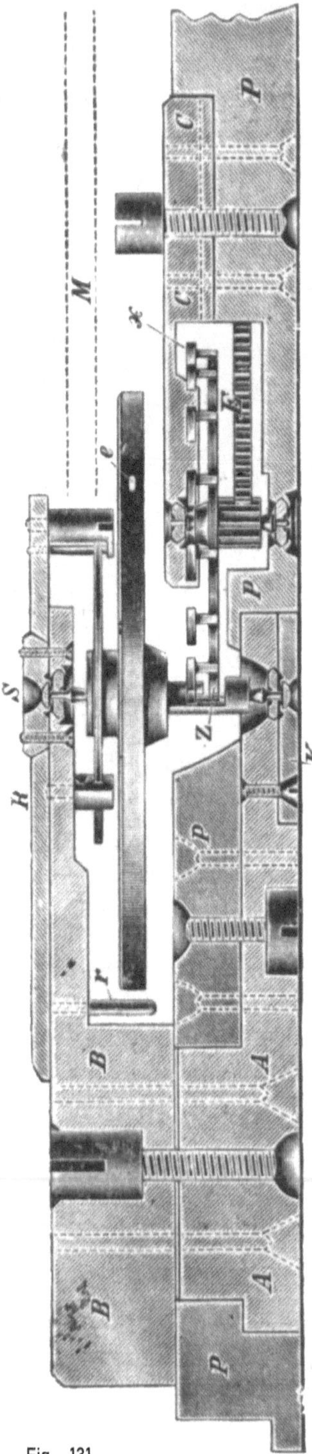

Fig. 131.

Sous la planche du coq, on voit le plot de renversement *r*, contre lequel va buter la goupille *e*, du balancier, dans les oscillations trop étendues.

La roue d'échappement est montée sur un pignon qui pivote, d'une part dans la platine, et d'autre part, dans un pont ou barrette C, dont la tête s'engage sous le balancier. Ce pont est entaillé en dessous, en *r*, pour le passage des dents de la roue.

En E, on voit la roue de secondes, qui actionne le pignon d'échappement.

***

On a cherché, par différents moyens, à remédier à l'extrême fragilité du cylindre. On constatera, par exemple, que, dans le cylindre représenté fig. 130, les coins de la petite coche, *a*, sont arrondis, au lieu d'être coupés à angle vif. Un inventeur a voulu, par cette petite modification, renforcer le cylindre qui, généralement, casse à l'un de ces coins. Suivant les expériences faites, un cylindre ainsi formé supporterait, avant de casser, un poids double de celui que supporte un cylindre ordinaire. Ce petit renforcement n'a jamais, que nous sachions, été mis en pratique.

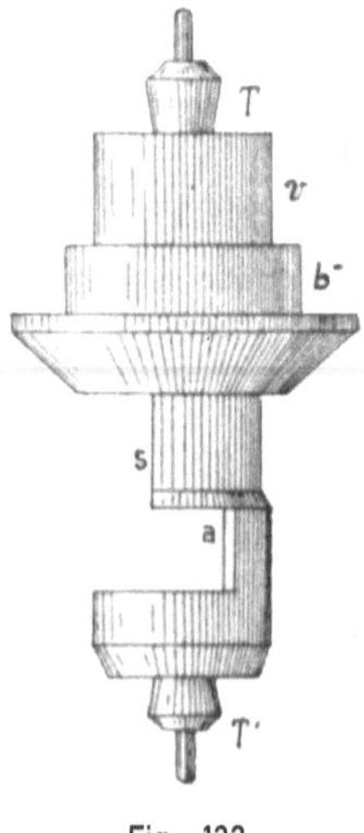

Fig. 132.

Un autre système de renforcement du cylindre nous est montré par la fig. 132. Cette invention est due à l'horloger Recapé et date de 1850 environ. L'écorce du cylindre est laissée plus épaisse à la partie inférieure ; la pièce est ainsi renforcée aux points les plus faibles. Cette invention n'a pas eu plus de succès que la précédente, et l'on n'a jamais su pourquoi. Il est probable que les fabricants de cylindres ont compris l'avantage qui résultait pour eux de la fragilité de cette pièce !

***

Voici, fig. 133, encore une autre invention destinée à remédier au même inconvénient, et qui a été brevetée en 1885 par M. Anquetin, horloger, à Paris.

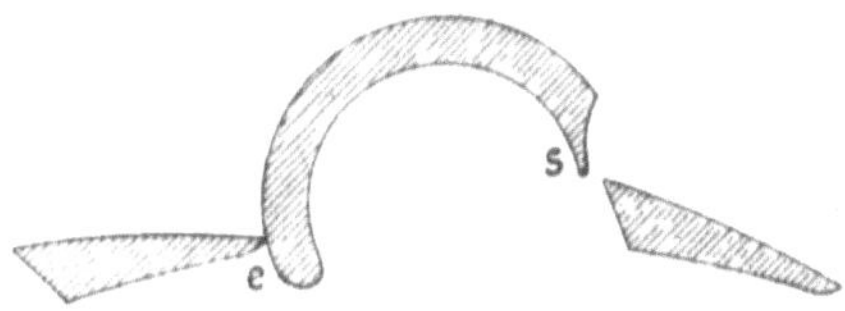

Fig. 133.

Voici comment l'inventeur explique son perfectionnement :

1°. « Nous donnons, au diamètre intérieur du cylindre, la longueur du plan incliné de la roue, tel que cela s'est effectué de tout temps.

2°. Nous donnons à son diamètre extérieur une épaisseur d'écorce presque double de celle adoptée usuellement, de sorte que l'écorce de ce cylindre plus épais, étant échancrée au dos de la lèvre sortante, cette lèvre devient aussi mince que possible, et le diamètre total actionné se trouve être le diamètre donné par l'espace entre les deux plans inclinés de la roue, comme dans le cylindre ordinaire.

3°. Enfin, par suite de cette double épaisseur qui existe partout hormis à la lèvre sortante, notre cylindre offre, notamment dans la partie échancrée, une résistance exempte des défauts d'ébranlement que nous avons signalés ».

***

Un inventeur qui cherchait à modifier l'échappement à cylindre, de façon à simplifier sa roue et à rendre le cylindre moins fragile, a trouvé le système qu'on voit fig. 134.

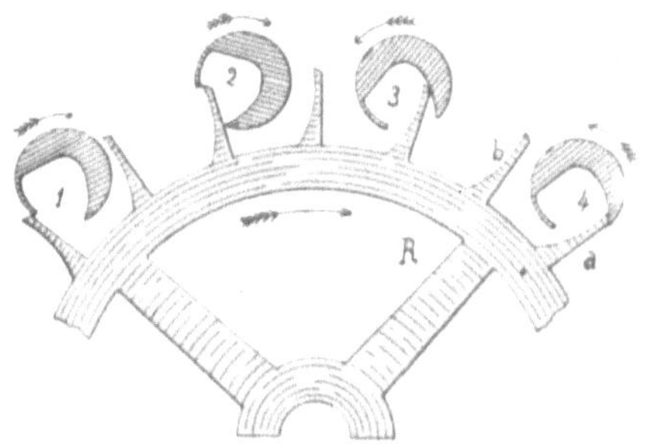

Fig. 134.

La pièce d'échappement, dont le dessin donne la coupe est, on peut le constater, d'une solidité plus grande qu'un cylindre ordinaire ; elle est composée d'un axe, entaillé suivant la face plane qu'on voit intérieurement, et d'une bague de forme spéciale, ouverte d'environ 60°, qui entoure cet axe. La roue est entièrement plate, et ses dents ont un incliné très court à leur extrémité.

L'inventeur a évidemment obtenu le résultat qu'il cherchait, mais le mécanisme qu'il nous présente n'est plus l'échappement à cylindre ; il nous rappelle l'échappement de Tompion que nous avons vu fig. 51.

Suivons les différentes phases du fonctionnement, représentées par les positions 1, 2, 3 et 4. Nous avons, en 1, la position de repos à l'extérieur du cylindre. Ce dernier, tournant dans le sens indiqué par la flèche, la dent pénètre à l'intérieur en donnant une impulsion qui peut être considérée comme nulle. Le cylindre n'ayant pas de petite coche, la lèvre de sortie *s* fait d'abord reculer la roue (position 2), puis la dent opère son impulsion intérieurement contre le plan incliné très étendu de la lèvre de sortie (position 3), pour arriver à la position 4, où l'on voit la dent sur le point de quitter la lèvre, et la dent suivante, *b*, prête à tomber en repos. Ce repos extérieur présente l'avantage de se faire à la tangente, mais il est d'une étendue qui détruit le bon effet de cet avantage.

Ce mécanisme, qui a été présenté comme un perfectionnement de l'échappement à cylindre, n'est donc pas un échappement à repos, mais bien un échappement à demi-recul et à coup perdu, car on ne peut considérer comme impulsion l'action du court incliné des dents sur la lèvre d'entrée.

***

Ferdinand Berthoud, qui avait un faible pour les échappements à oscillations lentes, idée qu'il n'abandonna qu'avec répugnance, avait appliqué l'échappement à cylindre à une de ses horloges marines, en reprenant la construction de la pirouette de Huyghens.

L'échappement de Berthoud, que nous représentons ici, donnait des os-

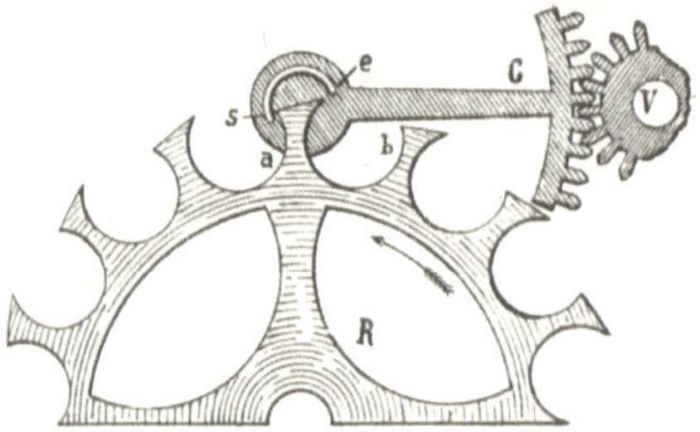

Fig. 135.

cillations de la durée d'une seconde. Le balancier, pivotant en V, était suspendu à un fil d'acier et roulait entre des galets ; les lèvres du cylindre, *s*, *e*, étaient en rubis d'Orient, et le mouvement de rotation, assez limité, de ce cylindre, était amplifié au moyen d'un râteau C, porté par le même axe, et engrenant avec un pignon fixé à l'axe, V, du balancier.

Notre figure représente la dent *a* de la roue R, en repos à l'intérieur du cylindre, et prête à donner l'impulsion contre la lèvre *s*. Cette impulsion étant effectuée, la dent suivante, *b*, tombe en repos à l'extérieur du cylindre, pour agir ensuite contre la lèvre *e*.

Le balancier de cet échappement, tel qu'il fut adapté à la montre marine de Berthoud, mesurait 55 lignes de diamètre et pesait 100 grammes.

***

Nous avons déjà vu plusieurs échappements avec deux pendules ou deux balanciers ; il a dû exister, à une certaine époque, un inventeur dont l'idée fixe était que deux organes régulateurs régleraient mieux qu'un seul, et qui a cherché à appliquer cette idée aux différents échappements connus.

La fig. 136 nous montre cette tentative faite sur l'échappement à cylindre. Ce dessin est tiré de Ferd. Berthoud, qui le publie sans commentaires. Un des balanciers, B, est monté sur le cylindre ; il est donc actionné directement par la roue d'échappement G. Par l'intermédiaire d'un engrenage, il oblige le balancier A, monté sur un axe indépendant de l'échappement, à participer à tous ses mouvements.

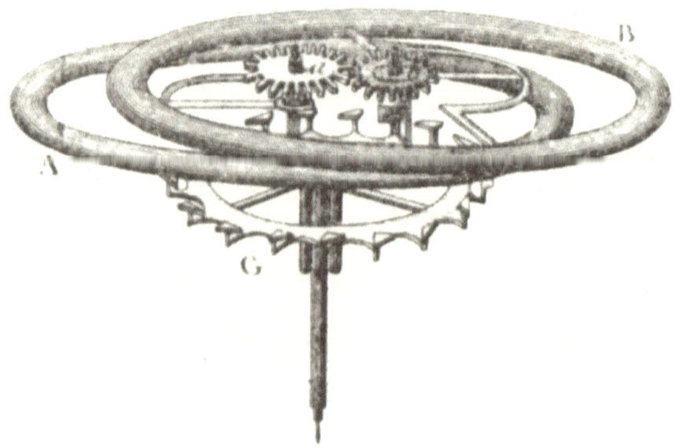

Fig. 136.

La combinaison de ces deux balanciers et la forme donnée à leurs bras pour permettre une certaine étendue de vibrations, sont très curieuses ; mais nous ne croyons pas qu'un pareil mécanisme ait pu marcher sérieusement.

***

Un horloger du nom de Callaud avait exposé, en 1834, différents échappements parmi lesquels se trouvait celui, représenté fig. 137, et qu'il a appelé *échappement à cylindre incliné.*

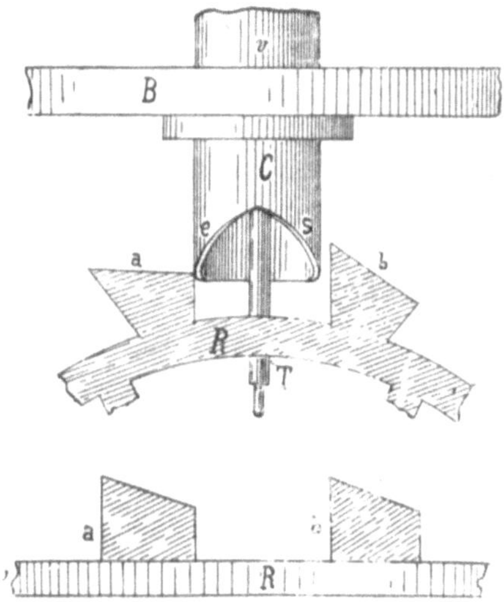

Fig. 137.

Ce mécanisme avait bien une pièce d'échappement en forme de cylindre, mais la ressemblance s'arrêtait là, ainsi qu'on peut s'en convaincre en examinant notre dessin.

Le cylindre est, pour ainsi dire, suspendu sur l'axe T ; les dents de la roue effectuent leur premier repos contre la face extérieure du cylindre ; le second repos se fait à l'intérieur, les dents passant devant l'axe central.

Les impulsions résultent de l'action des dents, agissant par leurs inclinés contre les tranches *e, s,* d'une section en biais du cylindre.

Sur notre figure, la dent *a* est en repos extérieurement au cylindre ; celui-ci tournant de droite à gauche, cette dent s'engagera à l'intérieur, en repoussant la lèvre *e*, et elle s'arrêtera contre la partie non entaillée du cylindre. Après ce nouveau repos, le sens de rotation du cylindre ayant changé sous l'action du spiral, la dent s'engagera sous la lèvre *s*, et donnera une impulsion en sens contraire.

L'inventeur dit avoir placé ce mécanisme dans une petite pendule de voyage, où il a marché pendant huit ans sans interruption. Il ne parle pas des résultats obtenus au point de vue de l'exactitude de la marche.

L'axe du cylindre est, ici, perpendiculaire à celui de la roue, mais il est facile de construire cet échappement avec les deux axes parallèles ; dans ce cas, la roue prend la forme que nous voyons sous le dessin principal, c'est-à-dire que les dents sont implantées à angle droit sur la serge.

***

Voici encore une autre forme d'échappement à cylindre qui peut, comme le précédent, être établi aussi bien avec axes perpendiculaires qu'avec axes parallèles (fig. 138).

Ici, la roue n'est pas plus simple que dans l'échappement à cylindre ordinaire ; les dents sont formées de la même façon, et la colonne qui les supporte peut être, soit perpendiculaire au plan de la roue, soit dans le même plan, pour correspondre avec la disposition adoptée pour les axes de l'échappement.

Le pivot inférieur de l'axe du balancier est supporté par le pont P. Un bras, *d*, relie cet axe avec le cylindre proprement dit, lequel se trouve en dessous du pont P.

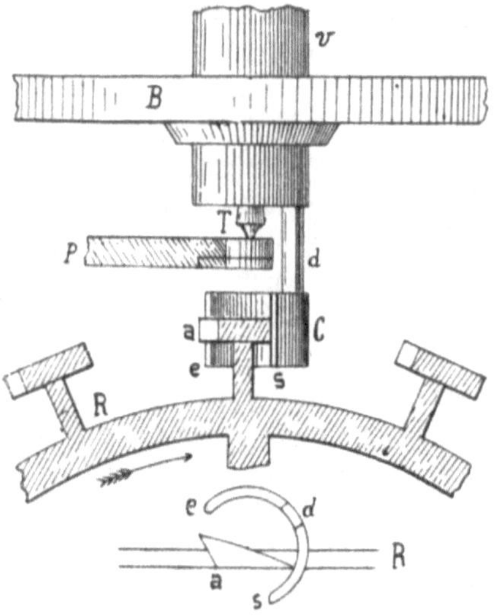

Fig. 138.

Nous voyons, sous la figure principale, une coupe du cylindre C, avec le profil de la roue, montrant la forme des deux pièces et leurs positions respectives.

La forme du cylindre nous rappelle une des constructions adoptées par Breguet pour ses cylindres en rubis.

L'idée du cylindre en rubis est venue à la suite de la constatation de la prompte usure du cylindre d'acier, dans le temps où sa fabrication n'était pas arrivée au point où elle est en ce moment.

Dans un cylindre en rubis, la partie travaillante, seule, est en pierre, et elle est formée d'un demi-cylindre dont la hauteur est à peu près le triple de l'épaisseur des dents de la roue d'échappement : cette pièce, qu'on appelle aussi *tuile*, doit ce nom à sa ressemblance avec la tuile (altière d'un toit.

Elle est enchâssée dans une pièce en acier, dont la confection constitue un des travaux les plus délicats en horlogerie. Nous voyons, fig. 139, la monture dite *manivelle* ; les deux parties *d* et *d'* sont réunies par une languette d'acier placée derrière la lèvre de sortie *s*, et qu'on ne peut voir sur le dessin.

La tuile en rubis est encastrée entre ces deux parties, dans deux rainures. Toute la partie supérieure, T, *v*, *b*, est d'une seule pièce, sur laquelle le cylindre *d* est ajusté.

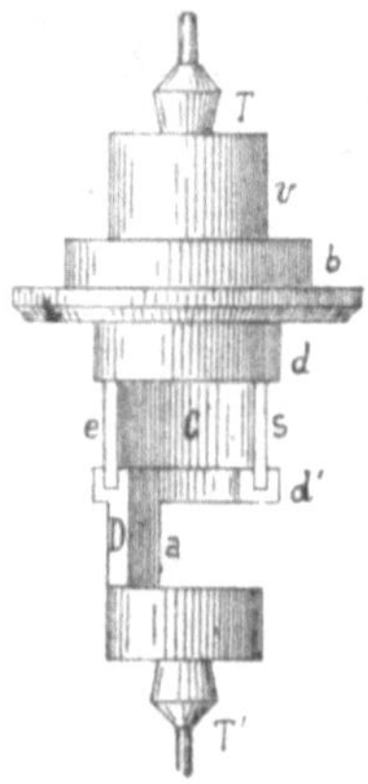

Fig. 139.

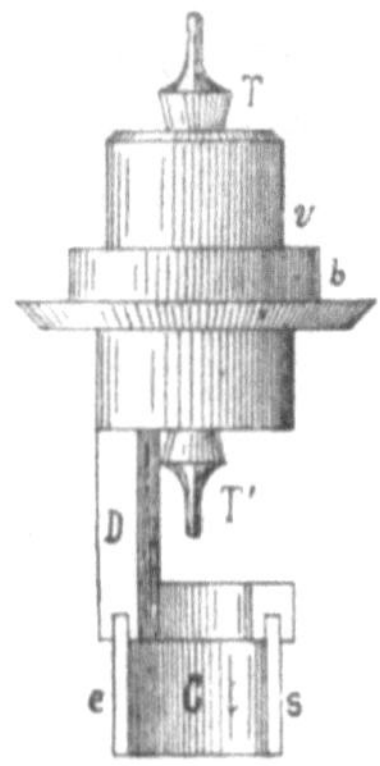

Fig. 140.

Une autre construction du cylindre en pierre est représentée fig. 140. La tuile C est portée par l'extrémité inférieure de la manivelle, et elle se trouve au-dessous du pivot du tampon inférieur T'. C'est cette construction qui a sans doute été imitée pour exécuter l'échappement représenté par notre figure 138.

Le cylindre en rubis est, pour ainsi dire, indestructible en marche normale mais il est, on le comprend, plus fragile qu'un cylindre d'acier. Le frottement pendant le repos est moindre qu'avec un cylindre d'acier, et l'on a remarqué que, de ce fait, il réglait moins bien jusqu'au moment où, après quelques mois de marche, l'huile avait pris plus de consistance.

Échappements Duplex

L'échappement duplex a fait sa première apparition à peu près en mime temps que l'échappement à cylindre, c'est-à-dire vers 1725.

On a quelques doutes au sujet de la véritable paternité de ce mécanisme ; certains prétendent qu'il a été inventé par un horloger anglais du nom de Dupleix ; d'autres l'attribuent à Robert Hooke, anglais également ; d'autres enfin à Pierre Le Roy, le célèbre horloger français (1717-1785).

On prétend que la première idée de cet échappement appartient à l'horloger français J.-B. Dutertre, et l'on désigne le mécanisme représenté fig. 119, comme étant le point de départ de cette invention. À notre avis,. c'est plutôt dans l'échappement d'horloge qu'on voit fig. 57, et qui est dû également à Dutertre, que résiderait l'idée première de la construction du duplex. C'est le principe du fonctionnement de ce mécanisme qui a ouvert la voie à différents perfectionnements, dont les principaux sont dus à Pierre Le Roy.

Duplex est un mot latin qui veut dire *double* ; ce nom a été adopté à cause de la disposition de la roue d'échappement qui, dans les premiers modèles, était double. Dans le duplex moderne, la roue est unique, mais sa denture est double et le principe de son fonctionnement et de son double effet n'a pas changé.

Ce qui, probablement, a donné l'idée que cet échappement nous venait d'Angleterre, c'est que les horlogers anglais se sont appliqués davantage à le construire dans de bonnes conditions pratiques. Ils l'adaptèrent à de grandes et hautes pièces où ils trouvaient toutes facilités pour une bonne exécution, tandis qu'en France on l'utilisa dans de petites pièces basses, où il ne donna que des résultats médiocres, et son succès fut compromis.

L'échappement duplex peut être classé parmi le petit nombre d'échappements qui sont, ou ont été utilisés pratiquement dans l'horlogerie portative. Au point de vue réglage, il donne des résultats équivalents à ceux fournis par l'échappement à ancre ; il est bien supérieur à l'échappement à cylindre, mais il ne souffre aucune médiocrité dans son exécution.

C'est un échappement à coup perdu, c'est-à-dire dans lequel le balancier ne reçoit d'impulsion que dans un sens, c'est-à-dire au cours d'une oscillation sur deux. Pendant l'oscillation muette, il se produit un petit mouvement de la roue, dont on parle généralement comme d'un recul, mais qui, en réalité, n'est qu'un faible et rapide soubresaut qui n'a, pour ainsi dire, aucune influence.

Très simple, offrant moins de frottements, fournissant des oscillations plus étendues que l'échappement à cylindre, il eût reçu des applications encore plus nombreuses que ce dernier, s'il n'avait présenté certains inconvénients que nous signalerons après avoir décrit son fonctionnement.

***

Une des premières formes de l'échappement duplex est celle que nous montre la fig. 141. La petite roue, *r*, est la roue d'impulsion ; ses dents travaillent avec le doigt ou levier, L, formé

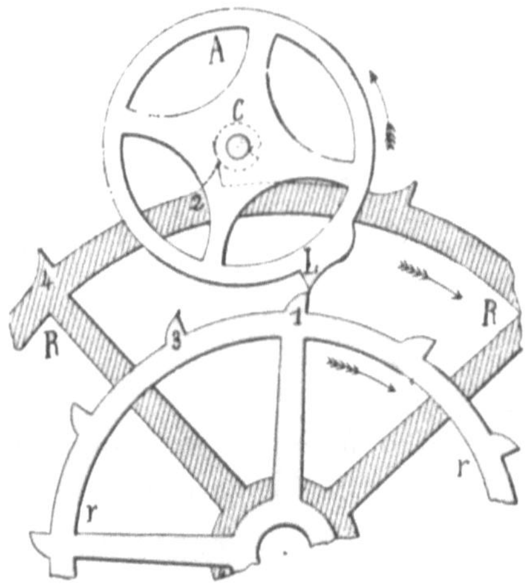

Fig. 141.

au pourtour du disque A, lequel est monté sur l'axe portant le balancier.

La grande roue R sert aux repos et aux dégagements. Les repos s'effectuent contre un petit rouleau, C, monté également sur l'axe du balancier, et les dégagements se font, au moment voulu, par une entaille ou coche pratiquée dans ce rouleau, et qui permet aux dents de la roue R de passer.

Le dessin représente l'échappement au moment où la dent 1 de la roue *r*, venant de donner une impulsion en agissant contre le nez L, la dent 2 de la roue R est arrivée au repos contre le rouleau C.

Le balancier accomplit son arc supplémentaire dans le sens qu'indique la flèche, puis il revient en sens contraire sous l'action du spiral. La petite entaille du rouleau se présente alors devant la pointe de la dent 2 ; il se produit un léger soubresaut, et l'oscillation s'achève, la dent restant toujours en repos contre le rouleau. Cette oscillation, pendant laquelle il n'y a pas d'impulsion, est dite *muette*.

Au cours de l'oscillation suivante, qui a lieu, de nouveau, dans le sens indiqué par la flèche, la dent 2 pénètre dans la coche et, s'appuyant contre le flanc droit de cette coche, pousse le rouleau pendant une courte partie de l'oscillation, puis elle échappe.

À cet instant, la dent 3 de la roue d'impulsion, *r*, après une petite chute, ou parcours à vide, rejoint le nez L et lui communique une impulsion, qui se termine par une seconde chute et par l'arrivée de la dent 4, de la roue de repos, R, contre le rouleau C.

Au cours de l'oscillation muette, le nez L passe, sans les atteindre, devant les dents de la roue *r*.

***

L'échappement duplex a été perfectionné en 1750 par Pierre Le Roy ; sa forme moderne est représentée par nos fig. 142 et 143. La fig. 142, empruntée à *Deutsche Uhrmacher Zeitung*, nous donne une vue d'ensemble très claire de ce mécanisme, tandis que la fig. 143 nous montre les détails d'exécution, la forme exacte des pièces et nous permet de suivre le jeu des fonctions.

On voit qu'on a supprimé la petite roue, en ne conservant que ses dents, lesquelles ont été implantées sur la serge de la grande roue R.

La palette d'impulsion, L (figure 143), est en rubis ; elle est enchâssée dans le plateau A, monté sur l'axe du balancier. Ce plateau est ajusté à frottement dur, de façon que la position de la palette, par rapport à la coche du rouleau, puisse être modifiée facilement.

Le rouleau, en rubis également, est placé sur le même axe, en dessous du plateau. La rainure longitudinale, ou coche, qui y est pratiquée, livre passage, au moment voulu, aux dents de repos.

Sur cette fig. 143, nous voyons la dent 2 engagée dans la coche du rouleau ; cette dent va échapper ; la palette

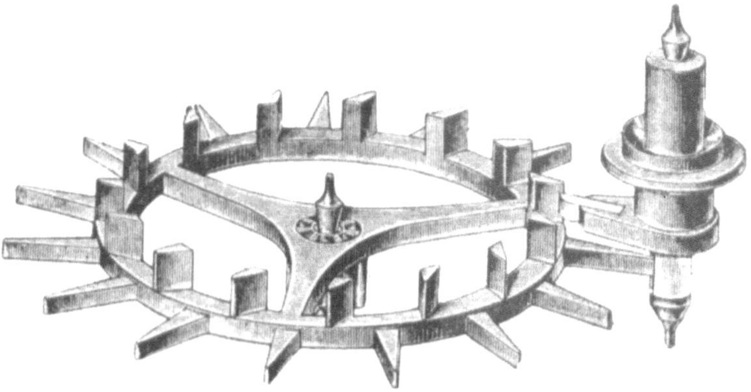

Fig. 142.

L recevra une impulsion de la dent 3 et la dent 4 arrivera au repos contre le rouleau C.

Le mécanisme de l'échappement duplex est, on le voit, excessivement simple ; il n'a besoin que d'un peu d'huile au rouleau ; le diamètre de ce dernier, étant réduit le plus possible, les oscillations du balancier sont presque libres. Avec un spiral isochrone et un balancier compensé, on obtient un réglage aussi précis et se soutenant mieux que celui qui peut être fourni par un échappement à ancre libre.

Mais certains inconvénients n'ont pas permis à l'échappement duplex de se populariser.

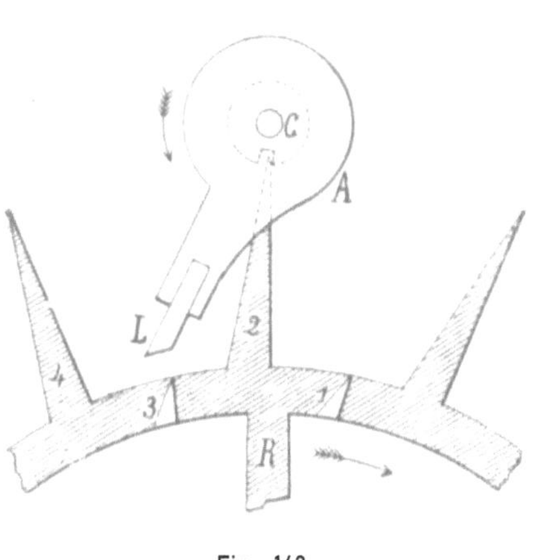

Fig. 143.

Par suite de l'oscillation muette, pendant laquelle aucune impulsion n'est communiquée au balancier, il se produit facilement ce qu'on appelle *l'arrêt au doigt*, c'est-à-dire que le balancier, s'il est contrarié ou arrêté par une secousse pendant cette oscillation muette, ne peut reprendre sa marche que si une nouvelle secousse lui donne l'impulsion nécessaire.

De plus, l'échappement duplex est sujet, sous l'influence des secousses du porter, à *prendre le galop*, c'est-à-dire à laisser passer deux dents coup sur coup sans permettre à l'oscillation muette de se produire. Ce défaut, qu'on peut atténuer avec un balancier lourd, ne peut être supprimé entièrement qu'au moyen d'un système de renversement mobile, d'une exécution délicate et qui est susceptible de déranger le réglage.

Le rouleau, qui doit être très petit, en vue de diminuer le frottement au repos, est très fragile et il demande à être exécuté avec une extrême précision. Cette petitesse du rouleau est la cause d'une pression latérale qui produit l'usure rapide des pivots, si ceux-ci ne sont pas très bien trempés et très polis, et si leurs trous ne sont pas bien finis aussi, et toujours abreuvés d'huile.

Mentionnons encore le petit recul ou soubresaut, sans importance, qui a lieu quand la coche passe devant la pointe de la roue pendant l'oscillation muette.

De ces divers inconvénients, l'arrêt au doigt et le galop sont les plus sérieux ; ils n'ont pas permis d'adopter couramment l'échappement duplex dans l'horlogerie portative.

***

Nous voyons, fig. 144, une autre construction de l'échappement duplex. Elle ne diffère de la précédente que par la forme des pièces ; les fonctions sont absolument les mêmes.

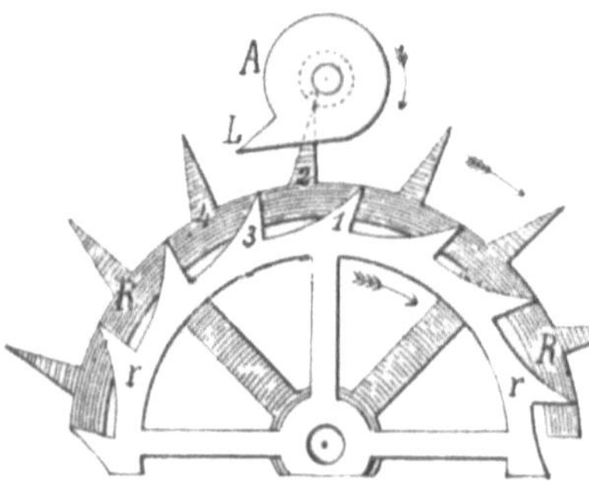

Fig. 144.

Le mécanisme est représenté au moment où le balancier, effectuant son oscillation muette, la petite coche du rouleau vient de passer devant la dent 2 de la roue R, qui est au repos. La rotation continue jusqu'au moment où la force du spiral est suffisante pour ramener le balancier en sens inverse ; la dent 2 pénètre alors dans la coche et la dent 3 de la roue *r* peut agir sur la palette L.

***

Une construction *à l'américaine* de l'échappement duplex est représentée par la fig. 145. La roue est tout simplement découpée à l'emporte-pièce ; elle a, à sa périphérie, deux sortes de dents : les plus courtes, 1, 3, etc., sont destinées aux impulsions et les longues dents, 2, 4, etc., servent aux repos.

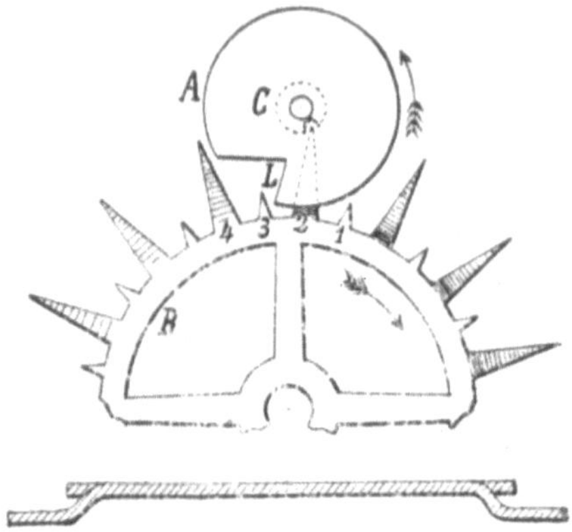

Fig. 145.

Les impulsions sont reçues par un disque A, monté sur l'axe du balancier et entaillé en L, pour former levier. Pour les repos, nous voyons, comme dans tous les échappements duplex, un rouleau C muni d'une petite coche ; ce rouleau est placé, comme d'habitude, en dessous du levier d'impulsion.

Les longues dents de la roue, taillées dans le même plan que les dents courtes, mais ayant à travailler dans un plan inférieur, sont simplement recourbées ainsi que le montre la coupe donnée sous le dessin principal.

Cette construction économique de l'échappement duplex est celle qui avait été adoptée dans la montre à mouvement tournant de la fabrique Waterbury, et qui eut une certaine célébrité il y a quelque trente ans.

Nous voyons la dent 2 sur le point de quitter le rouleau ; la dent 3 va agir contre la partie entaillée du disque formant levier d'impulsion, L, et la dent 4 arrivera au repos. Le fonctionnement, on le voit, est toujours le même.

Il est le même aussi dans le mécanisme représenté fig. 146, mais ici, la construction varie. Cette construction de l'échappement duplex a été brevetée par un horloger américain du nom de Ganney.

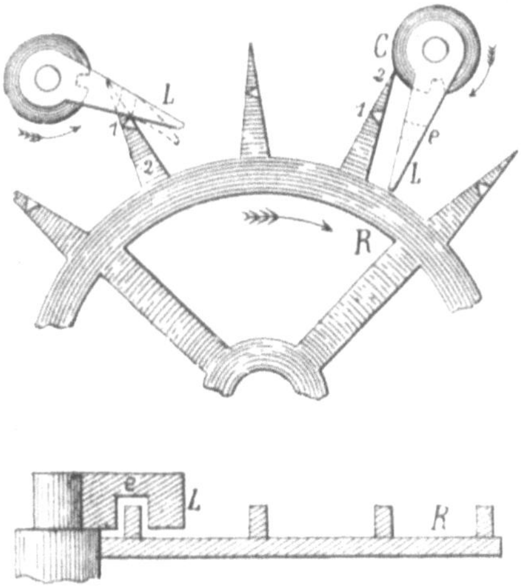

Fig. 146.

D'après son auteur, elle fournit une impulsion meilleure, se produisant en totalité après la ligne des centres et augmentant d'intensité en même temps qu'augmente la force de résistance du spiral.

Le levier L est plus long que d'habitude ; il est entaillé en dessous pour le passage, à un moment donné, des dents d'impulsion, lesquelles sont formées par de petits plots triangulaires implantés sur les dents de repos. On voit en coupe verticale, la forme de ce levier L, et nous avons représenté l'échappement dans deux positions différentes pour bien expliquer la suite des fonctions.

À droite, la dent 2 est en repos contre le rouleau C ; l'oscillation muette s'accomplit et le rouleau tourne dans le sens indiqué par la flèche. L'entaille *e* du levier L, permet à ce dernier de passer, sans la toucher, au-dessus de la dent d'impulsion 1, et cette oscillation s'achève.

Au retour, — position représentée à gauche, sur notre figure, — la dent de repos quitte le rouleau en passant par la petite coche. La dent d'impulsion, 1, trouve alors sur son chemin la partie non entaillée du levier L, et c'est contre cette partie que se donne l'impulsion. Cette impulsion ne commence qu'après la ligne des centres, et le levier qui la reçoit peut être formé suivant une courbe appropriée que nous avons figurée en pointillé.

***

Le mécanisme qu'on voit fig. 147, a été imaginé, vers 1830, par l'horloger parisien Callaud, l'inventeur de l'échappement représenté fig. 137.

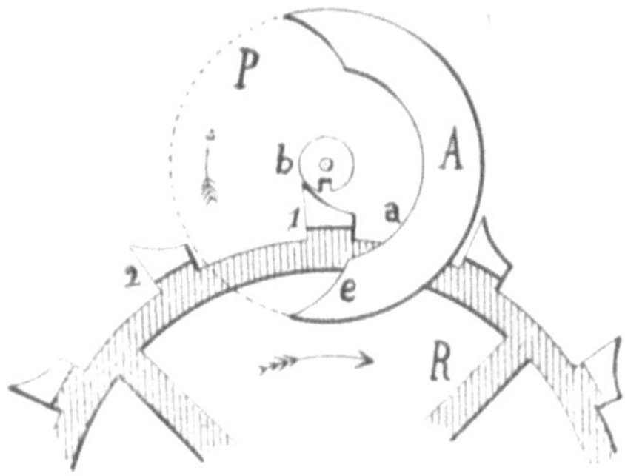

Fig. 147.

Son auteur cherchait à réaliser, sur le principe de l'échappement duplex, un mécanisme exigeant moins de précision et moins susceptible de l'arrêt au doigt.

Nous voyons, fig. 147, une roue d'échappement R, dont l'extrémité des dents est relevée en couronne. Sur l'axe du balancier se trouve un plateau P, représenté en pointillé, et portant, en dessous, une tranche cylindrique en relief, A, dont le bord circulaire, *a*, sert au repos des dents, et la partie *e* aux impulsions.

Sur le même axe se trouve un petit rouleau *b*, muni, comme dans l'échappement duplex, d'une petite coche.

Cet échappement est également à coup perdu et notre figure le représente au moment où se produit l'oscillation muette, le balancier tournant dans le sens indiqué par la flèche et la dent 1 étant en repos contre le rouleau *b*.

Quand le balancier revient en sens contraire, la dent 1 pénètre dans la coche du rouleau *b* et, passant de l'autre côté, elle tombe contre le repos circulaire *a* ; la rotation continuant dans le même sens, le plan incliné *e* se présente à la dent et reçoit une impulsion qui se termine par une chute et par l'arrivée de la dent 2 contre le rouleau *b*. Une nouvelle oscillation muette se produit ensuite.

***

Comme on l'avait fait avec les autres échappements à repos, on essaya aussi d'adapter l'échappement duplex aux montres construites pour recevoir un échappement à roue de rencontre.

La fig. 148 nous montre la disposition adoptée par l'horloger Winnerl. En C, nous avons, sur l'axe du balancier, le rouleau de repos avec sa petite coche

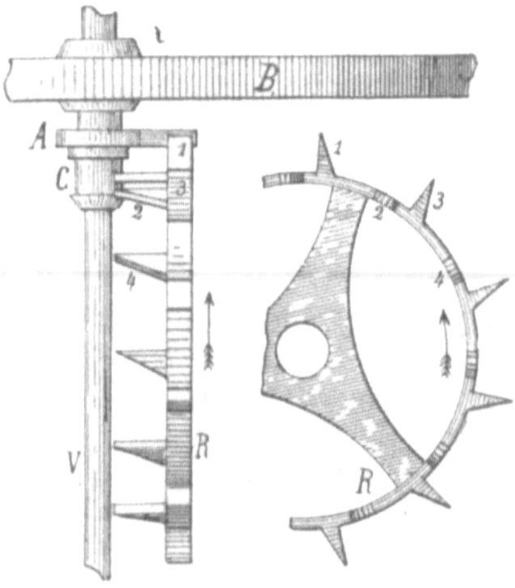

Fig. 148.

de dégagement. En A, également sur l'axe du balancier, nous voyons le levier d'impulsion, ajusté sur un disque.

La roue R a deux sortes de dents ; les dents 2, 4, etc., taillées en couronne, comme l'étaient celles des roues de rencontre, servent aux repos et travaillent avec le rouleau C. Autour de la circonférence de cette couronne, on a laissé un rebord, dans lequel on a taillé les dents 1, 3, etc., qui sont destinées aux impulsions. Ces dents agissent sur le levier d'impulsion après le dégagement de chacune des dents 2, 4, etc.

L'échappement est représenté au moment où la dent 1 opère sa fonction, c'est-à-dire au moment de l'impulsion ; la dent 2, sera ensuite arrêtée et elle effectuera son repos contre le rouleau C. L'oscillation de retour est l'oscillation muette, pendant laquelle la petite coche passe devant la pointe de la dent qui est au repos. Au cours de l'oscillation suivante, la dent 2 sera dégagée et une nouvelle impulsion sera donnée par la dent 3.

On a conservé le même nombre de dents que dans l'échappement à roue de rencontre, pour obtenir le même résultat ; c'est-à-dire que dans l'échappement à roue de rencontre, chaque dent donne deux impulsions, une à droite et la suivante à gauche, mais la roue n'avance que de la moitié de la distance d'une dent à l'autre, tandis que dans l'échappement duplex, il n'y a qu'une impulsion sur deux oscillations, mais la roue parcourt, à chaque impulsion, la distance totale d'une dent à l'autre.

***

C'est certainement cette construction qui a donné l'idée à Claudius Saunier (1816-1896) de son échappement *duplex tangent* que nous représentons par la figure suivante (fig. 149).

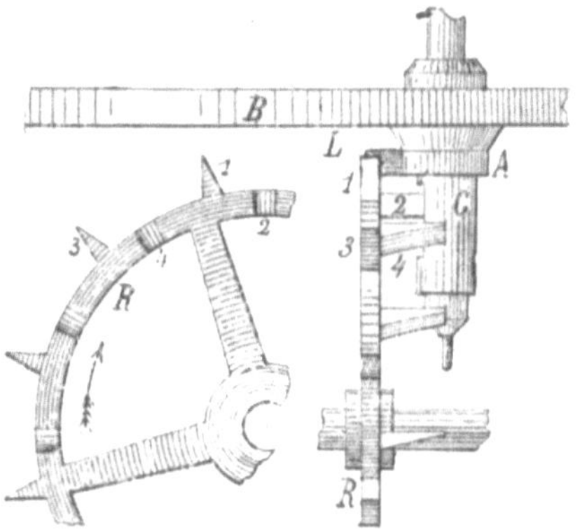

Fig. 149.

Nous voyons une roue pareille à celle que nous venons de décrire et une disposition semblable de l'ensemble de l'échappement. La seule différence se trouve dans la fonction du repos. Ainsi que le nom donné par Saunier l'indique, le repos a lieu à la tangente et il se fait sur un rouleau plus gros que dans l'échappement duplex ordinaire.

Le but que poursuivait cet excellent horloger était de construire un échappement destiné spécialement aux pendules de voyage, dispensant de l'engrenage de champ, offrant plus de régularité que l'échappement à cylindre et moins de délicatesse que l'échappement duplex. La pratique n'a sans doute pas confirmé toutes les qualités que Saunier attribuait à son mécanisme, puisque cet échappement n'est jamais entré dans la fabrication courante.

Le rouleau C est en acier et son entaille ou coche, doit être suffisamment large et assez profonde pour le passage des dents de la roue, les pointes de ces dents atteignant le centre de l'axe du balancier. En réalité, c'est un cylindre creux plutôt qu'un rouleau d'échappement duplex.

Nous voyons la dent 2 engagée dans ce cylindre ; elle donne une première impulsion en agissant contre l'intérieur de l'écorce, puis elle échappe et la dent 1 entre alors en prise avec le levier L, et continue, pour ainsi dire, l'impulsion en cours, par une deuxième, plus énergique. La dent 4 arrive ensuite au repos contre la partie extérieure du cylindre C et y reste appuyée pendant l'oscillation suivante ; elle n'éprouve qu'un léger soubresaut de recul au moment où l'entaille passe devant sa pointe. Au retour du balancier, cette dent pénètre à l'intérieur du cylindre et le même jeu recommence.

***

Un autre échappement du même auteur est représenté fig. 150. C'est une combinaison de l'échappement à cylindre et de l'échappement duplex, ou plutôt une réunion de ces deux mécanismes, puisqu'on y voit les deux impulsions de l'échappement à cylindre, auxquelles vient s'ajouter, au cours d'une oscillation sur deux, l'impulsion de l'échappement duplex.

La construction rappelle celle de l'échappement à cylindre, représenté fig. 138, avec cette différence que les

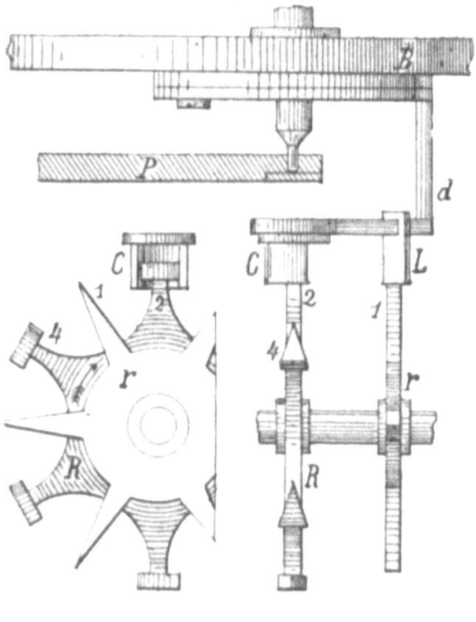

Fig. 150.

dents de la roue, R, ont un double plan incliné. Ces dents opèrent des repos et des impulsions sur le cylindre ou tuile, C, disposé, au moyen d'un bras ou manivelle, *d*, attenant au balancier B, au-dessous de l'axe de ce dernier.

À ce bras est fixée une palette L, sur laquelle agissent les dents d'une seconde roue *r*, roue fixée sur le même axe que la roue de cylindre. Cet échappement, que Saunier a appelé *échappement triphone* ou à *triple pulsion*, fonctionne comme suit :

La dent 2, qui sur notre figure se trouve à l'intérieur du cylindre C, y a pénétré après avoir été en repos extérieurement et en donnant une impulsion contre la lèvre d'entrée. Cette impulsion a eu lieu pendant l'oscillation, qui, dans l'échappement duplex, est appelée muette.

Une seconde impulsion, en sens contraire, a lieu quand la dent sort du cylindre ; cette dent étant alors dégagée, la dent 1 de la roue *r* entre en fonction et agit sur la palette L ; c'est alors qu'a lieu l'impulsion principale, puis la dent 4 de la roue R arrive au repos extérieurement au cylindre.

Selon son auteur, cette combinaison de trois impulsions permet d'adapter à cet échappement un balancier relativement lourd, fournissant un réglage bien soutenu.

***

Trois impulsions successives au cours de deux oscillations, c'est vraiment presque trop ! Nous voyons l'excès contraire dans l'échappement suivant, dans lequel il ne se produit qu'une seule impulsion pendant quatre oscillations (fig. 151).

Ce mécanisme a été combiné dans le but d'obtenir la seconde morte, c'est-à-dire une roue de secondes effectuant à chaque seconde, un saut de 1/60 de tour, et restant arrêtée pendant une seconde entière.

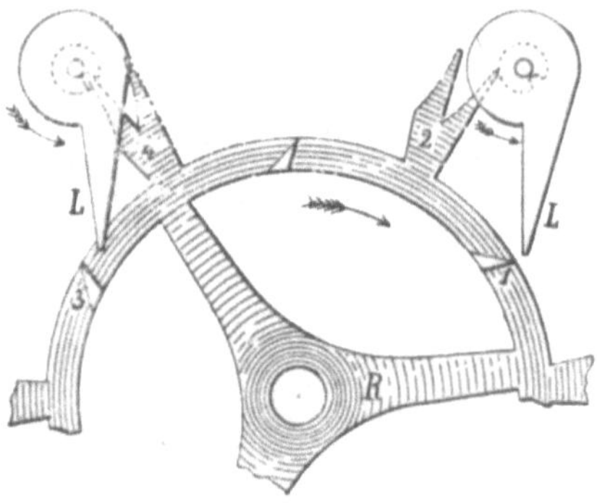

Fig. 151.

La roue d'échappement n'a que 6 dents de repos et 6 dents d'impulsion. Les premières ont deux pointes, fournissant chacune un repos ; la roue ne parcourt, pendant ces repos, que le petit espace d'une pointe à l'autre, parcours qui ne se remarque pour ainsi dire pas sur la roue de secondes. Ces deux repos ont ensemble une durée équivalant quatre oscillations du balancier et ce dernier, étant réglé à raison de quatre oscillations à la seconde, il en résulte, pour la roue d'échappement, un saut de 1/6 de tour à chaque seconde, correspondant à 1/60 de tour de la roue de secondes.

Voici le fonctionnement :

Dans la position représentée à droite, nous voyons la pointe d'avant de la dent 2 appuyée contre le rouleau. La dent 1 vient d'achever son impulsion sur le levier L, et le balancier accomplit son oscillation dans le sens marqué par la flèche. L'oscillation suivante est muette ; la petite coche passe devant la pointe de la dent et celle-ci continue son repos.

À la troisième oscillation, qui a lieu de nouveau dans le sens indiqué par la flèche, la première pointe de la dent 2 passe par la petite coche et la deuxième pointe arrive à son tour au repos. Une nouvelle oscillation muette a lieu, puis cette deuxième pointe passe à son tour, permettant à la dent 3 d'agir.

On voit à gauche, sur notre dessin, cette dernière phase du fonctionnement ; la deuxième pointe de la dent 4 quitte le rouleau et la dent 3 va entrer en fonction. Cette fonction, ou impulsion, doit être suffisante pour récupérer la force perdue pendant quatre oscillations du balancier et l'on ne peut éviter une entrée en action bien avant la ligne des centres.

Cet échappement, inventé en 1830, par M. Ch.-Ed. Jacot, à la Chaux-de-Fonds, a été très employé, à une certaine époque, dans les montres à clef destinées à la Chine, et dont le centre de fabrication est Fleurier, en Suisse.

***

Classons encore parmi les échappements duplex, un mécanisme ingénieux, qui aurait été inventé par H.-L. Jaquet-Droz, le célèbre constructeur d'automates neuchâtelois (1752-1791).

C'est un duplex sans coup perdu, c'est-à-dire avec impulsion à chaque oscillation du balancier.

Nous voyons, fig. 152, deux roues d'échappement ; celle de gauche, R, est portée par le dernier axe du rouage. Sur le même axe se trouve une roue de 60 dents, représentée sur notre dessin par un cercle pointillé, qui, engrenant avec une autre roue semblable, sert à entraîner la seconde roue d'échappement R^1. La roue de droite, également figurée en pointillé, actionne, en A, un pignon de 12 ailes sur l'axe duquel, est montée la roue d'arrêt, formée de quatre bras en croix.

Ces bras d'arrêt font repos contre l'axe du balancier qui se trouve en D, et ils échappent quand la partie entaillée de cet axe se présente en face de A. Sur le même axe, est monté un disque portant les leviers d'impulsion 3 et 4. Le premier reçoit les impulsions de la roue R, et le second celles de la roue R^1.

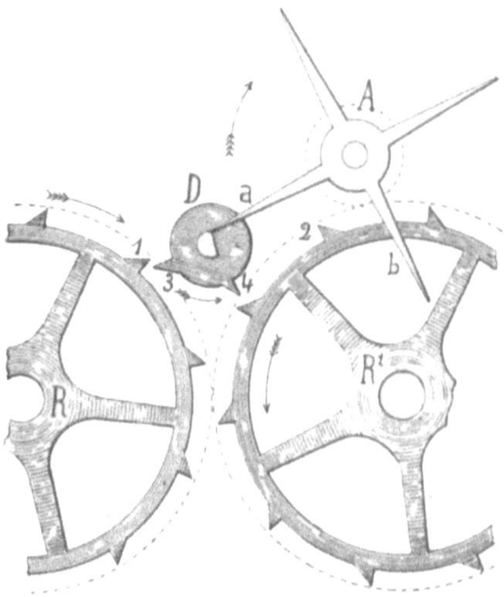

Fig. 152.

Le fonctionnement est le suivant :

Le bras *b* de la roue d'arrêt est en repos contre l'axe du balancier. Ce repos cesse au moment où l'entaille de l'axe permet au bras de passer et, sur notre dessin, ce bras est sur le point d'échapper. La roue A peut donner alors un quart de tour jusqu'à l'arrêt du bras *b* contre l'axe D. Les roues d'échappement, de 10 dents chacune, tournent en s'entraînant l'une l'autre, d'une quantité égale à la moitié de l'espace entre deux dents.

La dent 1 de la roue R agit sur le levier 3 du disque D, et l'impulsion est ainsi communiquée au balancier dans le sens indiqué par la flèche. La dent 2 de la roue R^1, qui a pris la place correspondante à celle de la dent 1, est prête à agir en sens contraire sur le levier 4 ; son action se produit quand le bras *b*, à son tour, quitte le repos.

VI - Échappements libres pour montres

Échappements à détente

Le lecteur a pu se rendre compte que, dans tous les échappements décrits jusqu'ici, la roue reste en communication constante avec l'organe régulateur, puisqu'elle effectue ses arrêts, ou repos, contre la pièce d'échappement : verge, ancre, cylindre, etc., pièce qui participe à tous les mouvements du pendule ou du balancier.

Il se produit donc, dans tous ces mécanismes, une action perturbatrice continuelle, exercée par la force motrice, et les irrégularités inévitables de celle-ci troublent forcément la marche du régulateur.

Toutefois, on avait constaté que, dans les horloges actionnées par un poids et munies d'un régulateur puissant, c'est-à-dire d'un long et lourd pendule, les frottements pendant les repos n'avaient qu'une faible influence. Par contre, dans les pièces d'horlogerie portative, actionnées par un ressort et réglées au moyen d'un balancier relativement léger, l'influence était très sensible, le régulateur subissant des dérangements importants par suite des frottements et de leur variabilité.

On avait compris que l'échappement idéal serait celui qui permettrait au régulateur d'osciller librement sans avoir, avec le rouage, d'autre contact que celui, très court, nécessaire pour l'impulsion.

C'est l'horloger français, Pierre Le Roy (1717-1785) qui réalisa cet échappement en arrêtant la roue au moyen d'une pièce spéciale qu'on appela *détente*, et en supprimant ainsi tout contact et tout frottement avec le régulateur pendant les repos.

La chronométrie véritable, c'est-à-dire l'art de mesurer le temps avec exactitude, a pris naissance avec l'invention de l'échappement à détente.

Le premier modèle de ce mécanisme fut présenté à l'Académie des sciences en 1748, par Pierre Le Roy ; le rapport des commissaires appelés à examiner cette invention est daté du vendredi 6 septembre 1748 ; il se termine par cette brève note :

> « Cette idée a paru bonne et mérite d'être suivie par l'auteur, qui est en état d'en tirer tout le parti qu'on en peut espérer ».

***

La figure 153 nous montre ce premier échappement à détente. La roue d'échappement R, a 44 dents en saillie sur sa serge. Le balancier B porte, sur son axe, le levier *b*, qui reçoit l'impulsion. L'arrêt de la roue d'échappement se fait au moyen de la détente D, dont un des bras, *a*, appuie contre l'axe du balancier sous l'action d'un long ressort *r*. L'autre bras *e* de cette détente, est formé de façon à pouvoir pénétrer entre les dents de la roue, et son extrémité porte une sorte de croissant, à l'intérieur duquel peut reposer la dent.

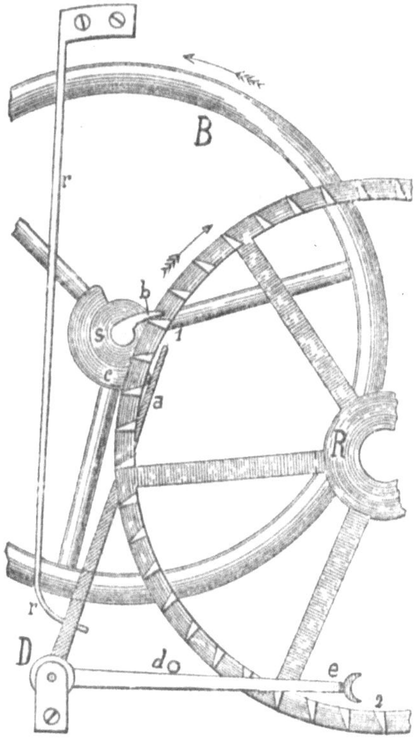

Fig. 153.

L'axe du balancier, *s*, porte un demi-cylindre, *c*, dont la fonction est de repousser, à un moment donné, le levier *a*, pour faire pénétrer le bras e entre les dents de la roue et obtenir l'arrêt de cette dernière.

L'échappement est représenté au repos, c'est-à-dire dans la position que prennent ses pièces lorsque la force motrice n'agit pas. Si l'on actionne la roue R, elle tourne dans le sens indiqué par la flèche, et la dent 1 communique une impulsion au balancier, en agissant contre le levier *b*. Dans le même temps, le demi-cylindre *e* pousse le bras *a* de la détente, et le croissant de l'extrémité du bras *e* s'engage entre les dents de la roue, pour recevoir la dent 2. La pression de cette dent sur l'arrondi du croissant déplace elle-même légèrement la détente, de sorte que le bras *a* cesse d'appuyer contre l'axe du balancier. Le régulateur est donc complètement isolé et il termine son oscillation sans avoir aucun contact avec l'échappement.

Le balancier revenant en sens inverse, sous l'action du spiral, le levier *b* rencontre la dent suivante de la roue et lui communique un mouvement de recul. Ce recul dégage la dent 2, et le bras *a*, sollicité par le ressort *r*, se rapproche du centre de l'axe du balancier, autant que le permet la position de l'arrêt *d*, contre lequel s'arrête le bras *e*.

La roue étant libérée, communique une nouvelle impulsion au balancier quand celui-ci a achevé son oscillation muette, et cette impulsion est suivie, comme précédemment, du repos de la roue contre la détente.

L'échappement que nous venons de voir n'est décrit dans aucun traité d'horlogerie, ancien ou moderne ; par contre, on nous donne, comme premier échappement à détente de Le Roy, le mécanisme suivant, dont le principe est quelque peu différent, puisque les impulsions sont reçues par la serge du balancier.

Les pièces qui composent cet échappement (fig. 154) sont :

– Le balancier B, portant la palette d'impulsion *e*, et ayant sur ses deux faces une portion de cercle en saillie. Le cercle de dessus a son point de départ en *s*, celui de dessous commence en *r*, et s'étend à droite, suivant le pointillé.

- La roue d'échappement R, formée de six bras, dont les extrémités communiquent l'impulsion au balancier en agissant sur la palette *e*.
- La détente D, comportant, d'une part, deux bras, *a* et *b*, sur lesquels s'effectuent les arrêts ou repos des dents de la roue d'échappement et, d'autre part, deux leviers, *c*, *d*, dont les extrémités entrent en contact avec les arcs de cercle en saillie du balancier.

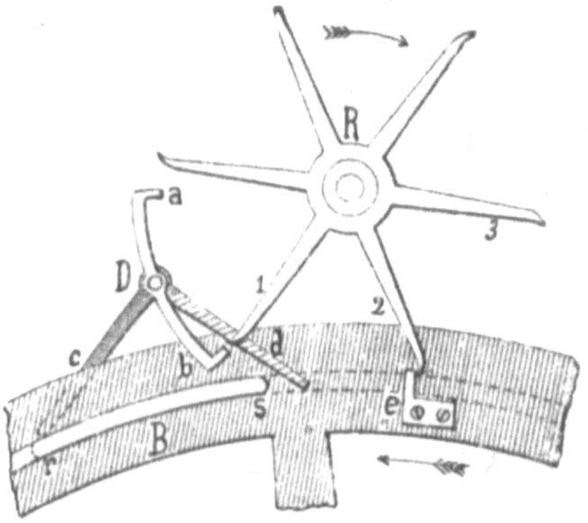

Fig. 154.

Le balancier, B, tournant vers la gauche, la saillie, *r*, a soulevé le levier *c*, et, par suite du mouvement de rotation imprimé à la détente, la dent 1 de la roue, qui se trouvait en arrêt contre le bras *b*, a été dégagée.

La dent 2 peut alors agir contre la palette *e*, et l'impulsion est ainsi communiquée directement à la serge du balancier. Cette impulsion étant achevée, la dent 1 atteint le bras *a* de la détente, disposé pour la recevoir. Le bec de ce repos, *a*, est formé de façon qu'il s'y produise un léger tirage, éloignant l'extrémité du levier *c*, de la saillie *r*.

Le balancier effectue son arc supplémentaire, puis revient en sens contraire. La saillie supérieure, dont le point de départ est en *s*, repousse le bras *d*, et le mouvement qui en résulte, a pour effet de dégager de l'arrêt, *a*, la dent 1 qui y est en repos. Une petite chute se produit ; la dent suivante rencontre le bras d'arrêt *b*, et un nouveau repos a lieu. Celle phase du fonctionnement a été appelée la préparation, et elle a lieu pendant l'oscillation muette du balancier.

Ce dernier revenant dans la direction de la flèche, soulève le bras *c* et dégage la dent du repos *b* ; une nouvelle impulsion se produit alors, par la dent 3 agissant sur la palette *e*. Cette palette est entaillée, on le comprend, pour le libre passage du levier *d*.

***

C'est en 1766 que Pierre Le Roy fut en mesure d'expérimenter sa première montre marine, à laquelle il avait adapté l'échappement que nous venons de décrire. Cette pièce, qui est religieusement conservée au Musée des Arts et Métiers, à Paris, est remarquable, non seulement par son échappement, mais aussi par le système de compensation, à tubes de mercure et alcool, qui est adapté au balancier.

Disons en passant que c'est également à Le Roy que nous devons le balancier à lames bimétalliques et à masses de compensation, ainsi que la découverte des propriétés isochrones du spiral réglant.

Un premier essai de deux montres marines de Le Roy fut fait en 1767, grâce à la générosité d'un riche amateur, qui équipa un navire à ses frais. Ce fut le premier voyage au long cours, entrepris en France pour la vérification des longitudes par la mesure du temps, le premier aussi dont les résultats satisfirent aux conditions imposées aux horlogers.

Les mêmes pièces subirent une seconde épreuve à la mer, en 1768, concurremment avec des montres de Ferdinand Berthoud (1727-1807), munies d'un échappement à cylindre avec pirouette de Huyghens.

On dit que les résultats furent aussi bons pour les unes que pour les autres, mais il faut ajouter que Ferdinand Berthoud jouissait de toutes les faveurs, et qu'il se mit tôt après, à construire des échappements basés sur le principe de celui de Le Roy.

Nous avons vu qu'un essai de détermination des longitudes par la mesure du temps avait été fait en Hollande, en 1660, au moyen d'une horloge marine construite par Huyghens et munie de l'échappement à roue de rencontre disposé d'une façon spéciale (voir fig. 11). La précision obtenue, quoique montrant un progrès important, fut reconnue insuffisante.

En 1726, Sully expérimenta, sur la Garonne, une horloge marine munie de l'échappement que nous avons représenté fig. 114 et 115, mais les résultats ne furent pas satisfaisants.

Vers la même époque, un autre horloger anglais, John Harrison (1693-1776), commença une longue série de travaux ayant pour but la construction d'horloges marines suffisamment exactes pour donner la longitude. Les horlogers anglais étaient puissamment stimulés par la promesse d'une récompense de 10.000 livres sterling à celui qui donnerait le moyen de déterminer la longitude en mer, à un degré près, et d'une somme double pour une approximation d'un demi-degré.

La loi instituant ces magnifiques récompenses avait été votée en 1714. Les travaux et les essais d'Harrison durèrent 40 ans ; des subsides furent alloués au persévérant artiste, au cours des essais, et il finit par remporter le prix de 20.000 livres, dont le complément lui fut payé en 1773, trois ans avant sa mort.

Ferd. Berthoud avait fait l'essai, en 1764, de sa montre marine n° 3, mais il n'alla qu'à vingt lieues de Brest ; la mer l'influença (pas la montre, mais Berthoud lui-même) de telle façon qu'il dut rentrer.

On peut donc dire que la première montre marine, dont la construction repose sur les principes qui régissent encore actuellement la chronométrie, a été exécutée par Pierre Le Roy, en 1766.

Pour avoir obtenu la longitude avec un mécanisme qui fut abandonné tôt après, Harrison a reçu 500.000 francs ; le Français de génie, qui dota son pays d'une gloire de plus, qui sacrifia sa fortune et vingt ans de sa vie, reçut une médaille !

***

Les véritables succès de Ferdinand Berthoud ne datèrent que du jour où il s'inspira des principes nouveaux inaugurés par Pierre Le Roy.

Le premier échappement libre construit par Berthoud fut celui que nous représentons fig. 155.

L'arrêt de la roue a lieu contre le bec *e* de la détente D ; celle-ci est, à l'état de repos, maintenue contre le plot *i*, par l'action du ressort *n*, et, dans cette position, le bec *e* pénètre à l'intérieur de la circonférence des dents de la roue.

Sur l'axe du balancier, est monté le disque ou plateau A, au bord duquel est pratiquée une entaille, *a*, servant de levier d'impulsion.

Sur ce plateau est fixée la pièce de dégagement, E, portant à l'extrémité d'un faible ressort, une cheville *c*.

Celte cheville agit contre l'extrémité *d* de la détente, de la façon suivante : quand le balancier tourne dans le sens indiqué par la flèche, la cheville *c* repousse la détente et l'éloigne d'une quantité déterminée, de son point d'ap-

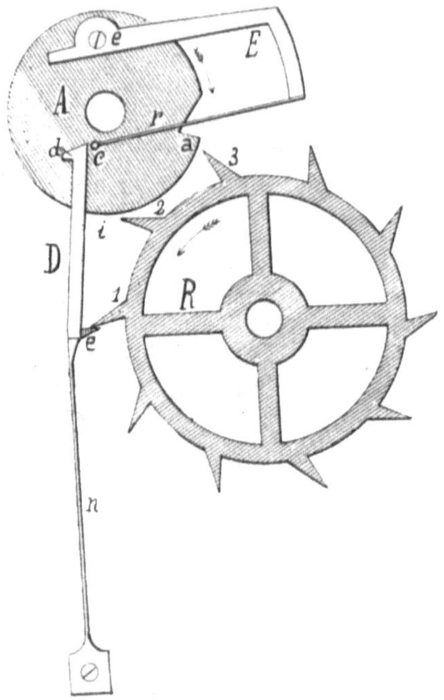

Fig. 155.

pui *i*, pour lui laisser reprendre sitôt après, sa position de repos.

Au cours de l'oscillation contraire, la cheville *c* rencontre de nouveau l'extrémité *d* de la détente, mais cette fois elle atteint le plan incliné de cette extrémité et c'est alors le ressort *r* qui fléchit, la détente restant en place. Immédiatement après le passage de la cheville *c*, le ressort *r* reprend sa place contre son appui et il est prêt, à l'oscillation suivante, à repousser de nouveau la détente.

Le déplacement de la détente sous l'action du ressort *r*, a pour effet de dégager la dent 1 de la roue, laquelle est arrêtée contre le repos *c*. La roue, peut alors tourner ; sa dent 3 atteint le levier *a*, et communique une impulsion au balancier. La détente, qui a repris sa place, arrête de nouveau la roue par la dent 2 ; le balancier continue son oscillation, la pièce de dégagement E passant sous la détente D.

L'oscillation de retour, au cours de laquelle le ressort *r* cède, pour permettre à la cheville *c* de reprendre sa place pour un nouveau dégagement, est une oscillation muette, pendant laquelle aucune impulsion n'a lieu.

Ce mécanisme est bien un échappement libre, car le balancier n'est en contact avec la roue que pendant l'impulsion ; il tourne donc en parfaite liberté ; la petite action du dégagement, qui se produit dans l'oscillation muette, n'a aucune influence sensible.

***

Un autre échappement à détente imaginé par Berthoud et appliqué par lui à son horloge marine n° 9, est représenté fig. 156.

A est la pièce d'échappement, ou plateau, monté sur l'axe du balancier. La pièce de dégagement est ici le petit levier *s*, sur lequel appuie le ressort *r*, et l'impulsion est reçue par le flanc *a* d'une entaille pratiquée au bord du plateau.

La détente pivote en *o*, et elle est maintenue en repos contre l'arrêt *i* par

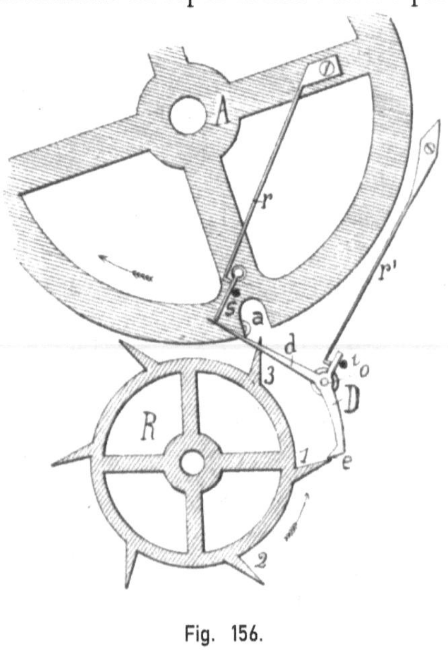

Fig. 156.

le ressort *r'*. Dans cette position, le bec *e* arrête les dents de la roue, et nous voyons, sur le dessin, la dent 1 en repos.

Le bras *d* de la détente D sert au dégagement, sous l'action du levier s ; quand le balancier tourne dans le sens indiqué par la flèche, le levier *s* atteint l'extrémité du bras *d* de la détente et repousse ce bras. Il en résulte, en *e*, le dégagement de la dent 1. La roue agit alors, par la dent 3, sur le levier d'impulsion *a*.

Aussitôt que le levier *s* a passé, la détente reprend sa position de repos et, avant que l'impulsion soit terminée, elle est en place pour arrêter la dent suivante, 2, de la roue d'échappement.

L'oscillation suivante est muette ; le levier *s* atteint de nouveau le bras *d*, mais cette fois, en sens contraire, et c'est le levier *s* qui cède, pour reprendre immédiatement sa place sous l'action du ressort *r*. Il est alors prêt pour un nouveau dégagement.

Il est bon de noter ici que l'auteur de ces deux mécanismes, Ferdinand Berthoud, dont le talent ne fut jamais mis en doute et qui rendit de si grands services à l'horlogerie, se montrait souvent injuste envers ses confrères et ce fut rarement qu'il leur laissa le mérite d'une invention nouvelle. Il la leur disputait par tous les moyens ou bien il en faisait honneur à des artistes ne vivant plus, ceux-ci ne pouvant plus être ses rivaux et partager la gloire qu'il avait acquise ; ce fut ainsi qu'il chercha à prouver qu'il avait inventé l'échappement à détente.

Pierre Le Roy, dont le génie égalait au moins celui de Ferdinand Berthoud, ne pouvait garder le silence devant de telles allégations, contraires à la vérité, et qui pouvaient lui porter préjudice ; il publia un mémoire dans lequel il prouva, par des dates précises et des témoignages irrécusables, qu'il était le véritable auteur de l'échappement libre à détente à ressort ainsi que de plusieurs autres inventions que son hardi et peu scrupuleux rival voulait s'approprier.

***

La supériorité de l'échappement à détente sur tous les autres échappements fut reconnue dès l'apparition de ce mécanisme, et les plus célèbres horlogers de la seconde moitié du XVIIIe siècle s'appliquèrent à son étude et à son perfectionnement.

La construction imaginée par l'horloger anglais John Arnold (1744-1799) fut particulièrement heureuse, et c'est cette construction, modifiée encore par un autre anglais, Thomas Earnshaw (1749-1814), qui fut définitivement adoptée, et dont les chronométriers modernes conservent encore le principe.

Ces deux artistes reçurent du Gouvernement anglais une récompense de 3.000 livres, soit 75.000 francs, chacun.

Disons tout de suite que l'échappement à détente s'est construit, dès son origine, sous deux formes : avec *détente-ressort* ou avec *détente pivotée.*

L'échappement à détente-ressort, employé exclusivement dans les chronomètres de marine, comporte une détente montée à l'extrémité d'un ressort fixé à la platine ; dans l'échappement à détente pivotée, appelé aussi échappement à bascule, la détente est portée par une tige pivotée et elle est ramenée à son point de repos par un ressort de retour ou de rappel.

La détente-ressort est d'une exécution excessivement délicate, mais elle présente l'avantage de supprimer les frottements des pivots et les inconvénients de l'huile, les autres fonctions de l'échappement n'en demandant pas. La détente pivotée, qui trouve son emploi dans les chronomètres de poche, est d'une construction plus facile.

Avant de décrire l'échappement à détente moderne, nous voulons étudier les constructions qui furent adoptées par les horlogers anglais que nous venons de nommer.

***

La fig. 157 montre une des constructions imaginées par Arnold.

Il s'agit, on le voit, d'une détente pivotée, et ce mécanisme se compose :

- De la roue d'échappement R, creusée du centre à la base des dents, pour lui donner la légèreté voulue ;
- De la détente D, pivotant en *o* et munie d'un ressort en spiral qui la ramène constamment à son appui contre sa limite *i*. Le bras *d* de cette détente porte, à une petite distance du point de pivotement, le bec *e*, contre lequel s'effectuent les repos et, à son extrémité, près du centre du balancier, une cheville *c* ;
- D'un faible ressort *r*, monté sur la détente et s'appuyant contre la cheville *c*. Ce ressort peut fléchir en s'éloignant de *c*, mais, dans l'autre sens, il entraîne avec lui la détente ;
- D'un plateau d'impulsion A, monté sur l'axe du balancier et muni du levier d'impulsion *a* ;
- D'un plateau de dégagement ajusté sur le même axe et portant le doigt de dégagement *b*.

Le fonctionnement est le suivant : La roue R est arrêtée par sa dent 1 contre le repos *e*, et le balancier tourne dans le sens qu'indique la flèche. Le doigt de dégagement *b* atteint l'extrémité du ressort *r*, lequel est prolongé suffisamment au-delà de la cheville *c*, et le bras *d* de la détente est repoussé vers la droite. Cette action a pour effet de dégager la dent 1, et notre dessin représente l'échappement au moment où le dégagement va être opéré.

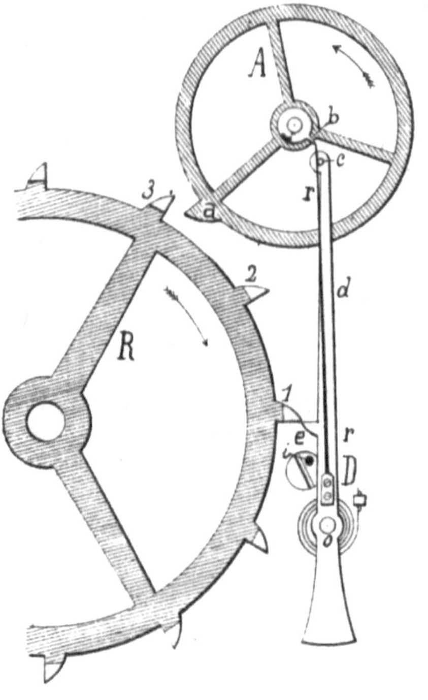

Fig. 157.

Le doigt *b* continuant sa rotation, il abandonne ensuite le petit ressort, et la détente se remet en place pour recevoir la dent 2 au repos, en *e*. La roue, dans sa rotation, atteint, par sa dent 3, le levier *a*, et communique au balancier une impulsion dans le sens marqué par la flèche.

Après avoir parcouru son arc supplémentaire, le balancier revient en sens contraire ; le doigt *b* atteint de nouveau le ressort *r*, et celui-ci s'écarte de la cheville *c*, pour laisser passer le doigt de l'autre côté. C'est l'oscillation muette, au cours de laquelle la roue reste stationnaire. Les impulsions n'ont donc lieu que toutes les deux oscillations et dans un seul sens.

***

Nous avons, fig. 158, une autre construction d'Arnold. Il s'agit ici d'un échappement à détente-ressort.

La détente, D, est fixée à la platine par un pied *p* ; le ressort de rappel, *n*, la maintient à son repos contre la vis *i* et l'y ramène lorsqu'elle en a été écartée.

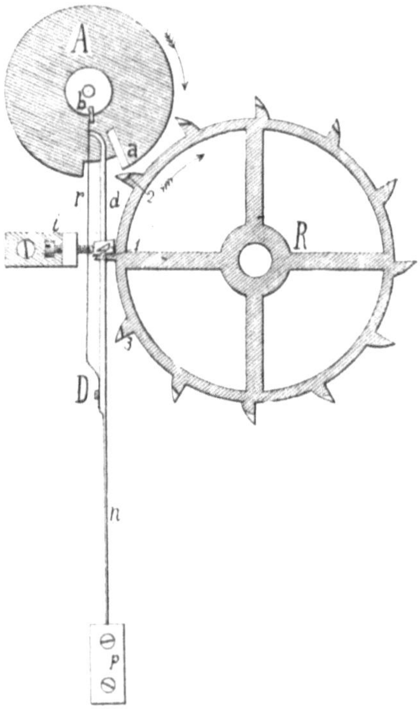

Fig. 158.

L'extrémité active des dents de la roue est en saillie sur le plan de cette dernière ; le dégagement de la dent qui est arrêtée par la palette de repos, — la dent 1 sur notre dessin, — se produit lorsque la détente a quitté l'appui contre *i*, et s'est rapprochée suffisamment du centre de la roue.

La détente porte, comme dans le mécanisme précédent, le ressort de dégagement *r*, qui s'appuie contre l'extrémité du bras *d*, et qui, par conséquent, ne peut fléchir que dans un sens, sous l'action du doigt *b*.

C'est ce doigt *b*, monté sur l'axe du balancier, qui règle le fonctionnement des autres organes de l'échappement. Quand il tourne dans le sens indiqué par la flèche, il fait fléchir le ressort *r*, et passe de l'autre côté, laissant la détente au repos. C'est l'oscillation muette, pendant laquelle la roue est retenue immobile par la palette de repos.

Quand le doigt *b* tourne dans l'autre sens, il atteint le ressort *r* à gauche ; celui-ci, étant appuyé à droite contre le bras *d* de la détente, ne peut céder seul, et la détente entière est repoussée. Elle fléchit sur son ressort *n* ; la palette de repos se rapproche du centre de la roue et laisse échapper la dent.

Le dégagement permet la rotation de la roue, et cette rotation a lieu comme la flèche l'indique ; la dent 2 atteint le levier *a*, formé au bord du plateau A, que porte l'axe du balancier, et lui donne une impulsion. Avant que cette impulsion soit terminée, le doigt *b* a abandonné le ressort *r*, et la détente s'est remise en place, prête à arrêter la roue par la dent 3, laissant ainsi le balancier osciller en parfaite liberté.

***

Earnshaw perfectionna encore d'une façon très heureuse la construction imaginée par son compatriote Arnold.

Il adopta une roue entièrement plate et fit travailler les dents par la pointe, c'est-à-dire sur le plus grand rayon possible ; il obtint ainsi une pression moindre sur le repos et une diminution de résistance au dégagement.

Pour le dégagement, la détente d'Earnshaw s'éloigne du centre de la roue, tandis que celle d'Arnold devait s'en rapprocher.

Earnshaw fit appuyer les dents sur la palette de repos par pression dans la direction du pied de la détente, alors qu'Arnold les faisait presser en sens opposé. À première vue, il semble que cette dernière méthode était préférable, mais il faut croire que la pratique démontra le contraire puisque les constructeurs adoptèrent la première.

Enfin Earnshaw donna une certaine inclinaison au levier d'impulsion, tandis qu'Arnold lui faisait viser le centre de rotation du balancier.

Ainsi perfectionné, l'échappement à détente devenait d'une exécution plus simple et plus facile ; il offrait moins de frottements, ce qui permit d'employer, à force égale, un balancier plus lourd et par conséquent réglant mieux.

Tous les horlogers de l'époque donnèrent la préférence à cette nouvelle construction.

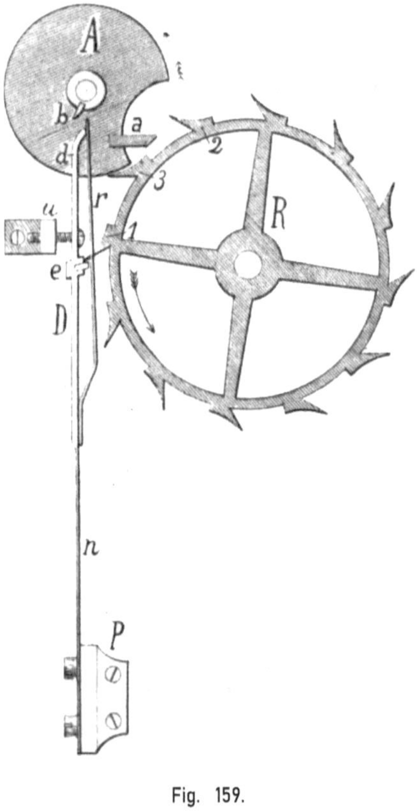

Fig. 159.

La fig. 159 nous montre l'échappement d'Earnshaw. Si on compare ses organes et leur mode de fonctionnement avec ceux du mécanisme moderne que nous donnons figure suivante, on voit que l'idée en a été conservée intégralement et que les changements apportés ne constituent qu'une variété de construction n'affectant pas le principe du mécanisme lui-même.

***

Les figures 160 et 161 nous montrent deux constructions modernes de l'échappement à détente ; la première avec détente-ressort et la seconde avec détente pivotée. Les mêmes organes étant désignés par les mêmes lettres sur chaque dessin, on saisira tout de suite les analogies de construction et de fonctionnement de ces deux mécanismes.

La détente D, flexible sur son ressort de rappel *n* (détente-ressort) ou pivotant en *o* (détente pivotée), porte la palette de repos *e*, contre laquelle les dents de la roue font arrêt. À l'état de repos, et sous l'action de son ressort de rappel *n*, ou du ressort spiral s, cette détente s'appuie contre une vis de rappel ou contre un limaçon, *u*, qui sert à régler la pénétration de la palette *e*, dans l'intérieur de la circonférence de la pointe des dents.

La détente porte le ressort de dégagement *r* ainsi que le bras *d* ; ces deux organes, le premier appuyé contre le second, aboutissent à une petite distance du centre du balancier, pour travailler avec le doigt *b*, monté sur l'axe de l'organe régulateur. L'appui du ressort *r*, contre l'extrémité du bras *d*, se fait de façon que le ressort puisse fléchir dans un sens et qu'il entraîne la détente si une action a lieu en sens contraire.

Nous avons enfin, sur l'axe du régulateur, le plateau A, muni de la palette

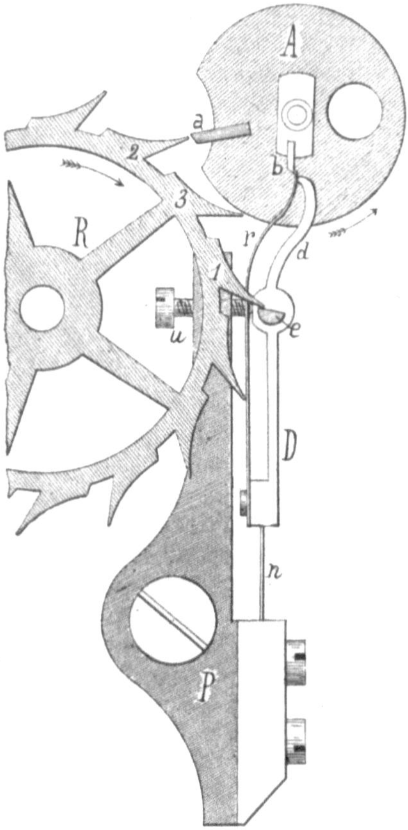

Fig. 160.

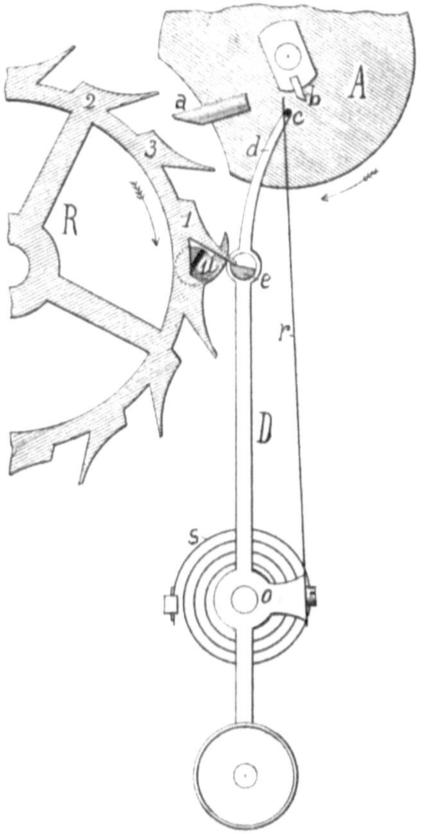

Fig. 161.

ou levier *a*, contre lequel agissent les dents de la roue pour l'impulsion.

Sur le dessin fig. 160, ce levier vise le centre du balancier, tandis que sur la fig. 161, sa direction est tangente à une circonférence égale au quart environ de celle du plateau A. Les constructeurs de chronomètres ne sont pas d'accord sur l'inclinaison à donner à ce levier ; certains l'inclinent jusqu'à la moitié du rayon du plateau. Il a été reconnu cependant que c'est avec un levier visant le centre qu'on obtient le moins de frottements inutiles et le plus grand arc supplémentaire.

Sur ces deux dessins comme sur plusieurs autres du reste, nous mettons le bras *d* et le doigt *b* au-dessus du plateau A, ce qui nous permet de représenter tous les organes très clairement. En réalité, le doigt de dégagement se trouve généralement sous le plateau, et le bras *d* de la détente est dans le même plan. Suivons maintenant le fonctionnement de l'échappement.

La fig. 161 représente le mécanisme au moment de l'oscillation muette. La dent 1 de la roue est arrêtée en *e*, et le doigt *b*, tournant vers la gauche, va écarter le ressort *r* de la cheville *c*, contre laquelle il est appuyé, pour passer de l'autre côté, en laissant la détente en repos. Le balancier termine alors son oscillation en parfaite indépendance, puis il revient en sens contraire, (fig. 160).

Le doigt *b* atteint le ressort *r* de l'autre côté, et comme celui-ci ne peut pas céder, puisqu'il est appuyé contre le bras *d*, la détente entière est entraînée ; il en résulte le dégagement de la dent 1, qui abandonne son repos en *e*. La roue tourne ; la dent 2 atteint le levier a et donne, par son intermédiaire, une impulsion au balancier. Le doigt *b* n'entraîne la détente que de la quantité nécessaire pour que le dégagement ait lieu ; aussitôt que ce dégagement est opéré, la détente, sous l'action du ressort de rappel, retourne à son repos contre *u*, et elle est prête à arrêter une nouvelle dent ; cette dent, 3, arrive en *e*, après une petite chute à la fin de l'impulsion, c'est-à-dire lorsque la dent 2 abandonne le levier *a*.

***

La qualité fondamentale de l'échappement à détente, celle qui le rend supérieur à l'échappement à ancre pour la conservation du réglage, consiste dans le fait que l'impulsion de la roue est transmise directement au balancier, c'est-à-dire sans pièce intermédiaire. De plus, cette impulsion se faisant presque totalement à frottement sortant, le contact de la dent et du levier ne demande pas d'huile.

Le dégagement se fait dans d'excellentes conditions ; il a lieu très près du point mort du spiral, et l'isochronisme de ce dernier n'en subit aucune fâcheuse influence.

Aucun autre mécanisme ne réunit de pareilles qualités, et l'on peut dire que l'invention de l'échappement à détente a réalisé un immense progrès dans la chronométrie.

Il présente malheureusement certains défauts, qui n'ont pas permis son adaptation dans les montres de poche. Il ne se met pas en marche de lui-même lorsqu'on remonte le ressort moteur ; le remontage a pour effet de faire appuyer une des dents de la roue contre le repos, et il faut donner une première impulsion au balancier pour la mise en marche.

En outre, dans une oscillation trop étendue, l'échappement à détente prend le galop, c'est-à-dire que deux dents de la roue passent pendant une même oscillation. Enfin, la roue peut sortir de son repos par suite d'une forte secousse, et il en résulte un arc-boutement entraînant l'arrêt de la montre.

Quoi qu'il en soit, un mécanisme d'une aussi grande supériorité ne pouvait manquer d'attirer l'attention des chercheurs et de tous les horlogers en général ; aussi les inventions faites dans le but de le perfectionner encore, et d'arriver à généraliser son emploi dans l'horlogerie courante sont-elles nombreuses. Mais il faut croire que les artistes qui ont créé l'échappement à détente sont arrivés presque d'emblée à toute la perfection possible, puisqu'il n'est résulté de ces tentatives que quelques améliorations de détail, et la certitude que ce mécanisme ne supplantera jamais l'échappement libre à ancre dans les montres et les chronomètres de poche.

Toutes ces tentatives n'en sont pas moins intéressantes, quelques-unes parce qu'elles ont une réelle valeur et les autres, plus nombreuses malheureusement, parce qu'elles sont des exemples de ce qu'il faut éviter. Nous allons en étudier un certain nombre en les décrivant avec quelques détails.

***

Le célèbre horloger danois, Urbain Jurgensen (1777-1830), qui s'était acquis une grande renommée par la construction d'excellents chronomètres et de pendules astronomiques, a établi l'échappement à détente en employant une double roue, ainsi que le montre la fig. 162.

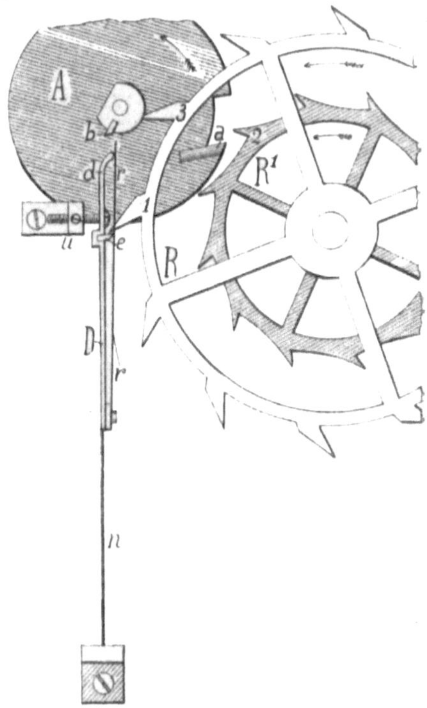

Fig. 162.

Cette construction avait pour but, tout en conservant l'arrêt de la roue par les pointes des dents et par le plus grand rayon possible, d'augmenter la longueur du levier d'impulsion. Cette longueur est bien plus grande, par rapport au diamètre de la roue d'impulsion, que dans l'échappement ordinaire ; la menée devient plus douce et plus courte, et les chances d'arrêt au doigt sont diminuées. La roue de repos agissant au contraire par un grand rayon, la pression est plus faible et le dégagement plus facile.

Les roues, n'ayant chacune qu'une fonction à effectuer, peuvent être plus minces que celle de l'échappement ordinaire ; la roue de repos surtout, peut, sans inconvénient, être très mince, et l'ensemble n'est pas plus lourd qu'avec une seule roue épaisse.

Cet échappement a, du reste, subi ensuite la même transformation que l'échappement duplex, c'est-à-dire qu'on a mis une seule roue avec les dents d'impulsion relevées de champ. L'usage de deux roues facilitait cependant la mise au point des fonctions.

Somme toute, l'auteur de ce mécanisme était bien placé pour en obtenir de bons résultats, mais, à succès égal, l'échappement à roue simple est encore préférable.

***

Nous avons, fig. 163, un échappement de construction moderne, mais qui ressemble singulièrement à la première construction adoptée par Ferdinand Berthoud et représentée par la fig. 155.

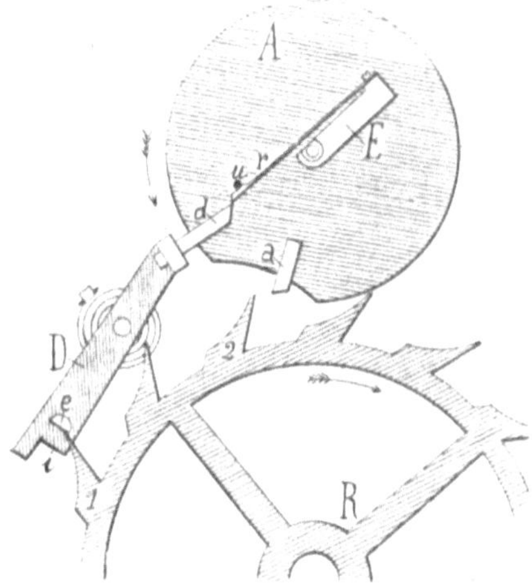

Fig. 163.

C'est un échappement à détente pivotée, et son auteur a cherché à obtenir plus de stabilité dans l'organe principal du mécanisme. Il a placé le centre de pivotement, entre le repos et le bras de dégagement ; il prétend obtenir ainsi un repos stable avec moins de tirage, et un dégagement s'effectuant sans effort.

Le ressort de dégagement n'est pas fixé à la détente ; il est monté sur une pièce, E, fixée à l'axe du balancier ; sa tête est appuyée contre la cheville *u*.

Notre dessin représente le mécanisme au moment où l'action du dégagement commence. Le balancier tourne dans le sens de la flèche, et le ressort *r* atteint l'extrémité *d* de la détente. Le ressort ne pouvant fléchir du côté de *u*, il entraîne la détente, et celle-ci, quittant son appui contre la cheville *i*, laisse passer la dent 1.

L'impulsion est donnée alors par la dent 2 agissant sur le levier *a*. Le ressort *r* abandonne la détente et celle-ci, sous l'action de son ressort spiral, reprend sa position de repos contre la cheville *i*.

Quand le balancier revient en sens contraire, le ressort *r* fléchit et glisse contre l'extrémité du bras *d*, pour passer de l'autre côté, la détente restant en place.

La détente est d'une construction très simple ; elle est faite d'une simple lame de métal à l'extrémité de laquelle on ajuste une pièce semblable à un piton de spiral, dans laquelle est monté le bras *d*.

Le piton tourne à frottement gras sur sa tige, et le bras *d* peut être avancé ou reculé, de sorte que le réglage des fonctions est facile.

⁂

Le mécanisme représenté fig. 164 a été construit, en 1860, par M. Drompt, professeur à l'école d'horlogerie de Cluses, non pas en vue de créer un échappement nouveau, mais pour adapter l'échappement à détente dans une pièce dont la disposition ne permettait pas de loger un mécanisme de la construction habituelle.

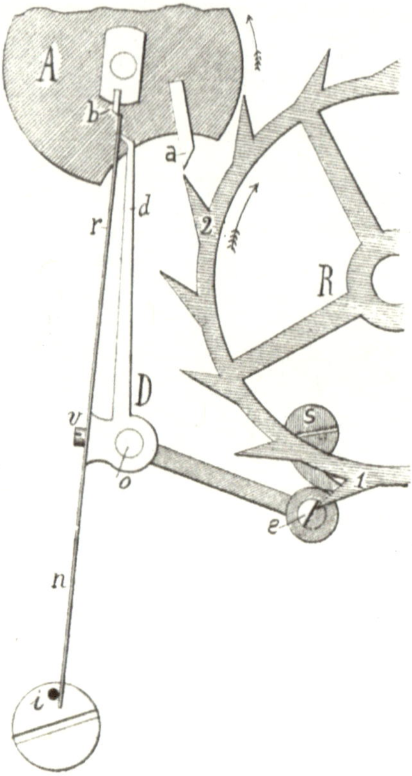

Fig. 164.

La détente D pivote en *o*, et son bras *e* porte la palette de repos. Le ressort de dégagement, *r*, est fixé par la vis *e*, et sa fonction nous est connue. Ce ressort est prolongé en *n*, jusqu'au plot d'appui *i*, monté sur un excentrique au moyen duquel on règle la tension. Cette partie *n* du ressort remplit la fonction du ressort de rappel, c'est-à-dire qu'elle ramène la détente à son repos, après le dégagement. Ce repos est à l'appui du bras *e* contre le limaçon *s*.

Il n'y a rien de changé aux organes qui sont montés sur l'axe du balancier, et on connaît leur fonctionnement ; le mécanisme est représenté au moment où le dégagement de la dent 1 va se produire, pour permettre à la dent 2 d'agir sur la palette d'impulsion *a*.

Un autre directeur d'école d'horlogerie, M. J. Grossmann au Locle a présenté à l'Exposition de Genève, en 1896, l'échappement à détente qu'on voit fig. 165.

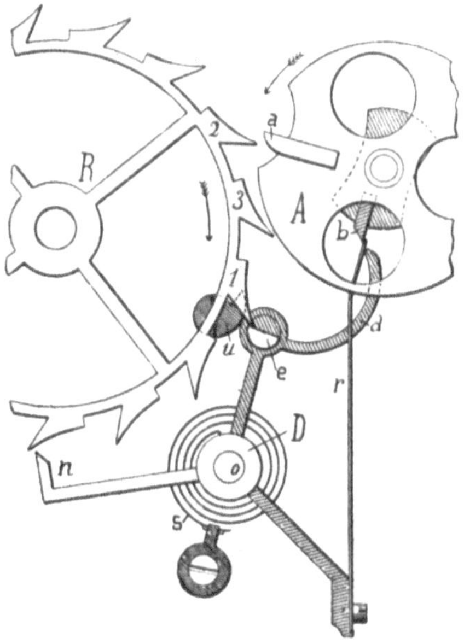

Fig. 165.

Ce qui frappe surtout dans cette construction, c'est la direction donnée au ressort *r* ainsi que la longueur réduite de la détente. Cette disposition a été adoptée en vue d'obtenir une sûreté plus grande dans le travail du doigt de dégagement *b*, avec le ressort *r* ; il en résulte une fonction absolument sûre, ainsi qu'une résistance au dégagement réduite au minimum.

Une autre particularité se remarque dans ce mécanisme ; c'est le bras supplémentaire *n*, adapté à la détente et dont l'extrémité pénètre à l'intérieur de la circonférence tracée par les pointes de dents de la roue, aussitôt que la détente est écartée de sa position de repos contre *u*. Cette construction a pour but de remédier à un défaut de l'échappement à détente que nous n'avons pas encore signalé et qui consiste en ceci : quand on enlève le balancier sans avoir eu soin de désarmer complètement le ressort moteur, la dent en repos s'échappe à la moindre secousse et les dents suivantes frappent contre la palette de repos sans s'y arrêter ; il en résulte une détérioration complète de la roue, et quelquefois la rupture de la détente ou de quelque pivot. L'échappement peut donc être mis hors d'usage par suite d'un simple oubli ; on a bien essayé de remédier à la chose en ajustant une vis d'arrêt, qui, lorsqu'elle est tournée convenablement, empêche la rotation de la roue, mais on peut tout aussi bien oublier de mettre cette vis à l'arrêt, que de désarmer le ressort.

Le bras *n* agit d'une façon automatique ; si, le balancier étant enlevé, la dent 1 échappe de la palette *e*, une dent atteindra l'incliné du bras *n*, et le repoussera, ramenant ainsi la détente à un repos stable, avant l'arrivée d'une nouvelle dent en *e*.

L'échappement de M. Grossmann présente, on le voit, des avantages précieux.

***

La figure suivante, fig. 166, nous montre un échappement à détente pivotée, muni d'un dispositif destiné à empêcher la roue de sortir de son repos par une secousse, pendant la marche. Nous voyons toujours la détente D, avec son ressort de dégagement *r*, qui travaille avec le doigt *b*, monté sur l'axe du balancier.

Au-delà de la cheville *c*, qui sert d'appui au ressort *r*, le bras d est prolongé jusqu'en *n*, et se termine par un bec qui peut pénétrer dans une coche pratiquée au plateau B. Quand la détente est au repos, c'est-à-dire quand elle est appuyée contre la cheville *u*, la pointe de ce bec *n*, est à une petite distance de la circonférence du plateau B, et le dégagement ne peut se produire que lorsque la coche du plateau est en face de ce bec.

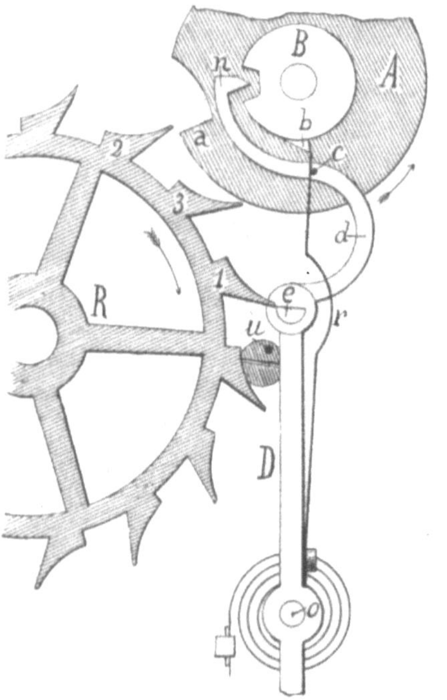

Fig. 166.

C'est ce qui a lieu dans la phase représentée par notre dessin ; le doigt *b* a écarté le ressort *r* qui entraîne la détente ; le bec *n* pénètre dans la coche de B, et la palette *e* laisse passer la dent 1. Le doigt *b* abandonne ensuite le ressort *r*, et la détente, sous l'influence de son ressort spiral, reprend son repos contre le plot *u*. Elle est alors maintenue entre ce plot et le bord du plateau B ; le dégagement de la dent en arrêt contre *e* ne peut plus se produire avant le retour de la coche vis-à-vis du bec *n*. Les impulsions ont lieu par l'action des dents de la roue contre le levier *a* et, dans l'oscillation muette, le doigt *b* fait comme d'habitude, fléchir le ressort *r*, pour passer de l'autre côté.

On comprend que le bord du plateau B, correspondant au bec *n*, se trouve dans un autre plan que le doigt *b*. Le bras *d n*, ainsi que le plateau B, se trouve, en réalité, sous le plateau A.

***

L'invention représentée par la fig. 167 est assez récente, ce qui ne veut pas dire qu'elle vaut mieux que nombre d'autres qui n'ont donné aucun résultat en pratique.

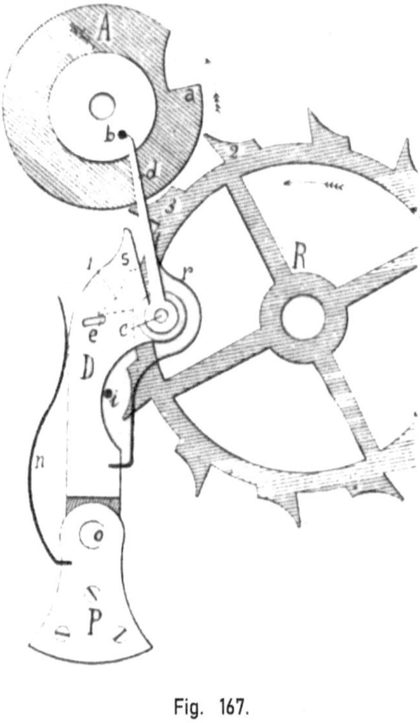

Fig. 167.

La détente D pivote au point *o* du pied P ; elle porte le repos *e*. Un ressort, *n*, la presse constamment contre l'appui *i*. Elle porte, pivotant en *c*, le bras de dégagement *d*, qu'un ressort, *r*, tend à repousser constamment à sa position d'appui contre le bec *s*.

Le doigt de dégagement est constitué par une cheville *b*, portée par un petit plateau ; le second plateau A, plus grand, est entaillé en *a*, pour former le levier d'impulsion.

L'échappement est représenté au moment de l'oscillation muette ; le doigt *b* écarte le bras *d* du bec *s*, la détente restant en place et la dent 1 de la roue appuyée contre le repos *e*. Aussitôt le doigt *b* passé, le ressort *r* repousse le bras *d* à sa position de repos.

Revenant en sens inverse, le doigt *b* atteint de nouveau l'extrémité du bras *d*, mais cette fois, c'est la détente entière qui est repoussée ; elle tourne sur son pivot *o*, et la palette de repos *e* laisse échapper la dent 1. À ce moment, le levier *a* se trouve en face de la dent 2, et celle-ci lui donne l'impulsion. Sous l'influence du ressort *n*, la détente se remet en place aussitôt que le doigt *b* a abandonné le bras *d*, et elle arrête de nouveau la roue par la dent 3.

*
* *

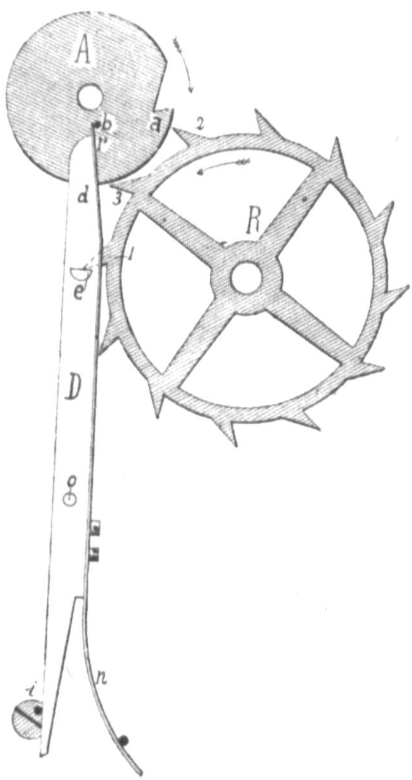

Fig. 168.

Nous avons, fig. 168, une tentative d'introduction de l'échappement à détente dans les réveils à bas prix, en remplacement de l'échappement à cylindre ou à ancre.

Nous disons tentative, car nous ne pensons pas que cet essai, malgré les espérances fondées, ait donné un résultat satisfaisant à la pratique. C'est un mécanisme dont la construction est certainement économique, mais il a toujours les défauts qui s'opposent à l'emploi de l'échappement à détente dans les appareils horaires exposés aux secousses.

La détente D est formée d'une simple pièce de laiton mince, aussi légère que possible, pivotant en *o* et portant en *e* la cheville de repos. Au côté de cette pièce court un long ressort *r n*, fixé vers le milieu de sa longueur, et dont la partie *n* sert, en s'appuyant contre une cheville de la platine, à maintenir la détente au repos contre le plot *i*. La partie *r* de ce ressort sert au dégagement et fonctionne comme dans tout autre échappement à détente, c'est-à-dire qu'il fléchit en s'éloignant de l'extrémité du bras *d* de la détente, et qu'il sert à repousser ce bras pour la fonction du dégagement.

C'est une simple cheville *b*, implantée dans le plateau A, et travaillant avec l'extrémité de *r*, qui fait office de doigt de dégagement. Cette cheville doit être en laiton si le ressort *r* est en acier.

Une entaille *a*, pratiquée au bord du même plateau, forme le levier d'impulsion.

L'inventeur de cet échappement dit en avoir obtenu, au point de vue du réglage, d'excellents résultats. Nous n'en doutons pas, mais les essais n'ont probablement pas été faits en tenant suffisamment compte des ébranlements, chocs ou secousses auxquels sont exposées les pièces d'horlogerie d'usage courant.

***

C'est également en vue d'une application de l'échappement à détente à l'horlogerie courante qu'a été construit le mécanisme que montre la fig. 169.

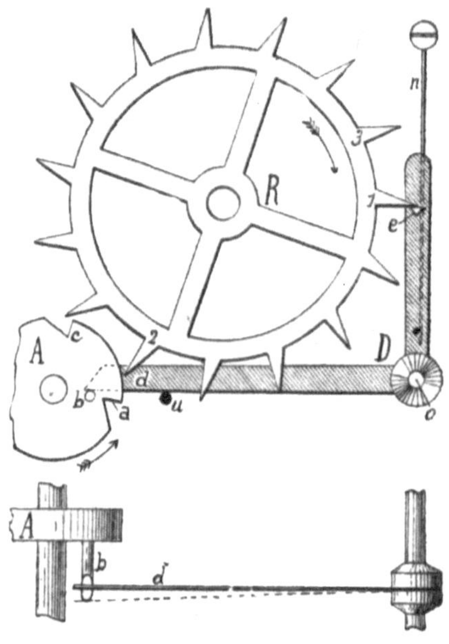

Fig. 169.

La détente D, en forme d'équerre, pivote en *o* ; un de ses bras porte la palette de repos *e*, ainsi qu'une cheville contre laquelle appuie le ressort de rappel *n*, pour maintenir la détente contre son arrêt *u*.

Il n'y a pas de ressort de dégagement, ou plutôt, c'est le second bras, *d*, de la détente qui en tient lieu. Ce bras, formé d'une lame très mince, surtout vers *o*, peut fléchir dans le sens de la hauteur, ainsi que le fait voir le dessin en élévation que nous donnons sous la figure principale.

C'est la cheville de dégagement *b*, attenant au plateau A de l'axe du balancier, qui fait fléchir le bras *d*. L'extrémité de cette cheville porte un incliné qui, lorsque l'axe tourne dans le sens opposé à celui qu'indique la flèche, force le bras *d* à s'abaisser, celui-ci ne pouvant céder horizontalement à cause du plot *u*. Aussitôt la cheville passée, le bras se redresse ; c'est l'oscillation muette.

Dans l'oscillation en sens contraire, la cheville *b* présente son dos, qui est droit, au bras *d*, et ce dernier s'écarte de *u*. Le dégagement de la dent 1, en repos contre *e*, se produit, et la dent 2 donne une impulsion sur le levier *a*. La détente se remet en place sous l'action du ressort *n*, pour arrêter la roue par la dent 3.

La figure principale représente le mécanisme au moment où le dégagement va avoir lieu, tandis que le dessin en élévation nous le montre au moment de l'oscillation muette ; la cheville abaissant le levier, pour passer par-dessus.

Cet échappement était destiné à des pendulettes ou réveils munis d'un tambour de barillet fixe, système ancien occasionnant, pendant le remontage, le recul du rouage. L'arrêt au doigt était inévitable, c'est pourquoi l'inventeur a pratiqué, en *c*, une seconde entaille au plateau A, au moyen de laquelle la roue d'échappement, étant actionnée à rebours, lance le balancier suffisamment pour qu'il reprenne ensuite sa marche de lui-même.

***

La disposition imaginée par Arnold se retrouve dans l'échappement fig. 170, qu'un horloger anglais a fait breveter il y a quelques années.

Nous voyons la roue appuyant contre la palette de repos, dans la direction opposée à celle du pied de la détente : cela permet, d'après l'inventeur,

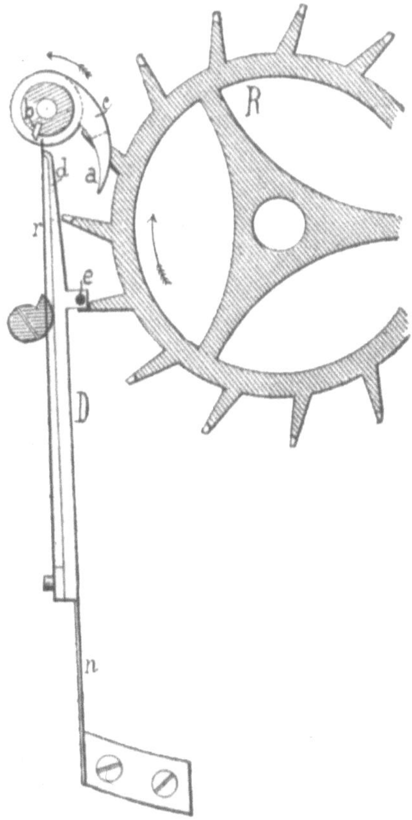

Fig. 170.

d'avoir un ressort de rappel très faible, ce qui n'est pas possible quand les dents appuient contre le pied, car il faut alors un ressort suffisamment fort pour éviter le vacillement.

Nous constatons, en outre, que, pour l'action du dégagement, il faut que la détente se rapproche du centre de la roue et, à cet effet, les dents de cette dernière sont en saillie verticale. La palette de repos est constituée par une simple cheville ronde, dont la forme aiderait le dégagement au moment où elle atteint le coin intérieur de la dent.

Ce qui constitue la nouveauté de ce mécanisme, c'est la forme et la longueur du levier d'impulsion *a* ; celui-ci passe au-dessus des dents de la roue, et il est entaillé, à cet effet, par-dessous, en *c*, entre les lignes pointillées.

Quand le dégagement a eu lieu, les dents atteignent le flanc de la partie non entaillée du levier *a*, et leur action commence à partir de la ligne des centres ; on a une impulsion qui s'opère dans les meilleures conditions possibles.

Au cours de l'oscillation muette, le fonctionnement du doigt *b* avec le ressort *r*, est celui que nous connaissons déjà.

***

Nous ne comprenons pas du tout pour quel motif M. Gabus, l'auteur de l'échappement représenté fig. 171, dont la construction remonte à 1860, a donné à sa détente la forme particulière qu'on voit sur le dessin ci-dessous. Cette forme, qu'à notre avis, rien de sérieux n'explique, l'oblige à employer un ressort de dégagement excessivement court, dont la fonction est rendue très délicate.

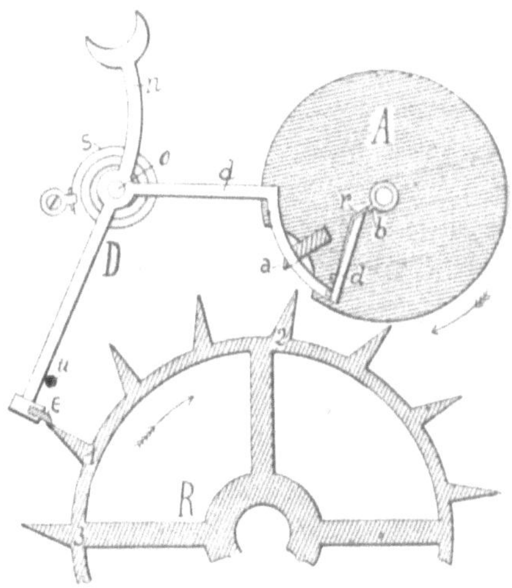

Fig. 171.

Les autres particularités de ce mécanisme sont : un doigt de dégagement *b*, très court aussi, c'est-à-dire travaillant très près du centre du balancier ; des dents de roue dont le flanc actif est dirigé suivant le rayon ; un levier d'impulsion dont la face qui reçoit l'action des dents est formée selon une courbe épicycloïdale.

Ces modifications apportées au mécanisme classique, ont pour but de donner un dégagement plus facile ainsi qu'une force d'impulsion mieux utilisée. Il faut croire que les horlogers de l'époque n'ont pas trouvé dans cet échappement les qualités que son auteur lui attribuait, car aucune utilisation pratique n'en a été faite.

Notre dessin représente le mécanisme au cours de l'oscillation muette, au moment où le doigt *b* écarte le ressort *r* du bras *d* de la détente, pour passer de l'autre côté. La détente reste immobile, appuyée, sous l'influence du ressort spiral *s*, contre le plot *u*, et elle maintient la roue en arrêt, par sa palette *e*.

Le balancier tournant ensuite dans l'autre sens, le doigt *b* fait pivoter la détente ; la palette *e* laisse passer la dent 1, et la dent 2 donne l'impulsion. On voit qu'il n'y a absolument rien de changé au principe du fonctionnement.

***

Le dessin suivant, fig. 172, nous présente une variété de construction assez intéressante.

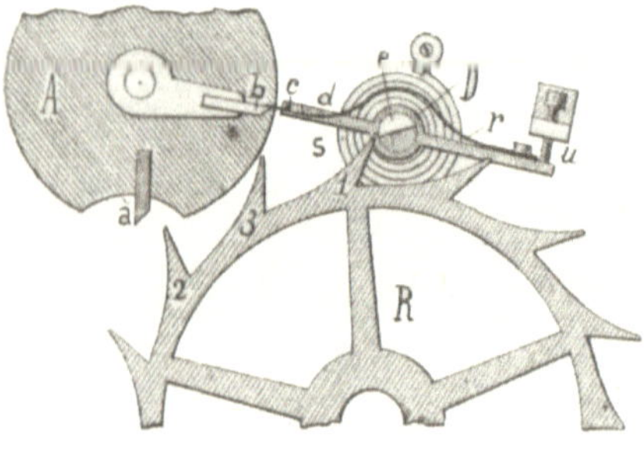

Fig. 172.

La palette de repos, *e*, est constituée comme d'habitude par un demi-rouleau, mais les dents de la roue s'appuient, non pas contre la face diamétrale, mais contre la face cylindrique. Ce demi-rouleau ne s'éloigne pas de la roue, il tourne sur lui-même, et une dent passe lorsque la partie entaillée fait face au centre de la roue.

La détente D, qui est très légère, a son centre de pivotement commun avec celui du demi-rouleau. Un ressort spiral, *s*, la ramène à son repos contre la vis *u*, lorsqu'elle en a été écartée. Elle porte le ressort de dégagement *r*, qui s'appuie contre une cheville, *c*, implantée à l'extrémité du bras *d*.

Le doigt *b*, monté sur l'axe du balancier, agit sur l'extrémité du ressort *r*, à la façon habituelle, et cette action a lieu, dans cette construction, à une plus grande distance du centre, ce qui donne un dégagement plus facile.

Sur l'axe du balancier, on voit, comme toujours, le plateau portant le levier d'impulsion *a*, contre lequel agira la dent 2, après le dégagement de la dent 1.

Le fonctionnement de ce mécanisme est, sauf l'action de la palette de repos *e*, semblable à celui de l'échappement classique à détente.

***

Un certain nombre de chercheurs ont dirigé leurs efforts vers la suppression d'un, ou même des deux ressorts, dont la délicatesse rend l'échappement à détente inaccessible aux horlogers peu expérimentés.

Le mécanisme qu'on voit fig. 173 n'a pas de ressort de dégagement ; celui-ci est remplacé par une petite bascule pivotée, *r*, dont le plus long bras travaille avec le doigt de dégagement *b*, pendant que le plus court, formé

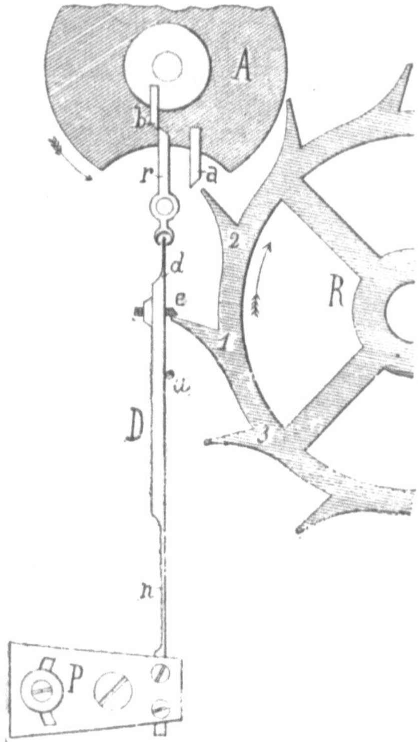

Fig. 173.

en croissant presque fermé, maintient, entre ses deux branches, l'extrémité de la détente D.

L'action du doigt *b*, exercée suivant le sens de rotation marqué par la flèche, a pour effet de pousser la bascule *r* vers la droite, et d'éloigner la détente de la roue ; il s'ensuit le dégagement de la dent 1 qui est en repos en *e*, et l'impulsion par la dent 2 agissant contre la palette *a*.

Dans la rotation du balancier en sens contraire, le doigt *b* pousse la petite bascule *r* vers la gauche ; le déplacement correspondant du petit bras, portant le croissant, est très minime, et le jeu réservé à la détente, entre les deux branches de ce croissant, est suffisant pour que la détente elle-même ne subisse aucun déplacement.

Le doigt *b* passe ainsi de l'autre côté de la bascule *r* et, à l'oscillation suivante, il est en position, ainsi que le dessin le représente, pour opérer le dégagement de la nouvelle dent 3, qui est tombée en repos contre la palette *e*.

Le remplacement du ressort de dégagement par une pièce pivotée n'est certes pas une idée heureuse, car c'est une complication du mécanisme, aggravée d'une diminution de la sûreté du fonctionnement.

***

Il n'y a qu'un seul ressort aussi, dans l'échappement que représente la fig. 174. Ce ressort est à double effet, et, tout en faisant fonction de ressort de rappel, il permet à la détente de se déplacer pour laisser passer le doigt *b* au cours de l'oscillation muette.

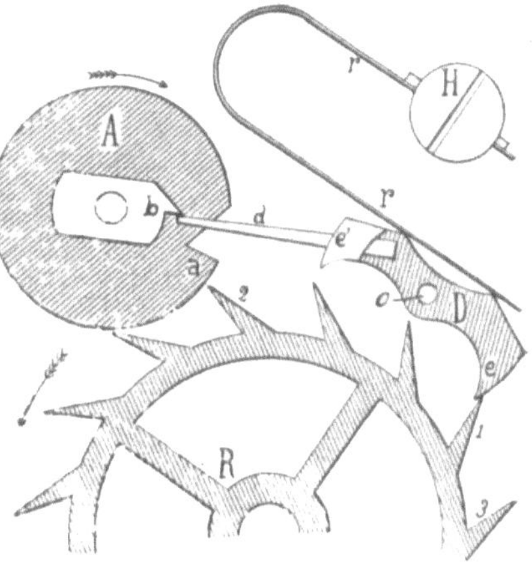

Fig. 174.

R est la roue d'échappement, dont le sens de rotation est indiqué parla flèche. D est la détente, contre la face *e* de laquelle les dents de la roue font arrêt. Cette détente pivote en *o*, et son extrémité *e'* sert de levier de sûreté. Dans cette extrémité, dont l'épaisseur est doublée, est ajustée la tige de dégagement *d*, qui travaille avec le doigt *b*, monté sur l'axe du balancier.

Un ressort *r*, fixé dans un piton H, appuie, par son extrémité libre, contre le dos de la détente, sur deux points, de chaque côté du centre de son mouvement, et ramène constamment cette détente dans la position où nous la voyons sur le dessin, que son déplacement ait eu lieu dans un sens ou dans l'autre.

Nous avons, en outre, sur l'axe du balancier, le plateau d'impulsion A avec son levier *a*.

Le dégagement est effectué par le doigt *b*, agissant sur le bras *d*, de façon à faire sortir le levier e de l'intérieur de la circonférence des dents ; la dent 1 échappe et, à ce moment, le levier *a* se présente à la dent 2 pour recevoir l'impulsion, pendant que la détente, sous l'action du ressort *r*, se remet en place pour arrêter la dent 3.

À l'oscillation suivante, qui est une oscillation muette, le doigt *b* écarte le bras *d* en sens contraire, pour passer de l'autre côté. Le levier *e* pénètre alors plus profondément dans la circonférence de la roue ; aussitôt le doigt passé, la détente reprend sa position de repos, le levier retenant la dent qui y est appuyée.

Ce mécanisme est simple, et sa disposition n'est pas sans valeur.

Le suivant, fig. 175, est encore plus simple.

La détente est réduite au bras *d*, pivotant sur le même centre que le demi-rouleau *e*, contre lequel les dents de la roue font arrêt. Un ressort *r*, appuyant contre la face diamétrale du demi-rouleau, maintient celui-ci dans la position convenable pour que l'arrêt des dents se produise, et le ramène dans cette position quand il en a été écarté.

C'est le doigt *b*, agissant sur le bras *d*, qui donne au demi-rouleau le mouvement de rotation provoquant l'échappement de la dent qui est en repos. Quand ce doigt *b* tourne, avec le balancier, dans le sens indiqué par la flèche, il entraîne le bras *d* vers la droite, et le demi-rouleau prend une position qui permet à la dent en repos de passer.

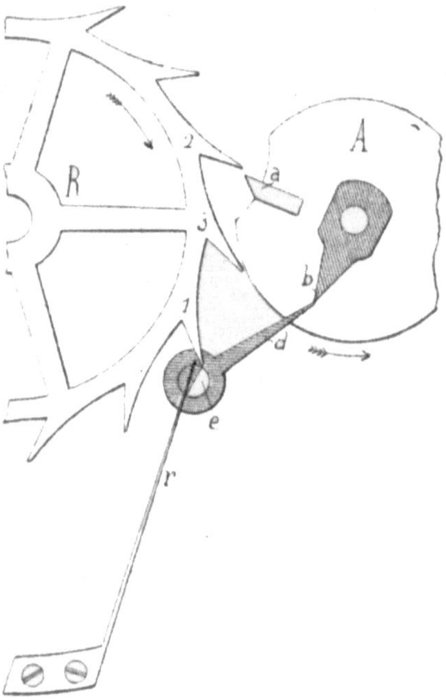

Fig. 175.

Sur notre dessin, on voit la dent 1 sur le point d'échapper, et, aussitôt après, le doigt *b* abandonne le bras *d*. Le ressort *r*, appuyant contre la partie entaillée du demi-rouleau, ramène la détente à sa position de repos, c'est-à-dire le bras *d* dirigé vers le centre de rotation du balancier, et le demi-rouleau *e* présentant sa face cylindrique à la pointe des dents.

Dans l'oscillation muette, le doigt *b* écarte le bras *d* vers la gauche, et la dent, qui est en repos contre *e*, reste immobile puisqu'elle continue à s'appuyer contre le pourtour du demi-rouleau. Quand le doigt *b* a passé, la détente reprend, sous l'action du ressort *r*, sa position de repos, la dent en arrêt n'ayant pas bougé. Elle conserve cette position jusqu'à l'impulsion suivante qui a lieu, de nouveau, dans le sens qu'indique la flèche. L'impulsion se produit comme d'habitude par l'action des dents contre le levier *a*.

Dans cet échappement, le bras *d* reste trop longtemps en contact avec le doigt *b*, ce qui est nuisible.

De plus, l'adhérence du ressort contre le plat du demi-rouleau est sujette à des variations préjudiciables.

***

L'échappement que nous voyons fig. 176 a été établi, vers 1850, par un habile horloger de l'époque, M. Gontard.

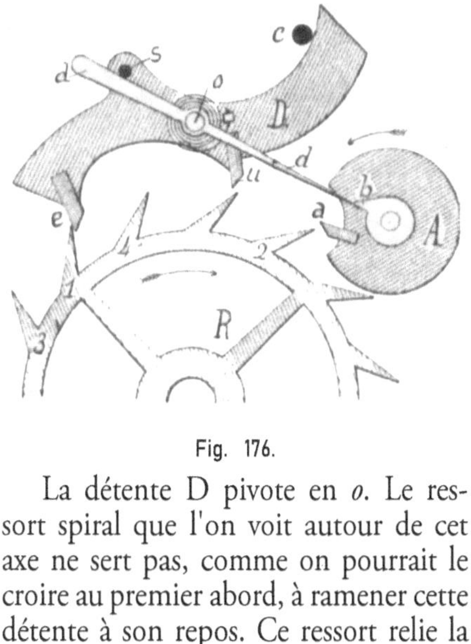

Fig. 176.

La détente D pivote en *o*. Le ressort spiral que l'on voit autour de cet axe ne sert pas, comme on pourrait le croire au premier abord, à ramener cette détente à son repos. Ce ressort relie la détente au levier *dd* qui pivote, d'une façon indépendante, sur le même axe ; il sert à ramener ce levier contre la cheville d'arrêt *s*, lorsqu'il en a été écarté par le doigt de dégagement *b*, quand celui-ci, monté sur l'axe du balancier, tourne vers la droite.

Dans l'oscillation en sens contraire, indiquée par une flèche, le doigt *b* agit de nouveau sur le levier *d*, mais dans la direction opposée ; la cheville *s* s'oppose au mouvement isolé de ce levier, et la détente entière se déplace.

La palette de repos *e* laisse échapper la dent 1, et l'impulsion a lieu par l'action de la dent 2 contre le levier *a*, monté sur l'axe du balancier.

La roue parcourt l'espace correspondant à celui qui existe entre deux pointes de dents et, vers la fin de ce trajet, la dent 4 rencontre sur son chemin la palette *u*, qui avait pénétré à l'intérieur de la circonférence de la roue. La dent 4 repousse cette palette, et cette action a pour effet de remettre la détente en place contre son plot d'appui *c*. Dans cette position, la palette de repos *e* est prête à arrêter la dent suivante 3, jusqu'au moment du nouveau dégagement.

M. Gontard a appliqué ce mécanisme à des pendules de voyage, et il en a obtenu de bons résultats.

***

L'inventeur du mécanisme qu'on voit fig. 177, a supprimé aussi le ressort de rappel, c'est-à-dire le ressort servant à remettre la détente à son point de repos, une fois le dégagement opéré.

Ce sont les dents de la roue qui repoussent la détente, en agissant sur une seconde palette portée par celle-ci.

Cette détente D, qui pivote en *o*, porte le ressort de dégagement *r*, lequel s'appuie contre l'extrémité du bras *d*, et travaille avec le doigt *b*, monté sur l'axe du balancier. Une petite ancre, qui fait corps avec la détente, porte, d'une part, une palette de repos *e*, et d'autre part une palette de levée *u*. C'est en agissant contre cette dernière que les dents de la roue repoussent la détente contre son plot d'arrêt *i*, après le dégagement.

Voici du reste la suite des fonctions : le balancier tourne comme la flèche l'in-

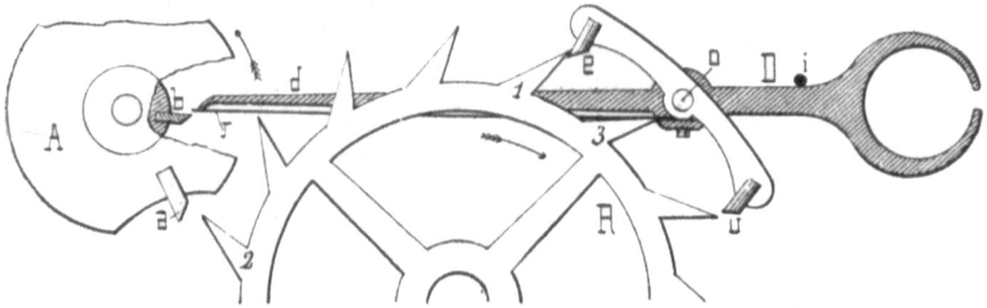

Fig. 177.

dique, et le doigt *b* va atteindre l'extrémité du ressort *r*, et repousser le bras *d* de la détente. La dent 1, en arrêt contre *e*, sera dégagée ; la roue entrera en rotation et, par sa dent 2, donnera une impulsion sur le levier *a*. Au moment où cette impulsion se termine, la dent 3 atteint la palette *u*, qui est entrée à l'intérieur de la circonférence des dents, et repousse cette palette. De ce fait, la détente retourne instantanément à son repos contre *i*, et la palette *e* est en position pour un nouvel arrêt de la roue.

Dans l'oscillation en sens contraire, le doigt *b* ne fait qu'écarter le ressort *r*, de l'extrémité du bras *d* et passe de l'autre côté de ce ressort.

Le fonctionnement est donc absolument celui de l'échappement à détente classique, mais le rappel de la détente est obtenu, comme dans le mécanisme précédent, par l'action de la roue contre la palette *u*, au lieu de l'être par l'action d'un ressort.

***

Il n'y a plus aucun ressort dans le mécanisme suivant, fig. 178, pas plus pour ramener la détente à son repos que pour opérer le dégagement. Les organes sont : la roue R, la détente D, qui pivote en *o*, et, sur l'axe du balancier, la cheville de dégagement *b* et le levier d'impulsion *a*.

L'arrêt de la roue se fait, en *e*, contre un rubis encastré dans l'extrémité de la détente ; on a laissé, en *s*, une petite saillie qui sert à assurer la stabilité de la détente. Une autre saillie se voit en *u*, contre laquelle les dents de la roue appuient pour remettre la détente en place après l'impulsion. En *d*, nous avons le bras de dégagement travaillant avec la cheville *b*.

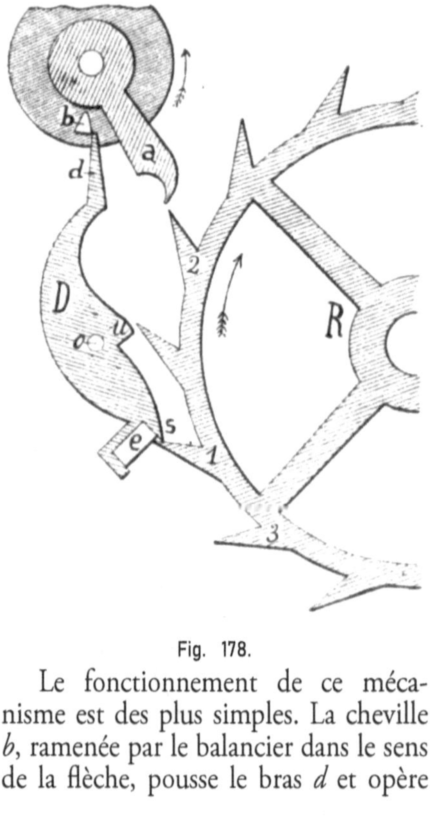

Fig. 178.

Le fonctionnement de ce mécanisme est des plus simples. La cheville *b*, ramenée par le balancier dans le sens de la flèche, pousse le bras *d* et opère ainsi le dégagement de la dent 1, qui est en repos contre l'arrêt *e*. Il se produit un petit recul à cause de la saillie *s*, qui assure le repos.

La roue étant libérée, la dent 2 atteint le levier *a* et opère l'impulsion. La dent 1 rencontre sur son passage la saillie *u* et repousse la détente, qui se remet en place, prête à arrêter la dent 3 en *e*.

Dans l'oscillation muette, la cheville *b* repousse le bras *d* vers la gauche, et l'extrémité *e* de la détente se rapproche du centre de la roue, produisant un léger recul de la dent qui est en repos. Une fois la cheville passée, la détente reprend sa position, maintenue en place par la dent qui appuie entre *e* et *s*.

***

Terminons ce chapitre par la description d'un échappement qui peut se placer en bon rang parmi les inventions vouées d'avance à un insuccès certain.

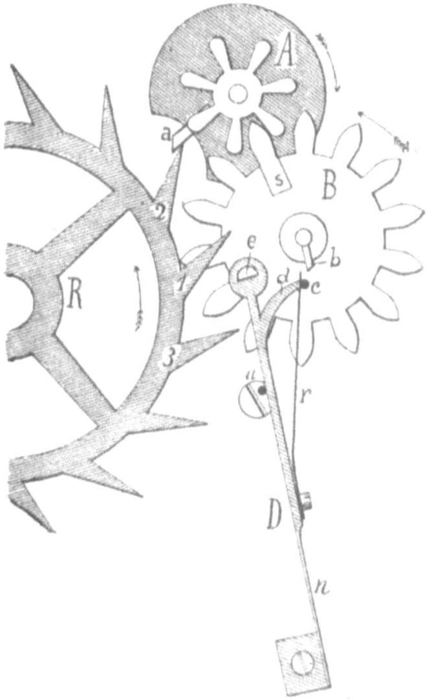

Fig. 179.

Dans ce mécanisme, fig. 179, nous voyons un organe supplémentaire, et cet organe est une roue dentée B, engrenant avec un pignon placé sur l'axe du balancier.

Le plateau A, monté sur l'axe du balancier, porte le levier d'impulsion *a*. Sur ce même axe se trouve un pignon de sept ailes engrenant,. avec la roue B, de quatorze dents. Cette roue est montée sur un axe supplémentaire qui porte également le doigt de dégagement *b*. Le fonctionnement de la détente D, munie de son ressort *r*, reste tel que nous le connaissons.

Le mécanisme est représenté au moment de l'impulsion. Le doigt *b*, tournant comme la flèche l'indique, a écarté la détente vers la droite, en agissant contre l'extrémité du ressort *r*. Le passage du doigt *b* étant effectué, la détente s'est remise en place, sous l'influence de son ressort de rappel, contre son plot de repos, mais elle a laissé échapper la dent 1 qui se trouvait arrêtée par la palette *e*. La dent 2 *a* atteint le levier *a* et lui communique une impulsion qui se terminera par l'arrivée de la dent 3 au repos en *e*.

L'inventeur de ce mécanisme a sans doute constaté, à la pratique, que son échappement offrait des frottements considérables et il a cherché à les diminuer en rapportant une dent de rubis, *s*, à la place de celle qui se trouve en prise au moment de l'impulsion.

Ce perfectionnement, qui est une complication de plus, n'a sûrement pas amélioré beaucoup l'invention.

Échappement à ancre

Vers l'époque où Pierre Le Roy, en France, imaginait le premier échappement libre, un horloger anglais, Thomas Mudge (1715-1794), élève de Graham, en construisait un autre, en utilisant le principe de l'échappement à ancre, inventé par son maître.

L'invention de l'échappement libre à ancre, pour les montres, a été réalisée vers 1760 ; elle diffère essentiellement de celle de l'échappement à détente, qui peut être considérée comme une transformation du duplex en échappement libre.

En effet, dans l'échappement à détente, les impulsions sont données directement à l'axe du balancier, comme dans le duplex, et elles n'ont lieu que dans un seul sens, c'est-à-dire pendant une oscillation sur deux.

Dans le mécanisme de Mudge, il y a impulsion à chaque oscillation et cette impulsion est transmise au balancier, par une pièce intermédiaire, qui est la fourchette.

C'est dans la combinaison de cette fourchette et dans son fonctionnement avec l'axe du balancier, que réside l'invention de Mudge. Cette invention semble n'avoir pas été bien comprise au début, car les traités d'horlogerie nous la représentent d'une façon incompréhensible.

Nous reproduisons, fig. 180, un dessin qui est donné dans plusieurs traités. Le fonctionnement de la roue avec l'ancre est celui que nous connaissons déjà ; inutile de nous y arrêter pour l'instant.

La communication entre l'ancre A et l'axe du balancier, est établie au moyen

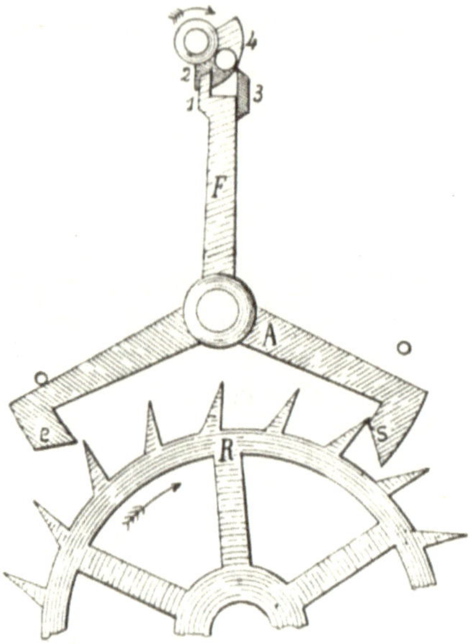

Fig. 180.

de la fourchette F, dont les fourchons 1 et 3 travaillent sur deux plans différents, avec les palettes 2 et 4, ajustées à l'axe du balancier. Telles qu'elles sont représentées, ces palettes ont une fonction qu'on ne peut s'expliquer et que la description qui accompagne cette figure n'éclaircit pas.

Dans son *Histoire de la mesure du temps*, publiée en 1802, Berthoud s'arrête complaisamment à ses propres échappements libres, en mentionne un de Robin, puis passe à la description de celui de Mudge et en donne le dessin que nous voyons fig. 181. Ce dessin se comprend encore moins que le précédent.

Dans l'*Histoire de l'Horlogerie* de Dubois[3], publiée en 1849, il n'est pas question de Mudge au chapitre de l'échappement libre à ancre. On nous

[3] Réédition Decoopman, 2017.

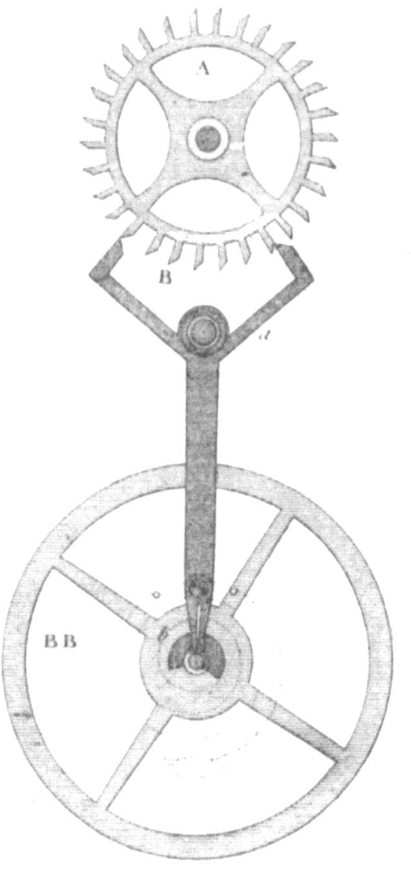

Fig. 181.

donne comme premier mécanisme de ce système celui que nous représentons plus loin, fig. 183.

Moinet, en 1877, reproduit la description de Berthoud et cherche à faire comprendre, sans y parvenir, en quoi elle est fautive. Il donne ensuite le dessin, fig. 180, et explique que les fourchons travaillent avec les palettes de l'axe du balancier, mais sans préciser comment.

Saunier, enfin, en 1861, nous dit qu'on attribue à Thomas Mudge la construction moderne qui permet l'égalité des deux levées et l'impulsion répétée à chaque vibration du balancier. Cet auteur dit que Mudge n'a publié son échappement qu'en 1799 et que, à une date qu'il ne peut préciser, mais qu'il croit antérieure à celle ci-dessus, un échappement basé sur le même principe avait été construit par Robin.

Le vague de cette affirmation saute aux yeux et son inexactitude est démontrée par le fait que Mudge est mort le 14 novembre 1794, à l'âge de 80 ans. La publication de son échappement a donc dû être faite bien avant 1799.

Après cette mise au point historique, nous essayerons, en nous basant sur les données recueillies, de reconstituer l'invention de Mudge, en établissant un dessin qui, s'il n'est peut-être pas exactement conforme à la construction de l'inventeur, a du moins le mérite de présenter un mécanisme dont le fonctionnement s'explique.

Cette reconstitution est montrée par la fig. 182, en trois positions différentes. À gauche, la fourchette est dans la position correspondante à celle de la fig. 180. Nous avons mis les plots d'arrêt vers l'extrémité de la fourchette, tandis que, dans le modèle de Mudge, ils sont derrière les bras de l'ancre.

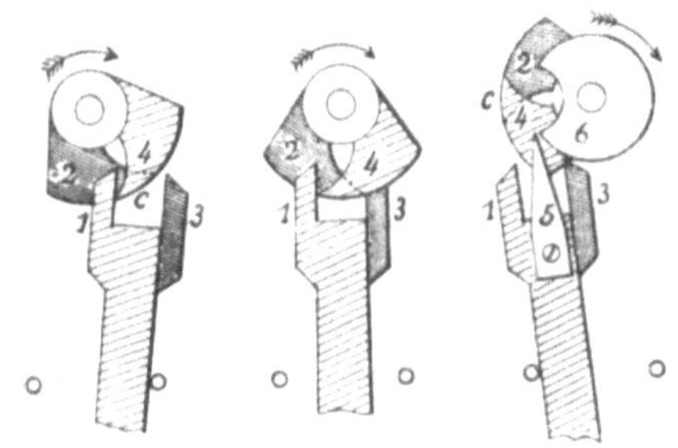

Fig. 182.

La fourchette est donc appuyée contre le plot de droite et le balancier tourne comme la flèche l'indique. La palette 4, qui est dans le même plan que le fourchon 1, atteint avec sa pointe, convenablement formée, la face intérieure de ce fourchon, et dégage la fourchette de sa position de repos. Aussitôt après, commence l'impulsion provenant de la poussée d'une des dents de la roue contre le levier de sortie de l'ancre. À un moment donné, la palette 4 cesse de conduire la fourchette, et c'est au contraire la fourchette qui, atteignant avec son fourchon 3, l'extrémité de la palette 2, pousse celle-ci et communique ainsi au balancier, l'impulsion reçue par l'ancre.

Cette palette 2 est ajustée sur l'axe, en dessous de la palette 4 et dans un plan correspondant à celui du fourchon 3.

La fourchette passe à la position représentée au milieu, et l'impulsion se continue jusqu'à l'arrivée à la position vue à droite. L'arrêt a lieu contre le plot de gauche et le balancier continue son oscillation dans le même sens. Quand il reviendra en sens opposé, la palette 4 passera au-dessus du fourchon 3, et la palette 2, entrera en fonction avec ce fourchon pour dégager la fourchette, puis une nouvelle impulsion sera communiquée par le fourchon 1 à la palette 4.

On voit que les deux extrémités des palettes sont superposées, en *c*, et cette superposition représente, en quelque sorte, la cheville ou bouton de l'échappement moderne.

Nous ajoutons sur le dessin de droite, le dispositif de sûreté de l'échappement, dispositif que nous avons omis intentionnellement sur les deux autres dessins.

Il se compose du disque ou plateau. 6, monté sur l'axe du balancier, au-dessus des deux palettes et à la même hauteur que le dard 5, vissé sur la fourchette ; cette disposition a pour but d'empêcher la fourchette, ensuite d'une secousse, de passer de l'autre côté, pendant que s'accomplit l'arc supplémentaire.

Ce dispositif de sûreté, s'il était vraiment installé de cette façon, et rien ne nous fait supposer le contraire, «est, on le verra, le même que celui qui existe encore dans les échappements modernes.

***

L'échappement libre à ancre que Dubois donne comme le premier modèle exécuté, est représenté figure 183.

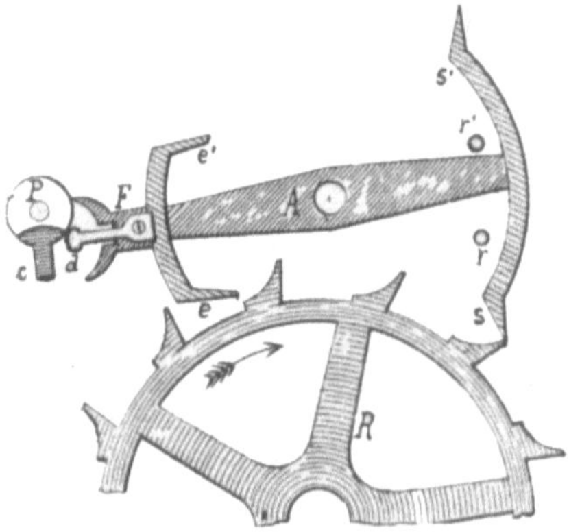

Fig. 183.

Nous croyons que ce mécanisme, dans lequel on a remplacé les deux palettes superposées, par un disque muni d'un doigt, est l'œuvre de Moise Pouzait, et d'Antoine Tavan, deux horlogers genevois qui, de 1785 à 1805, se sont occupés spécialement du perfectionnement des échappements alors en usage.

***

La fig. 184 nous montre un échappement à ancre qui fut exécuté, paraît-il, vers 1785. Si l'on compare ce mécanisme aux deux précédents, on remarque, outre les différences de forme des pièces, une disposition particulière des faces de repos des leviers. Ces faces ont, ici, une direction telle que la pression des dents de la roue contre elles, a

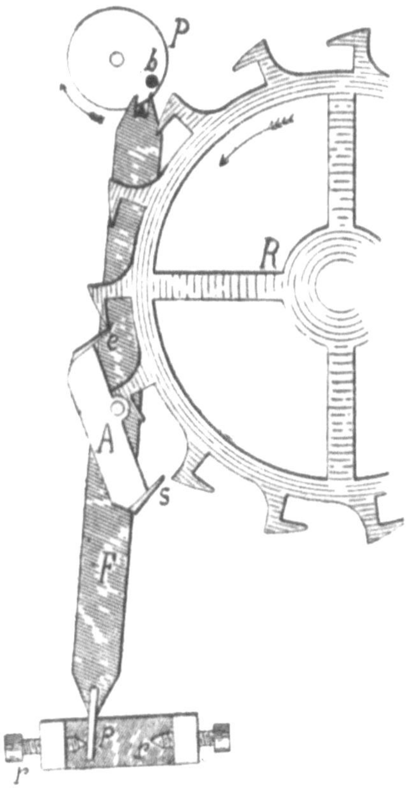

Fig. 184.

pour effet de faire appuyer la fourchette contre ses limites, *r, r,* et de la ramener dans celle position au cas où, par suite d'une secousse, son dard aurait tendance à aller frotter contre le bord du plateau.

Celle disposition des faces de repos produit ce qu'on appelle le tirage, elle a pour but d'assurer la stabilité de la fourchette et, par conséquent, la liberté du balancier.

On trouvera plus loin des détails plus complets concernant le tirage.

Dans cet échappement, la course de la fourchette, et par conséquent celle de l'ancre, est limitée par les pointes des vis *r r,* contre lesquelles va s'appuyer alternativement, une palette de rubis, *p,* ajustée au contrepoids de la fourchette. Les inclinés d'impulsion sont portés entièrement par les dents de la roue ; celle-ci affecte la forme d'une roue de cylindre, mais elle est entièrement plate.

L'ancre, A, est formé d'un bloc d'acier entaillé pour le passage des dents, le talon de ces dernières arrivant au centre de pivotement de l'ancre.

Les palettes *e, s,* sont des plaques de pierre dure ajustées aux extrémités de la pièce A.

La fourchette porte la coche habituelle dans laquelle pénètre le bouton, *b,* du plateau ; elle n'a pas de cornes. Au fond de la coche, on remarque le dard de sûreté qui travaille avec un plateau de même grandeur que celui qui porte le bouton. La dent 3 vient d'échapper du levier de sortie, *s,* et la dent 1 est au repos contre le levier d'entrée. L'ancre n'embrasse, ici, qu'une dent et demie.

Passons maintenant à l'étude détaillée des organes de l'échappement à ancre libre, moderne, et du fonctionnement de ce mécanisme.

- Les organes qui le composent, sont :
- La roue d'échappement :
- L'ancre :
- La fourchette :
- Le bouton :
- Les organes de sûreté.

Nos figures 185 à 190, représentent diverses constructions d'échappements à ancre ; nous allons faire, sur ces dessins, une étude générale des fonctions, tout en décrivant les particularités de chaque construction. Nous examinerons séparément le fonctionnement de la roue avec l'ancre et celui de la fourchette avec le bouton, chaque groupe d'organes pouvant être employé avec un groupe d'une autre construction, pour former un échappement complet.

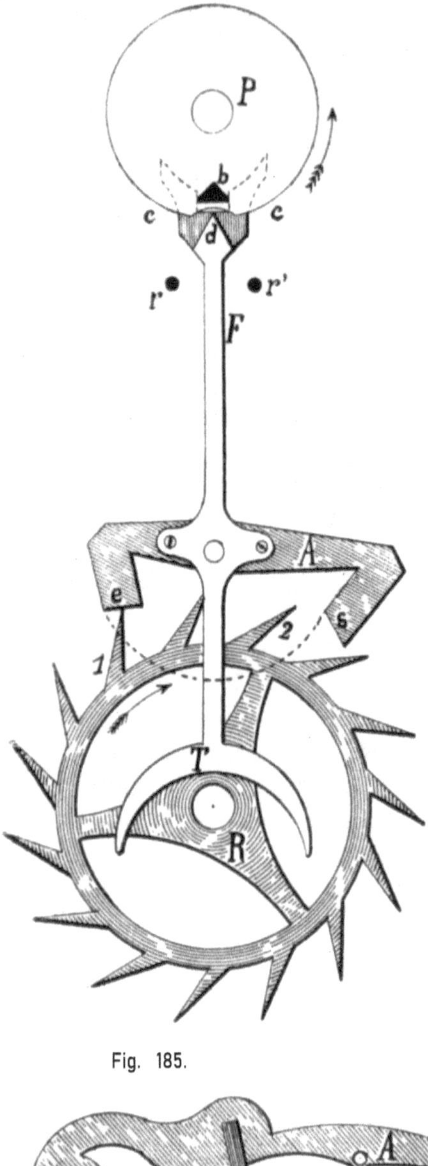

Fig. 185.

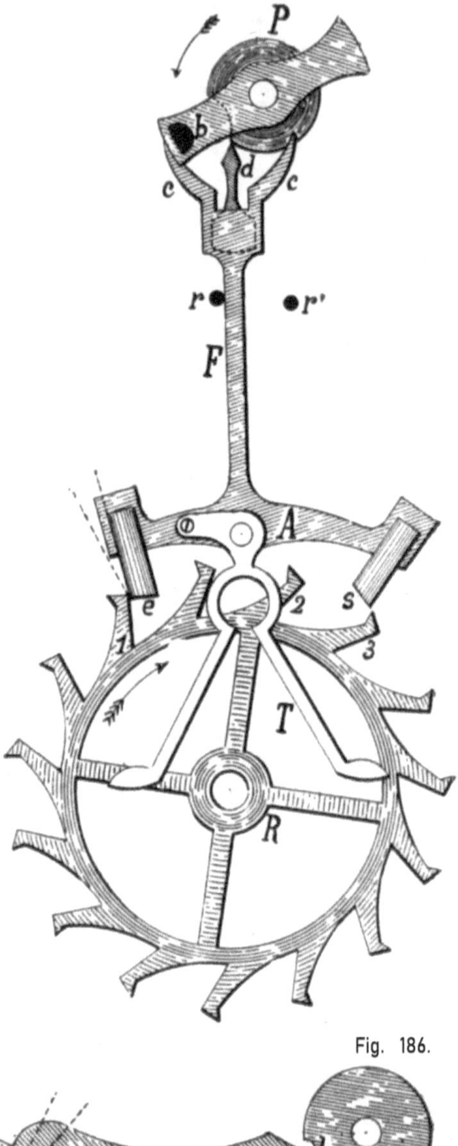

Fig. 186.

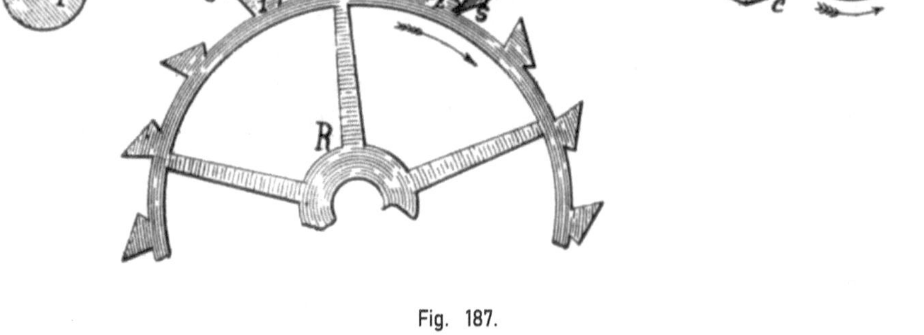

Fig. 187.

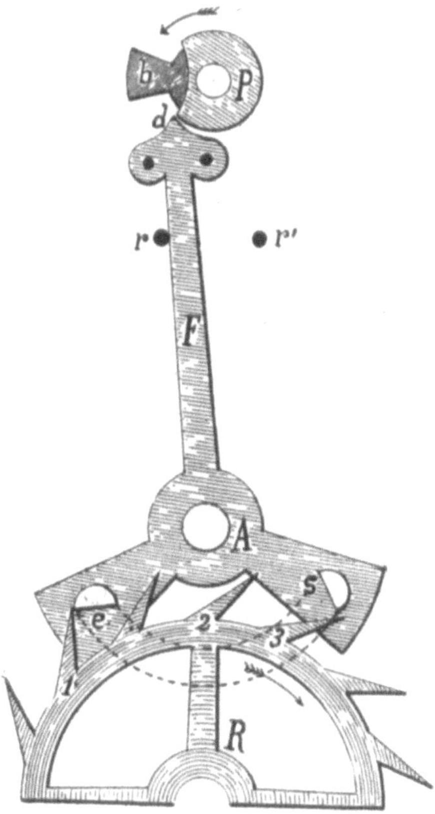

Fig. 188.

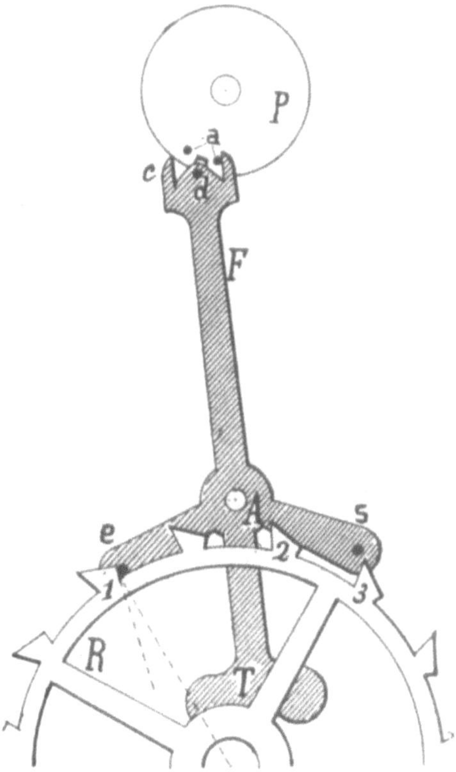

Fig. 189.

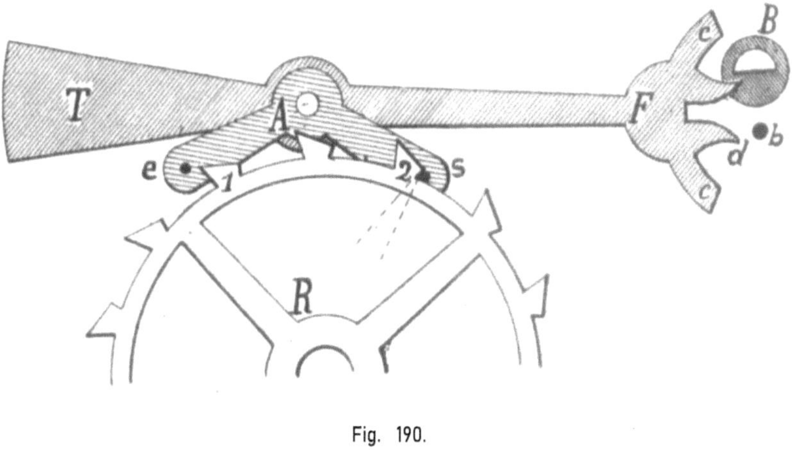

Fig. 190.

Roue et ancre

Si l'on considère la roue et l'ancre, on remarque qu'il existe trois constructions différentes :

Dans la première (fig. 185 et 188), les dents de la roue sont pointues ; les plans de levée ou inclinés d'impulsion sont portés entièrement par les leviers de l'ancre. C'est l'échappement dit : *ancre anglais.*

La seconde construction (fig. 186), adoptée le plus généralement dans la fabrication suisse, est celle dite : *à levée partagée* ou *ancre suisse.* Ici, les inclinés d'impulsion sont portés moitié par les dents de la roue et moitié par les leviers de l'ancre.

Enfin, nous voyons (fig. 187), l'échappement *à leviers aigus*, construction dans laquelle la levée totale se fait par les dents de la roue travaillant avec des leviers d'ancre qui ne présentent aucune largeur à leur extrémité. Ces leviers aigus, très fragiles, sont généralement remplacés par de fines chevilles implantées sur l'ancre (fig. 189 et 190) ; la construction prend alors le nom d'*échappement à chevilles.*

L'échappement peut être à *repos équidistants* ou à *leviers équidistants* ; nous expliquerons ces deux constructions en décrivant le fonctionnement du mécanisme.

Commençons par examiner les diverses phases du travail de la roue avec l'ancre. Nous voyons (fig. 186) une dent 1, en repos contre le levier d'entrée *e*. Ce repos ne se fait pas tout à fait dans les mêmes conditions que celui que nous avons étudié dans l'échappement à ancre à repos des pendules, ou dans l'échappement à cylindre.

La différence consiste dans l'inclinaison donnée à la face de repos du levier ; cette face forme un angle de 12° avec le rayon de la roue passant par le point de repos. Les lignes pointillées permettent de se rendre compte de ce tracé.

Il résulte de cette inclinaison que la pression de la dent de la roue contre le levier a pour effet de solliciter le levier à pénétrer plus avant dans l'intérieur de la circonférence de la roue ; l'ancre est alors maintenue en place, d'un côté, par cet effet qu'on appelle tirage, et de l'autre par la fourchette qui est appuyée contre le plot de renversement, ou limite, *r*. Si ce tirage n'existait pas, l'ancre se dégagerait à la moindre secousse de la position de repos.

C'est le balancier qui, au retour de l'oscillation, effectue le dégagement en entraînant la fourchette, ainsi que nous le verrons quand nous examinerons les fonctions de cet organe.

La fourchette quitte le plot, *r*, et, avec elle, l'ancre commence son mouvement oscillatoire. Par suite de l'angle de tirage, c'est-à-dire de l'inclinaison du plan de repos du levier, il se produit, sur la roue, pendant le dégagement, un recul très faible et qu'on peut considérer comme étant sans influence.

L'ancre parcourt d'abord *l'angle de repos* ; c'est le parcours qui s'effectue depuis la position de repos jusqu'à ce que le coin du levier se présente au coin de la dent ; cet angle est généralement de 1 ½°.

La dent s'engage ensuite contre l'incliné du levier d'entrée *e* ; c'est l'impulsion qui commence et l'ancre parcourt, pendant sa durée, un nouvel angle de 8 ½°, qui est l'angle d'impulsion.

Arrivée à l'extrémité de l'incliné du levier, la dent échappe, et la roue parcourt encore un petit angle sans aucun contact avec l'ancre et, par conséquent sans aucun effet. C'est la chute, qui se termine par l'arrivée de la dent 2, contre le levier de sortie (fig. 187 et 190). Cette chute est une sûreté indispensable pour le fonctionnement du mécanisme ; elle doit exister pour compenser les inégalités inévitables dans la division de la roue, et les variations de la position respective des mobiles, dues au jeu des pivots.

L'angle de repos et l'angle d'impulsion forment ensemble l angle de levée de l'ancre, dont l'importance a été fixée, par la pratique, à 10°. En réduisant cet angle, on diminue la sûreté des fonctions ; en l'augmentant, on augmente le travail des frottements.

Mais la fourchette n'arrive pas contre sa limite, au moment précis où la dent de la roue quitte le levier de l'ancre ; par suite de l'imperfection inévitable des organes et du jeu des pivots, on a dû ménager une certaine sûreté ; c'est le chemin perdu. Ce chemin perdu, qui doit être aussi réduit que possible, est l'angle que peut encore parcourir l'ancre à partir du moment où la dent de la roue quitte le levier, jusqu'à ce que la fourchette bute contre sa limite.

Le chemin perdu constitue une perte de force ; il s'ajoute à l'angle que le balancier doit faire parcourir à l'ancre dans l'action du dégagement. Dans une montre soignée, le chemin perdu est presque nul, tandis que dans une pièce de qualité ordinaire, on est souvent obligé de lui donner une certaine importance.

La dent 2 ayant atteint le levier de sortie *s*, elle y fait repos dans les mêmes conditions que sur le levier d'entrée, car la face de repos est tracée également en tenant compte d'un certain angle de tirage. La pression de la dent assurera donc aussi l'appui de la fourchette contre le plot *r'*.

Un nouveau dégagement se produit quand le balancier revient en sens contraire ; l'impulsion contre le levier de sortie *s*, a lieu et, après la chute nécessaire, nous retrouvons le mécanisme dans la position de la figure 180, c'est-à-dire une dent en repos contre le levier d'entrée *e*.

On a compris que le parcours complet de la fourchette, et par conséquent celui de l'ancre aussi, est limité par les plots *r r* ; dans les échappements à leviers aigus ou à chevilles (fig. 187, 189 et 190), ce parcours est limité par la roue elle-même ; les leviers ou chevilles s'appuient contre la serge, au fond des dents, et les plots deviennent inutiles.

Le tirage n'en existe pas moins, nous en avons dessiné l'angle sur la fig. 187; dans l'ancre à chevilles il est produit par l'inclinaison du devant de la dent qui sollicite la cheville de l'ancre à pénétrer plus avant vers l'intérieur de la roue (fig. 189, 190).

Quant à l'angle que parcourt la roue pendant que l'ancre accomplit son angle de levée, il est déterminé par le nombre des dents. Ce nombre est généralement 15 ; chaque dent fait deux repos et donne deux impulsions, soit une sur le levier d'entrée et une sur le levier de sortie. Nous avons donc 30 impulsions en un tour : par conséquent, l'espace angulaire parcouru par une dent pendant l'impulsion, sera de : 360°/30 =12°.

De ces 12°, il faut déduire 1 ½° parcouru en pure perte pendant la chute ; dans les échappements à dents pointues, on est obligé d'augmenter la chute jusqu'à 2°, à cause de l'inclinaison du flanc arrière des dents.

Fourchette et bouton

Les impulsions que l'ancre reçoit de la roue sont transmises au balancier par la fourchette qui, à cet effet, porte à son extrémité une entrée ou coche, dans laquelle pénètre le *bouton*, fixé sur l'axe du balancier.

Le bouton, qui peut être rond, ovale, elliptique ou triangulaire, est fixé à un plateau circulaire P (fig. 185) ou à un bras spécial (fig. 186), monté sur l'axe du balancier. Il se fait généralement en pierre dure.

Ce bouton a deux fonctions bien distinctes ; il agit sur la fourchette et l'entraîne pour dégager l'ancre de la position de repos, puis il est, à son tour, poussé par la fourchette qui lui transmet l'impulsion reçue par l'ancre.

Ainsi nous voyons (fig. 186) l'axe du balancier ramené par le spiral et tournant dans le sens indiqué par la flèche. Le bouton *b* va atteindre la paroi de droite de la coche ; il entraînera la fourchette et le dégagement de l'ancre aura lieu. Lorsque l'ancre aura parcouru 1 ½°, c'est-à-dire l'étendue de l'arc de repos, l'impulsion de la dent 1 sur le levier *e* commencera. À ce moment, le bouton cessera d'entraîner la fourchette, il sera au contraire poussé par elle et il recevra ainsi l'impulsion.

Sur la fig. 185, on voit l'impulsion en cours ; elle se terminera quand la fourchette aura atteint le plot *r'*. Dans la fig. 187, l'impulsion vient d'avoir lieu et le balancier, ayant reçu un nouvel élan, continue sa rotation jusqu'à ce que le spiral soit suffisamment armé pour le ramener en sens contraire.

Dans cette fig. 187, le bouton est remplacé par une dent semblable à celle d'un doigt d'arrêtage, ce qui ne change rien à la fonction.

Les longueurs respectives de la fourchette et du levier du bouton sont déterminées par l'angle de levée du balancier. Cet angle, dont l'étendue a été fixée par la pratique, est de 39 à 40°. Il varie entre ces limites, suivant la force motrice et le poids du balancier. Avec un balancier lourd, se mettant plus difficilement en marche, il faut réduire l'angle de levée, et il faut l'augmenter avec un balancier léger, dont la force vive peut n'être pas suffisante pour vaincre la résistance du tirage.

Quelles que soient d'ailleurs les longueurs respectives de la fourchette et du levier du bouton, le travail mécanique reste le même ; avec un court levier de bouton, l'impulsion est reçue plus faiblement, mais elle dure plus longtemps ; elle est plus courte mais plus forte si le levier est plus long ; il y a donc compensation dans les deux cas.

Au point de vue du réglage, l'impulsion devrait être courte, instantanée même si possible ; mais pour la rendre la plus courte possible, il faut augmenter la longueur du levier du bouton. L'angle de levée du balancier diminue alors en proportion et, si cet angle est trop réduit, le spiral ramenant le balancier ne sera plus suffisamment armé au moment où commence le dégagement, et la résistance du tirage peut être supérieure à la force d'action du balancier. Il se produit alors *l'arrêt au repos.*

Si, par contre, l'angle de levée du balancier est trop fort, un arrêt d'un autre genre peut survenir : *l'arrêt sur la levée* ou *arrêt au doigt*. Quand le ressort de la montre est complètement désarmé, la fourchette et le bouton se trouvent dans la position représentée par la fig. 185. Aussitôt qu'on commence le remontage, une des dents agit sur l'un ou sur l'autre des leviers de l'ancre et la montre doit se mettre en marche sans qu'il soit nécessaire de la secouer. L'effort de la fourchette a donc à vaincre l'élasticité du spiral et l'inertie du balancier. Or, ces deux forces réunies augmentent proportionnellement à l'angle que doit parcourir le balancier sous l'influence de la fourchette. Si cet angle est trop étendu, ce qui a lieu quand le bras de levier du bouton est court, la résistance sera supérieure à l'action de la force motrice et nous aurons l'arrêt au doigt.

Il est donc nécessaire de rester dans les limites déterminées par la pratique et qui sont celles indiquées plus haut.

Organes de sûreté

Malgré le tirage, la fourchette, par suite d'une forte secousse, pourrait être dérangée de sa position de repos, et passer de l'autre côté, pendant que le balancier accomplit son arc supplémentaire. Si cet accident se produisait, par exemple, avant que, comme sur la figure 186, le bouton soit engagé entre les cornes de la fourchette, celle-ci irait s'appuyer contre le plot *r'* et le bouton, au lieu d'entrer dans la coche, viendrait frapper le dos de la corne *c*.

Cet accident, qu'on appelle le renversement, occasionnerait l'arrêt de la montre ; il était de toute nécessité de le prévenir et c'est ce qu'on a fait en établissant des organes de sûreté qui sont le plateau P (fig. 185 et 186) et le dard *d*.

Les fig. 191 et 192 correspondent aux fig. 185 et 186 ; elles nous représentent, d'une part, la disposition dite à simple plateau et, de l'autre, celle à double plateau.

Dans la première (fig. 185 et 191), le plateau P, portant le bouton *b*, est un disque dont le rebord sert à prévenir le déplacement de la fourchette. À cet effet, la fourchette porte le dard *d*, qui ne peut passer d'un côté à l'autre du plateau, que par la gorge formée au bord de ce dernier, vis-à-vis du bouton (fig. 185).

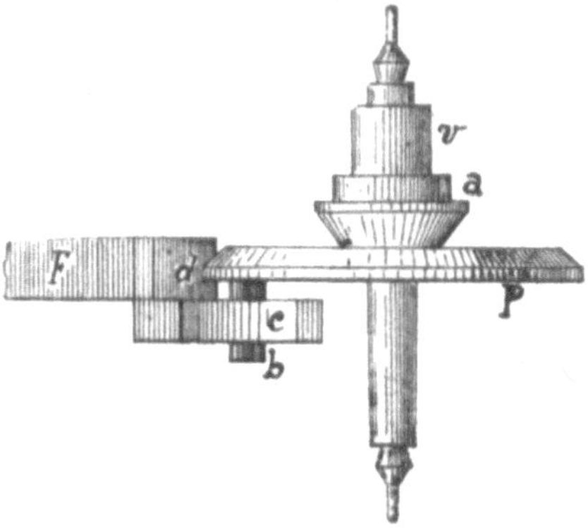

Fig. 191.

Si une secousse tend à faire sortir la fourchette de sa position de repos, son passage d'un plot à l'autre est rendu impossible, et il ne résulte de l'accident qu'un frottement momentané du dard contre le bord du plateau, ce qui est sans gravité si ces pièces sont bien polies.

Le dard peut n'être qu'une simple cheville implantée dans la fourchette, comme on le voit fig. 189.

On comprend que, plus le plateau est grand, plus le dard aura de facilité à passer devant : il convient donc, pour donner une efficacité sérieuse à cet organe de sûreté, de mettre de préférence un plateau de diamètre réduit. Son arrondi plus prononcé s'oppose mieux au passage du dard et le frottement, s'il se produit, a moins d'effet que contre un grand plateau.

Mais, d'autre part, ainsi que nous l'avons expliqué, on ne peut réduire que dans certaines limites déterminées, le rayon d'action du bouton ; il fallait donc trouver un moyen terme satisfaisant autant que possible aux deux conditions ; on y est arrivé en mettant un plateau spécial de sûreté, dont le rayon est, en règle générale, la moitié du rayon du levier du bouton.

Il devient ainsi inutile de conserver le grand plateau qui, par sa surface, ne sert qu'à masquer les fonctions du dard avec le petit plateau, généralement placé en dessous. On ajuste le bouton à un bras ou levier monté sur l'axe du balancier et auquel on donne un contrepoids pour l'équilibre.

Les fig. 186 et 192 représentent la disposition dite *double plateau* qui tend à se généraliser.

La forme circulaire du grand plateau P n'a plus sa raison d'être, puisque cet organe ne sert que comme porteur du bouton *b*.

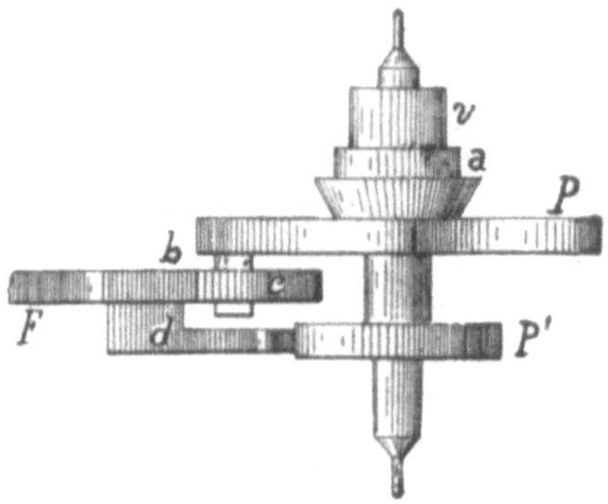

Fig. 192.

Le petit plateau P' est placé en dessous, et la fourchette porte un dard qui se visse immédiatement derrière la coche et dont la pointe est prolongée suffisamment pour jouer avec le bord du petit plateau. On voit que cette disposition est beaucoup plus sûre et qu'elle doit être préférée, surtout avec une courte fourchette.

Le diamètre du petit plateau est arbitraire, cet organe étant entièrement hors d'action pendant la marche régulière de la montre.

On appelle ébat de plateau le jeu que la fourchette a entre son appui contre la limite et l'appui de son dard contre le bord du plateau.

Cet angle doit être inférieur à l'angle de repos, car il ne faut pas que, si par hasard, la fourchette se déplace contre le plateau, ce déplacement soit suffisant pour permettre à la dent qui est en repos, de s'engager contre l'incliné d'impulsion du levier.

Pour permettre à la fourchette de passer d'une paroi à l'autre, au moment convenable, le plateau de sûreté porte une gorge pratiquée vis-à-vis du bouton.

Au moment où le bouton entre dans la coche de la fourchette, et avant qu'il y soit suffisamment engagé, la fourchette pourrait passer de l'autre côté s'il survenait une secousse extérieure. C'est pour parer à cette éventualité qu'on a muni la fourchette des *cornes c c.* qui ont pour but de remplacer momentanément le dard pendant que celui-ci passe dans la gorge.

La forme de ces cornes doit être telle que le bouton fasse sûrement sa rentrée à l'intérieur, même si, au moment de cette rentrée, la fourchette se trouvait précisément écartée de sa limite, et si le dard frottait au plateau. Dans ce cas, la rentrée du bouton a pour effet de repousser la fourchette en place.

L'*ébat de cornes* est le jeu de la fourchette entre son appui contre la limite et l'appui d'une corne contre le bouton.

Diversités de constructions

Passons encore en revue nos figures 185 à 190 qui nous montrent des échappements représentés intentionnellement avec des organes aussi variés que possible.

Considérant la position relative des axes des mobiles, nous voyons, fig. 185, 186, 188 et 189, l'échappement à ancre ligne droite, dans lequel les axes de la roue, de l'ancre et du balancier sur une même ligne droite.

Si le point de pivotement de l'ancre est placé de côté, par rapport à ceux de la roue et du balancier, comme dans les fig. 187 et 190, nous avons l'échappement ancre *de côté*.

Quelle que soit la construction adoptée, l'échappement peut être à *courte fourchette*, ou à *longue fourchette*. Dans le premier cas, le balancier passe au-dessus du point de pivotement commun de l'ancre et de la fourchette. Dans le second cas, l'axe de la fourchette est situé en dehors du rayon du balancier et la fourchette doit nécessairement être plus longue.

L'ancre et la fourchette sont des pièces intermédiaires qu'il convient de faire aussi légères que possible ; c'est le motif principal qui a fait donner la préférence à la courte fourchette.

Il est nécessaire, pour le fonctionnement précis du mécanisme, que l'ensemble de ces deux pièces soit équilibré parfaitement. On obtient cet équilibre au moyen d'un contrepoids T (fig. 185, 186, 187, 189, 190) dont la forme peut varier à l'infini.

Dans certaines constructions (fig. 186), ce contrepoids est vissé sur l'ancre ; dans d'autres (fig. 185), il fait corps avec la fourchette. Disons que, généralement, cette partie est traitée plutôt au point de vue décoratif et qu'on n'accorde à la question d'équilibre qu'une importance secondaire. Dans une montre de précision, cependant, l'équilibre parfait de la fourchette est obligatoire.

On appelle *levées*, les pierres qui garnissent les leviers de l'ancre et contre lesquelles la roue travaille. Dans l'échappement (fig. 186), les pierres sont visibles sur l'ancre, dont elles tiennent toute l'épaisseur ; ce sont des levées visibles. Dans le modèle fig. 185, elles sont encastrées dans l'épaisseur de l'ancre : on ne les voit que par le côté ; elles sont appelées *levées couvertes*.

L'échappement représenté fig. 187, est à ancre de côté, à leviers aigus. La fourchette et l'ancre sont formées d'une seule pièce et les levées sont visibles. Le plateau a la forme d'un doigt d'arrêtage, avec une dent qui pénètre dans la coche de la fourchette ; les coins de la coche remplacent le dard.

Nous voyons, fig. 188, un échappement à ancre anglais ligne droite ; les plans d'impulsion sont constitués par les faces de deux rouleaux implantés dans le corps de l'ancre et entaillés suivant leur diamètre. Celle construction offre de grandes facilités pour la fabrication et surtout pour la réparation, car il suffit de tourner les rouleaux pour augmenter ou diminuer l'angle de levée.

Ici aussi, le bouton est remplacé par une dent qui s'introduit, non pas dans une coche de la fourchette, mais entre deux chevilles, lesquelles remplacent les parois de la coche habituelle. L'extrémité de la fourchette forme le dard *d*.

Nous avons ensuite, fig. 189 et 190, deux échappements à chevilles ; le premier, ligne droite et le second, ancre de côté. Cette dernière construction est celle qui est utilisée dans les réveils système américain. Le bouton *b* est porté par le bras du balancier ; le balancier pivote en B, et son axe porte une entaille qui permet, au moment voulu, le passage du dard *d*, qui est double. La coche de la fourchette est évasée et le bouton y travaille dans de bonnes conditions.

Dans le mécanisme fig. 189, nous voyons deux chevilles, *a*, sur le plateau ; elles servent alternativement aux dégagements et, une fois cette fonction opérée, la cheville *d*, portée par la fourchette, agit dans une coche du plateau pour communiquer l'impulsion. Cette cheville *d* tient en même temps lieu de dard.

Nous avons dit que l'échappement pouvait être soit à repos équidistants, soit à leviers équidistants. Cette première forme est montrée par nos fig. 185 et 186. Dans ces deux constructions, les points de repos sont, sur chacun des deux leviers, à égale distance du centre de l'ancre. La résistance à vaincre lors du dégagement est égale sur les deux leviers.

Par contre, les impulsions sont de force inégale, puisque celle qui a lieu sur le levier de sortie s'opère contre un incliné qui est plus éloigné du centre de l'ancre que l'incliné du levier d'entrée.

Dans l'échappement à leviers équidistants (fig. 188), les deux inclinés sont à la même distance du centre de l'ancre ; les impulsions sont donc égales des deux côtés, mais les dégagements ne se font plus dans les mêmes conditions des deux côtés, puisque le repos sur le levier d'entrée est plus éloigné du centre que celui du levier de sortie.

On a cherché à obtenir l'égalité des dégagements en même temps que celles des impulsions ; nous verrons plus loin par quels moyens.

***

Les figures suivantes nous montrent encore quelques types d'échappements libres à ancre. Fig. 193, nous avons un échappement à ancre anglais qui présente cette particularité, que les faces de repos de l'ancre sont curvilignes. Si ces faces étaient tracées du point de pivotement de l'ancre, c'est-à-dire si elles correspondaient aux lignes pointillées tracées sur notre dessin, il n'y aurait pas de tirage.

Mais en examinant leur direction, on comprend que cette fonction si importante existe ici comme dans les autres types précédemment étudiés.

***

Nous voyons fig. 194, un autre échappement à chevilles ; ce système offre des facilités de construction et de réparation qui l'ont fait adopter avec succès dans l'horlogerie à bon marché. Le mécanisme qui nous occupe en ce moment offre ceci de particulier que la fourchette peut être retournée, ce qui peut parfois être utile dans une réparation.

Dans ce cas, on ajuste dans le trou *e'* une cheville faisant saillie sur l'autre face de la fourchette, et qui vient travailler en *e* avec la roue. Le dard se visse alors sur la face opposée.

L'échappement à chevilles est celui usité couramment dans les montres système Roskopf ; la fourchette est souvent formée de façon à permettre de modifier facilement l'angle de levée de l'une ou de l'autre des chevilles.

***

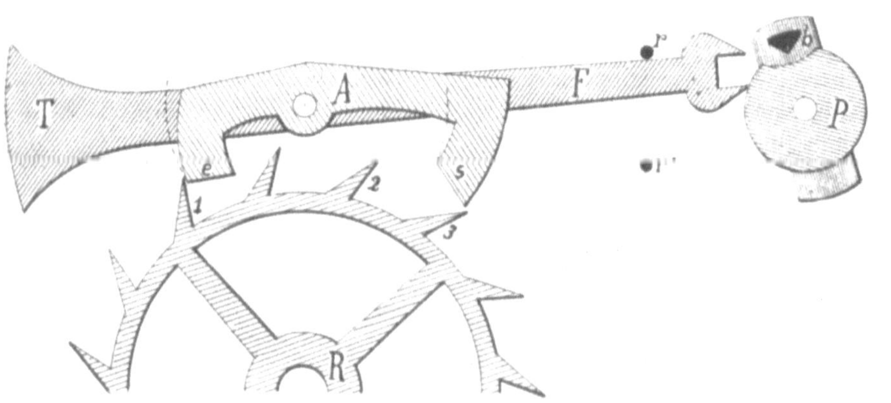

Fig. 193.

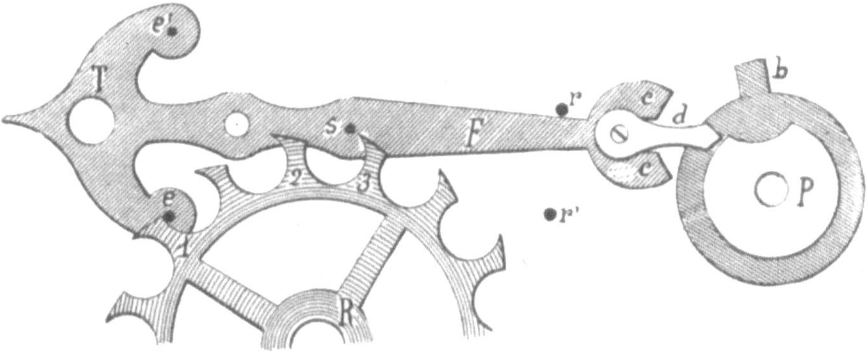

Fig. 194.

L'échappement fig. 195, est à levée partagée, repos équidistants. Le chemin parcouru par la fourchette est limité ici par une cheville *r*, implantée dans le corps de l'ancre et qui pénètre, en dessous, dans une creusure convenable de la platine. Cette creusure est indiquée par un pointillé sur notre dessin.

Le levier *s*, étant plus long que le levier *e*, on a alourdi ce dernier par un

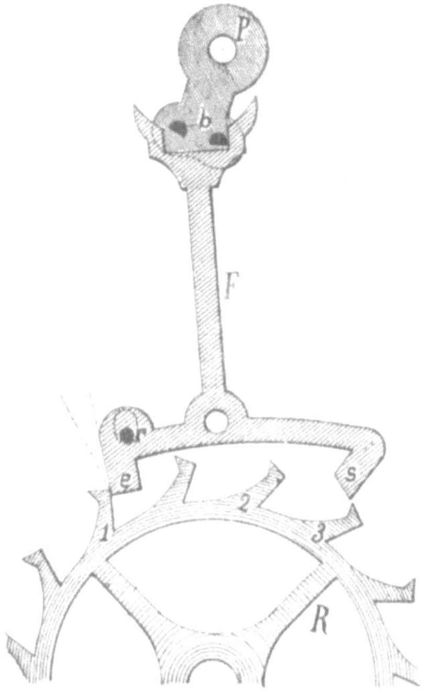

Fig. 195.

renflement au centre duquel est fixée la cheville en question ; l'ancre est ainsi équilibrée.

Dans cet échappement, nous voyons un plateau P muni de deux chevilles travaillant dans une coche élargie de la fourchette. Cette construction est excellente au point de vue du dégagement, car celui-ci s'effectue très près de la ligne des centres ; mais elle est plutôt nuisible à la bonne réception de l'impulsion. Le résultat est en somme le même que si on avait un très gros bouton.

Or, si le bouton ne devait servir qu'au dégagement, il y aurait lieu de le mettre aussi grand que possible, en vue d'obtenir la meilleure utilisation de la force dont il est animé. Mais, après avoir joué un rôle actif, il devient passif et il est poussé par la fourchette qui lui communique l'impulsion. Pour cette seconde fonction, il convient que le bouton soit aussi petit que possible ; c'est pourquoi on adopte en général une grosseur moyenne, qui donne des résultats satisfaisants.

À ce point de vue là, la construction que nous avons vue fig. 189, remplit bien les exigences de la théorie. En effet, les deux chevilles *a a* représentent un large bouton de dégagement, tandis que la cheville *d*, qui pourrait aussi être portée par le plateau et pénétrer dans une coche de la fourchette, nous offre un bouton d'impulsion d'un diamètre dont la petitesse n'est limitée que par la solidité qui doit lui rester.

***

Un horloger distingué de Glashütte, M. A. Lange, a imaginé, pour ses montres soignées, une construction qui lui a, paraît-il, donné d'excellents résultats, mais la complication qu'elle entraîne n'a pas permis à cette construction de se généraliser ; nous la représentons fig. 196.

Il y a deux boutons, *b* et *e* ; la fourchette porte deux cornes supplémentaires, *a a*, avec lesquelles travaille le plus gros des boutons, *b*.

Celui-ci ne sert qu'au dégagement et, cette fonction étant opérée, l'impulsion est transmise au petit bouton, *e*. Les deux fonctions sont tout à fait distinctes ; le dégagement est facilité et l'impulsion se transmet avec le moins de frottement possible.

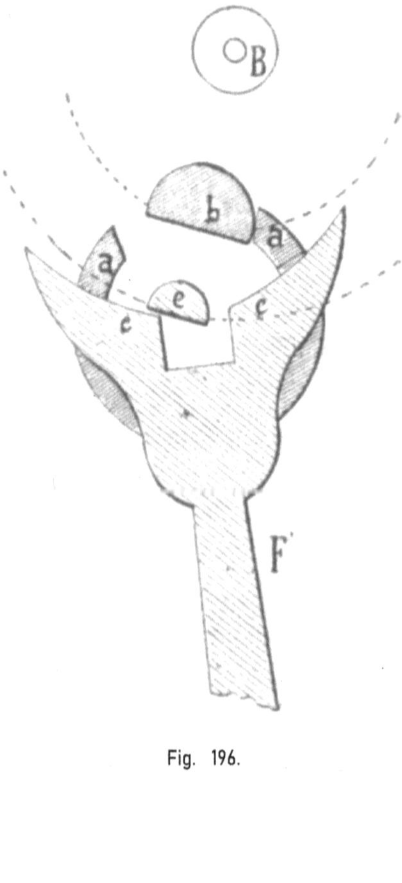

Fig. 196.

Sur la fourchette s'ajuste encore le dard et, sur l'axe du balancier B, le petit plateau, pièces non représentées sur notre dessin.

En somme, presque toutes les inventions faites dans le but de remédier aux quelques défauts de l'échappement à ancre ont abouti généralement à des complications entraînant avec elles des défauts encore plus graves que ceux qu'on cherchait à écarter.

***

Le mécanisme suivant, fig. 197, imaginé dans le but de supprimer le tirage, en est une preuve.

Dans ce mécanisme, nous voyons une roue R, à dents pointues comme celle d'un échappement à ancre anglais, travaillant avec une ancre, A, qui porte les inclinés d'impulsion. Les dents de la roue tombent directement contre ces plans d'impulsion ; il n'y a pas de repos, et l'ancre recevrait un mouvement oscillatoire sans interruption si la roue n'était pas arrêtée par un organe spécial.

Cet organe est le demi-cylindre, *i*, dont le centre de pivotement se trouve exactement à la périphérie de la roue et qui, par suite du mouvement oscillatoire qu'il reçoit du balancier par l'entremise de la fourchette F *a*, arrête la roue alternativement par l'une ou l'autre de ses deux lèvres. Cette fourchette porte à son extrémité une coche ainsi qu'une cheville, *a*, qui fait fonction de dard. L'ancre A, est munie d'un bras B *b*, se terminant en pointe.

Sur l'axe du balancier se trouve un grand plateau P, dont le bord sert à limiter le jeu du dard *a*. Sur ce plateau est monté le bouton *d*, qui pénètre dans la coche de la fourchette pour opérer le dégagement de la roue. Un second pla-

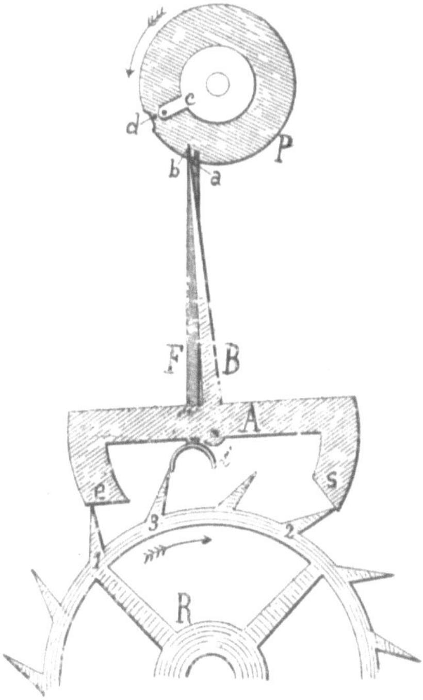

Fig. 197.

teau, *c*, porte un bras muni d'une cheville destinée à recevoir l'impulsion.

Voyons maintenant le fonctionnement de ce mécanisme :

La roue est arrêtée par la dent 3, en repos contre la lèvre d'entrée du cylindre. La dent 2 n'a pas fini d'échapper du levier de sortie *s*, de l'ancre, et la dent 1 est prête à repousser le levier *e*. Le balancier tourne dans le sens indiqué par la flèche.

La cheville *c* passe devant l'extrémité du bras *b* ; le bouton *d* pénètre dans la coche de la fourchette et entraîne cette dernière. La dent 3 quitte son repos contre le cylindre, la dent 2 échappe du levier *s* et la dent 1 commence l'impulsion contre *e*.

Le bras B *b* rattrape alors la cheville *c* et lui communique l'impulsion reçue par l'ancre. La fourchette F *a* passe de l'autre côté, entraînée par le bouton *d*, et le cylindre se met en position pour arrêter la dent 3 par sa lèvre de sortie. Ce nouvel arrêt a lieu un peu avant que la dent 1 quitte le levier *e*, puis les mêmes fonctions se répètent en sens contraire.

Le repos se fait donc sans tirage et, de plus, l'impulsion est égale sur les deux leviers, mais la complication et la délicatesse du mécanisme nous font supposer que cet échappement n'a jamais existé qu'à l'état de projet.

***

La fig. 198 nous montre encore un autre échappement dans lequel le tirage est supprimé. Cette suppression est obtenue par un crochement de l'extrémité de la fourchette ; notre dessin ne représente que cette partie du mécanisme, le fonctionnement de la roue avec l'ancre n'offre rien de particulier.

Il faut dire que l'inventeur n'avait pas seulement la suppression du tirage en vue, mais aussi et surtout la diminution de hauteur du mécanisme.

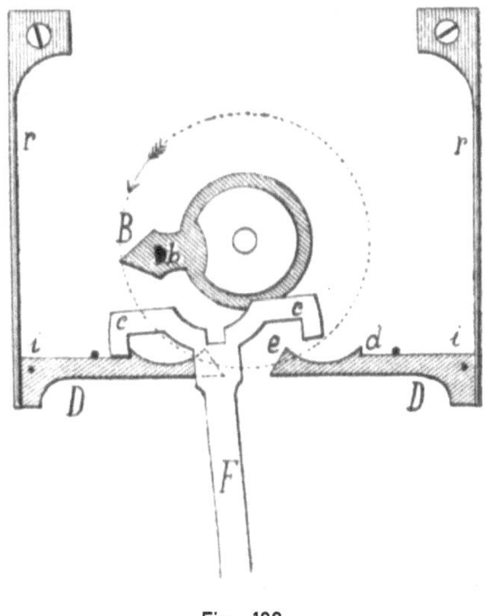

Fig. 198.

Cet échappement était destiné plus spécialement aux montres extra-plates, ses organes pouvant être logés entre le balancier et la platine, sans creuser cette dernière.

La fourchette, qui est entièrement plate et qui peut être très mince, porte, comme d'habitude, une coche dans laquelle travaille le bouton *b*. Les cornes *c c*, ont, par contre, une forme toute spéciale ; elles sont disposées de façon à pouvoir être retenues alternativement par les crochets, *d d*, de deux détentes D D. Ces détentes pivotent aux points *i, i*, et chacune d'elles est sous l'influence du ressort *r*, qui la ramène constamment dans la position représentée sur le dessin.

L'extrémité *e* de ces détentes est formée par deux plans inclinés, et le sommet où se rejoignent ces deux plans se trouve à l'intérieur de la circonférence parcourue par la pointe du levier B, monté sur l'axe du balancier et portant le bouton *b*.

Ces explications données, on conçoit facilement le fonctionnement de ce mécanisme. On voit la fourchette crochée à la détente de gauche ; le balancier, tournant comme la flèche l'indique, va opérer le dégagement. La pointe du levier B atteint et repousse l'extrémité de la détente, extrémité représentée en pointillé sous la fourchette. La fourchette se trouve alors dégagée et le bouton *b*, pénétrant dans la coche, l'entraîne.

L'impulsion a lieu et, au moment où elle se termine, la pointe de B atteint l'extrémité *e* de la détente de droite et

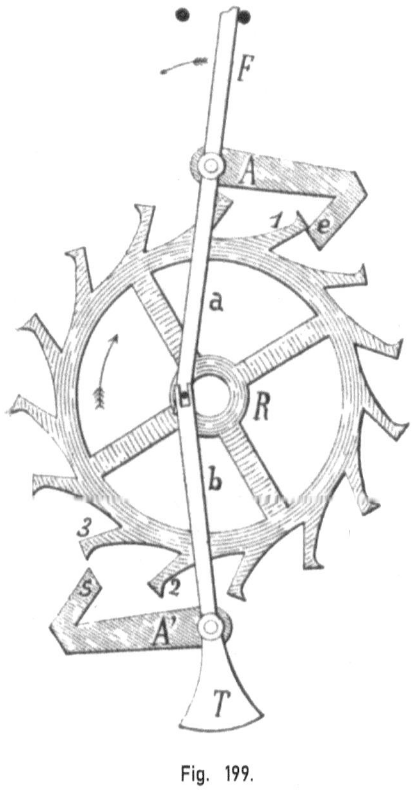

Fig. 199.

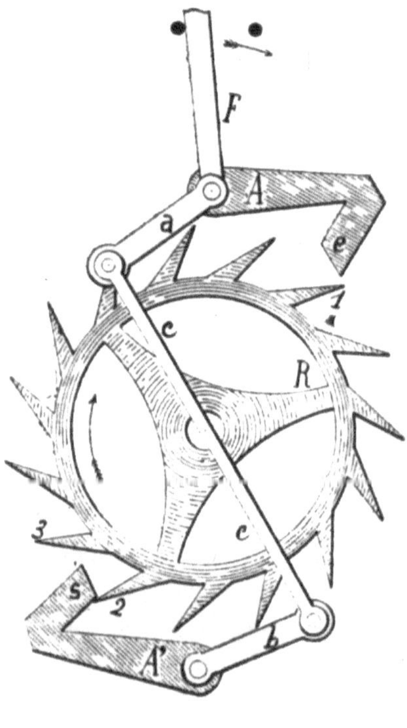

Fig. 200.

l'écarte, puis la laisse reprendre immédiatement sa position de repos. Mais la fourchette qui est arrivée à droite se prend derrière le crochet *d*, et elle s'y maintient jusqu'au nouveau passage, en sens contraire, du levier B.

Ce mécanisme nous paraît être d'un fonctionnement sûr ; on peut du reste y ajouter un dard et un petit plateau, mais, quelle que soit la délicatesse des ressorts, il s'y produit des frottements qui peuvent être plus nuisibles que le tirage.

C'est également au prix d'une complication qui ne nous dit rien de bon qu'un inventeur a réalisé l'équidistance des repos en même temps que celle des leviers. Nos fig. 199 et 200 nous montrent comment il y est arrivé.

Dans les deux constructions, nous avons la fourchette F qui fait corps avec le levier d'entrée, A *e*. Le levier de sortie, A' *s*, pivote sur un axe spécial placé en un point diamétralement opposé. Il n'y a de différence que dans la combinaison des bras qui réunissent les deux leviers de l'ancre et les rendent solidaires.

Les fonctions se suivent comme dans un autre échappement. Nous voyons (fig. 199) la dent 1 en repos contre le levier d'entrée A *e*. La fourchette, ramenée par le balancier, dans le sens de la flèche, dégage cette dent et une impulsion a lieu.

L'oscillation du levier A est transmise par les bras *a* et *b* au levier A', et celui-ci est prêt, à la fin de l'impulsion, à recevoir la dent 2 contre son repos.

La fig. 200 nous montre la dent 2 en repos et c'est cette dent qui va communiquer une nouvelle impulsion, laquelle sera transmise à la fourchette par les bras *b* et *a*.

On voit qu'il y a, non seulement un axe et un mobile de plus, mais, encore une combinaison de bras de leviers dont le jeu est des plus délicats.

***

Mentionnons enfin le dispositif imaginé pour annuler le choc qui se produit au moment où le bouton atteint la fourchette pour opérer le dégagement. Ce choc subit, qui fait passer d'une façon instantanée la fourchette, l'ancre, et par suite la roue, du repos au mouvement, peut être parfois nuisible. En effet, si la roue est lourde, elle oppose une certaine force d'inertie à cette action instantanée et l'ancre aura déjà parcouru un certain chemin quand elle se mettra en marche ; l'impulsion n'aura pas son effet sur toute la largeur du levier ; il en résultera une chute causant des perturbations variables nuisibles à la marche.

Le dispositif représenté fig. 201 a pour effet de mettre la fourchette en mouvement d'une façon progressive et sans choc. Le bouton b, pour opérer le dégagement de la fourchette, pénètre en *a*, dans une rainure de forme spéciale. Au point où nous le voyons, sur notre

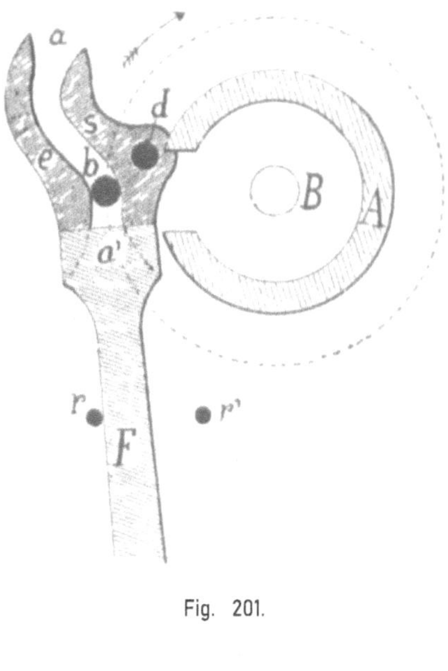

Fig. 201.

figure, il commence son action en glissant dans cette rainure et en attirant la fourchette dans la direction du centre du balancier B. La forme de la rainure est telle que l'entraînement commence insensiblement et non par un choc subit, et il en est de même dans l'impulsion en sens contraire, lorsque le bouton pénètre par l'ouverture *a*, de la rainure, laquelle se trouve alors sur le rayon d'action du bouton *b*.

Les impulsions, on le comprend, sont transmises au bouton au moyen des inclinés *e* et *s* et, à la fin de chacune d'elles, la fourchette arrive au repos avec une vitesse décroissante.

Les organes de sûreté sont ici le disque A et la cheville *d*. Ce disque A forme saillie sous le plateau, et la cheville *d* fait fonction de dard contre son bord extérieur lorsque la fourchette est appuyée contre la limite *r*. Une entaille convenable permet le passage, au moment de l'impulsion, de cette cheville à l'intérieur du disque A ; le repos de la fourchette a alors lien entre le bord intérieur du disque et la limite *r*.

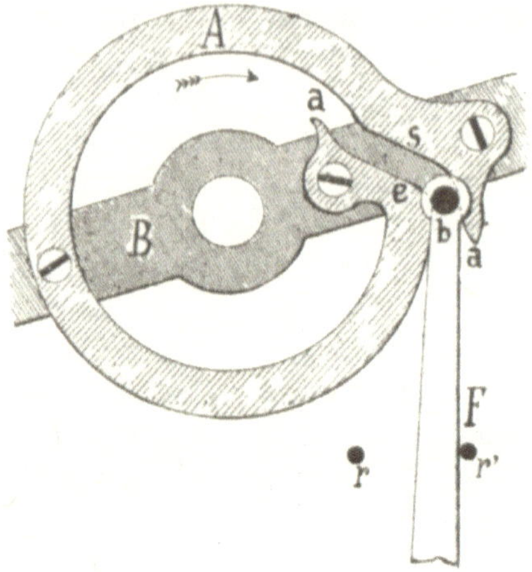

Fig. 202.

***

La fig. 202 nous montre une modification du système que nous venons de décrire. La fourchette F ne porte, à son extrémité, qu'une cheville, *b*, qui sert aux impulsions et fait en même temps fonction de dard. La rainure en plan incliné, progressif que nous avons vue sur la fourchette fig. 201, est adaptée ici au disque en saillie A, placé sous le balancier B. Cette seconde disposition est, en somme, la réciproque de la précédente.

Ce même système a été appliqué aux réveils système américain ; la fig. 203 nous montre de quelle façon.

Cette application a été faite surtout en vue d'obtenir un tic-tac plus faible, c'est-à-dire un échappement moins bruyant que ceux qu'on trouve généralement dans ce genre d'horlogerie.

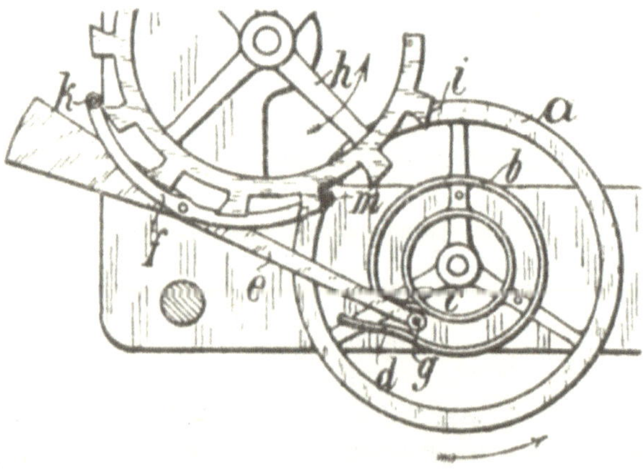

Fig. 203.

Échappements Robin
Mécanismes divers

L'échappement Robin, du nom de son inventeur, l'horloger français Robert Robin (1742-1800), est une combinaison de l'échappement à ancre et de celui à détente. Dans ce mécanisme, les leviers de l'ancre n'ont que la face de repos et ne portent pas d'incliné d'impulsion. Les impulsions sont données par la roue, qui agit directement sur l'axe du balancier et elles n'ont lieu que dans un seul sens, comme dans l'échappement à détente.

Quant aux dégagements, ils s'opèrent exactement comme dans l'échappement à ancre, au moyen d'une fourchette travaillant avec un bouton monté sur l'axe du régulateur.

Avant de décrire le mécanisme de Robin, il nous paraît intéressant d'en mentionner un qui peut très bien avoir servi de premier modèle.

Il s'agit d'un échappement qui est décrit d'une façon imparfaite, sinon incompréhensible, dans le *Traité d'horlogerie* de Thiout, publié en 1741. Nous reproduisons le dessin de cet échappement, en le rectifiant quelque, peu, pour arriver à présenter un mécanisme capable de marcher, et nous le décrivons comme suit :

La roue R (fig. 204) donne l'impulsion directement à l'axe B du balancier, par l'intermédiaire de la palette *b*. Le balancier est muni d'un spiral et son axe porte, outre la palette *b*, un bras, *a*, dont l'extrémité s'introduit dans une coche pratiquée dans le bras, *d*, de la détente A. Cette détente, qui pivote en *c*, porte un second bras, *e*, servant aux repos.

Le jeu du mécanisme est le suivant : le balancier tourne, sur l'axe B, comme la flèche l'indique, et la palette, *b*, reçoit

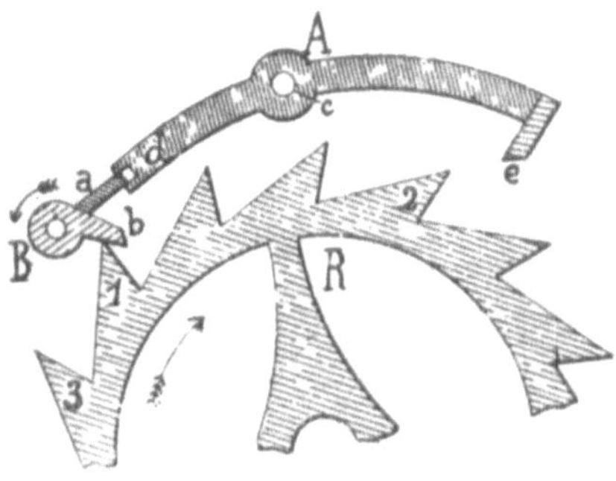

Fig. 204.

l'impulsion de la dent 1 ; l'extrémité du bras, *a*, pénètre dans la coche du bras *d* de la détente et entraîne celui-ci. Par suite du pivotement, en *c*, de la détente, le bec de repos *e*, se rapproche de la roue et, au moment où l'impulsion s'achève, la dent 2 rencontre l'arrêt *e*, et y fait repos pendant que le balancier, complètement libre, achève son arc supplémentaire.

Quand le balancier revient, le bras a fait pivoter la détente en sens contraire ; le bec *e* s'éloigne et laisse échapper la dent 2. La roue tourne, et sa dent 3 est arrêtée par la palette *b*, qu'elle rencontre ; c'est alors que se produit le recul et, l'action du spiral étant surmontée, une nouvelle impulsion a lieu dans le sens indiqué par la flèche.

C'est le mode d'action du bras *a* avec la détente, que Thiout a mal représenté et n'explique pas du tout. Un autre auteur, Moinet, rend cette action encore moins intelligible, en disant que les deux pièces sont liées *comme en charnière*.

Dans le dessin de Thiout, les deux pièces semblent bien liées en effet, mais il faut n'avoir pas compris du tout le mécanisme en question pour y avoir vu une fonction de charnière.

*
* *

Voici maintenant le mécanisme que Robin construisit en 1791.

On y reconnaît tout de suite le levier d'impulsion *a*, disposé comme celui d'un échappement à détente ; d'autre part, on voit la fourchette F, dont la coche reçoit le doigt *d*, installé sur l'axe du balancier. Quant aux leviers, *e*, *s*, de l'ancre, on peut constater, en voyant le sens de la rotation de la roue, qu'ils ne servent que pour les repos.

Fig. 205.

Notre dessin représente l'échappement au moment où le balancier, monté sur le même axe que le plateau P et le doigt *d*, opère, par l'intermédiaire de ce doigt et de la fourchette F, le dégagement de la dent 1, en arrêt contre le repos *e*.

Ce dégagement étant effectué, la roue tourne ; sa dent 2 atteint le plan *a* du plateau P, et communique une impulsion au balancier, qui continue sa rotation dans le sens indiqué par la flèche. Cette impulsion achevée, la dent 3 tombe en arrêt contre le levier *s*, alors que la dent 4 reste à une petite distance du repos *e*.

Le balancier, tournant ensuite en sens contraire et entraînant la fourchette, la dent 3 se dégage du levier *s* et la dent 4 tombe à son tour en repos contre le levier *e*. C'est une oscillation muette, c'est-à-dire sans impulsion, qui vient de s'accomplir.

La dent 4 sera dégagée au cours de l'oscillation suivante, et c'est alors qu'une nouvelle impulsion aura lieu.

On a reconnu que ce système d'échappement ne donnait pas de bons résultats au point de vue de la régularité de la marche. Il a cependant été construit de différentes manières et certains inventeurs ont utilisé le principe de son fonctionnement dans des échappements de création moderne.

*
* *

Nous voyons fig. 206, un échappement du système Robin dont l'invention est assez récente.

Une détente D, pivotant en o, porte deux chevilles, *e*, *s*, qui servent aux repos de la roue, et une fourchette, *d*, dont le travail avec le doigt *b*, monté sur l'axe du balancier, produit les dégagements. L'impulsion est donnée, non par la fourchette, mais, comme dans l'échappement à détente, par les dents de la roue agissant contre le levier d'impulsion *a*, porté par l'axe du balancier.

L'échappement est représenté au moment où le balancier, tournant comme la flèche l'indique, le doigt *b* a entraîné la fourchette *d* vers la droite. La dent 1 de la roue, qui était en repos contre *c*, va échapper, et la dent 2 donnera une impulsion en agissant contre le levier *a*.

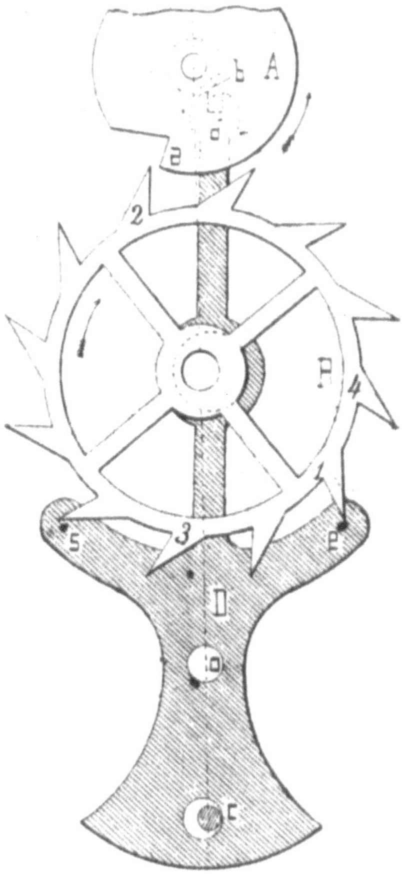

Fig. 206.

La dent 3 sera ensuite arrêtée par la cheville *s*, et la dent 4 restera à une petite distance de la cheville *e*, ainsi qu'elle est représentée en pointillé. Le balancier achève son arc supplémentaire, puis revient en sens contraire.

Le doigt *b* entraîne la fourchette vers la gauche et la dent 3, arrêtée contre *s*, s'échappe de ce repos. La dent 8 tombe alors, avec une petite chute, en repos contre la cheville *e*. C'est l'oscillation qui correspond à l'oscillation muette de l'échappement à détente ; nous avons ensuite une nouvelle oscillation d'impulsion, dont le dessin représente une des phases.

Le chemin que parcourt la détente est limité par une cheville, *c*, fixée à la platine et qui passe au travers d'un trou, percé dans le corps de la détente, trou suffisamment grand pour laisser le jeu voulu. En comptant 1 ½ de repos de chaque côté et ½ de sûreté ou chute, on a un chemin total de 4°, ce qui est suffisant.

***

Quelques-uns des mécanismes qui suivent pourraient peut-être encore être classés parmi ceux du système Robin mais, comme ils s'en différencient par quelque particularité, par quelque combinaison empruntée à des mécanismes autres que ceux à ancre ou à détente, nous nous contenterons de les décrire sans chercher à les faire entrer dans telle catégorie ou dans telle autre.

Ainsi, par exemple, le mécanisme qui suit serait un Robin, avec cette différence que le bouton, sur l'axe du balancier, est remplacé par la coche de la fourchette, et vice-versa. De plus, l'ancre, avec ses deux repos, affecte plutôt la forme d'un cylindre.

***

L'inventeur de ce mécanisme (fig. 207), un mécanicien du nom de Richard, prétendait avoir réalisé une merveille. Un chronomètre de Breguet, muni de cet échappement, construit en 1800, n'aurait présenté qu'une demi-seconde d'avance en seize mois.

Selon son auteur, cet échappement ne peut renverser, même si le balancier donne plusieurs tours ; il n'a pas l'arrêt au doigt et n'offre aucune résistance au dégagement.

La détente est formée par une pièce circulaire, D, ayant deux repos, *e* et *s*, ajustée à frottement sur un bras *d d'*, les deux pièces ayant un centre de mouvement commun. Sur le bras *d*, est ajusté le ressort *r*, fixé au piton *u*, et jouant, en *i*, entre deux chevilles.

L'extrémité de ce ressort s'appuie contre la circonférence de l'excentrique A, dont le centre de rotation est en *c*, sur l'axe du balancier. Sur le même axe est monté le levier d'impulsion *b*.

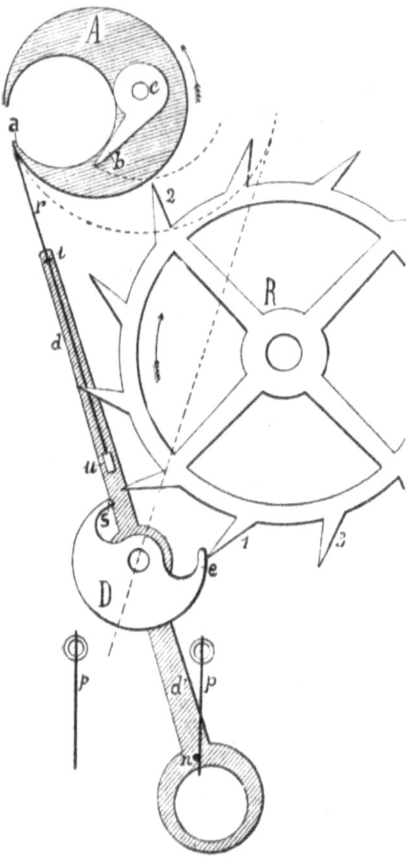

Fig 207

Le jeu de la détente est limité par les deux ressorts, *p p*, contre lesquels va buter la cheville *n*, ajustée au bras *d'*. Tout en limitant ce jeu, ces ressorts ont pour fonction de faire appuyer l'extrémité de *r* contre la pièce A. Cette pièce présente, en *a*, une ouverture dans laquelle pénètre le ressort *r* lorsque la rotation a lieu dans le sens indiqué par la flèche. Suivons les fonctions à partir de la position représentée sur le dessin :

L'ouverture *a* se présente à la pointe du ressort *r* ; celui-ci y pénètre et est entraîné par l'excentrique, ce qui a pour effet de dégager la dent 1 du repos *e*. La dent 2 atteint alors le doigt *b*, et lui communique une impulsion.

La détente prend la position figurée en pointillé et la dent 1 s'arrête contre le repos intérieur *s* de la pièce D ; la dent 3 se trouve alors à une petite distance du repos *e*.

À l'oscillation suivante, l'ouverture *a* reprend le ressort *r*, et entraîne la détente entière pour la ramener dans la position première ; la roue fait une petite chute, la dent 1, qui se trouvait appuyée contre *s*, échappe et la dent 3 atteint alors le repos *e*. L'oscillation d'impulsion recommence ensuite.

***

Le mécanisme, fig. 208, est un échappement du système Robin, dans lequel la fonction si simple des deux arrêts successifs de la roue par les leviers de l'ancre, a été compliquée d'un ressort et d'une pièce supplémentaire ; cette fonction n'en est que plus délicate et moins sûre.

Les organes sont :

- La roue d'échappement R.
- La pièce d'échappement, D, pivotant en *o* et portant le plot de repos *e*, ainsi que la fourchette, *d*.
- Le plateau A, avec son levier d'impulsion *a*.
- Le doigt de dégagement *b*.
- La palette *s*, portée par un ressort *n*. Cette palette s'interpose à un moment donné entre la dent de la roue et le plot *e*, pour le premier arrêt de la roue, à la fin de l'impulsion.

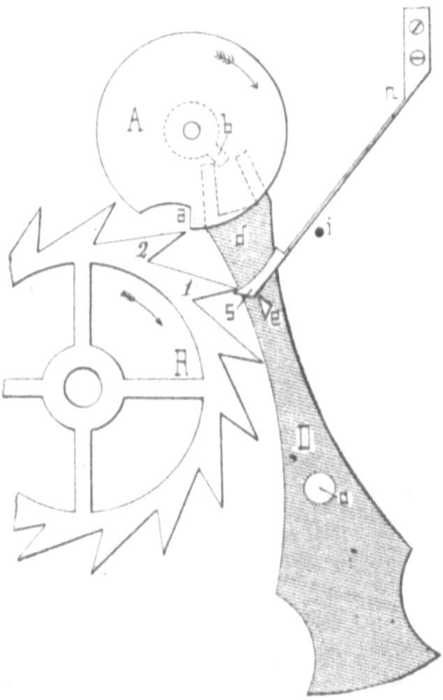

Fig. 208.

Le dessin représente l'échappement au moment de ce premier repos, qui a lieu lorsque la fourchette, ayant été conduite à droite, le plot *e* a soulevé la palette *s*. L'extrémité de cette dernière s'est alors avancée à l'intérieur de la circonférence de la roue. Une impulsion vient d'être donnée par la dent 2 de la roue agissant contre le levier *a*.

Le balancier, revenant dans le sens marqué par la flèche, entrain la fourchette vers la gauche ; le plot *e* s'avance vers l'extrémité de *s*, et, par suite de la forme en plan incliné de cette extrémité, la palette *s* retourne à son repos contre *i*, en laissant échapper la dent 1. Mais le plot de repos *e*, se trouve alors en position pour produire un nouvel arrêt de la dent 1, et cet arrêt subsiste jusqu'au moment de l'oscillation suivante.

Au cours de cette oscillation suivante, qui a lieu en sens opposé à celui marqué par la flèche, la fourchette est entraînée de nouveau vers la droite ; le plot *e* laisse échapper la dent 1 ; la dent qui suit celle marquée 2, donne une impulsion sur le levier *a*. Mais le plot *e* a soulevé la pièce *s* et celle-ci se retrouve dans la position montrée par le dessin, prête à arrêter la dent 2.

***

Dans le mécanisme suivant, nous voyons encore la fourchette et le bouton de l'échappement à ancre, ainsi que le levier d'impulsion de celui à détente, mais l'organe qui sert aux repos a été compliqué à plaisir, sous prétexte de supprimer tout ressort.

L'horloger allemand qui a imaginé cet échappement a cru avoir trouvé, comme beaucoup d'autres avant lui, du reste, le mécanisme idéal, qui doit révolutionner l'horlogerie et il a fait breveter son système dans les principaux pays.

Les pièces constituant cet échappement sont les suivantes :

- La roue R (fig. 209), dont les dents pointues sont formées à l'inverse de ce qu'on voit généralement.
- Le rouleau de repos *e*, pièce cylindrique munie d'une petite coche semblable à celle d'un rouleau duplex.
- Un autre rouleau, solidaire de *e*, et monté sur le même axe, portant deux dents, *s*, *r*.
- La détente D, pivotant en *o* et munie deux bras, *d* et *c*, tous deux terminés par une fourchette.
- Le levier d'impulsion *a*, monté sur l'axe du balancier A.
- La cheville de dégagement *b*, ajustée à un plateau porté par le même axe, ou directement à un des bras du balancier.
- La fourchette du bras *d* de la détente travaille avec la cheville *b*, et celle du bras *c* avec la dent *r*. Un arc, *u*,

faisant corps avec un des becs de la fourchette, *c*, sert d'arrêt à la dent *s*. Un troisième bras de la détente n'est là que pour l'équilibre.

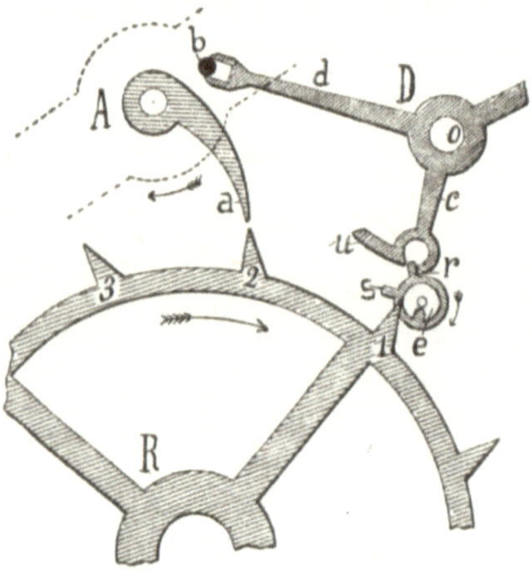

Fig. 209.

Nous pouvons maintenant suivre le fonctionnement du mécanisme.

Le balancier, après avoir reçu une impulsion de la dent 2, agissant contre le levier *a*, revient en sens contraire, c'est-à-dire dans la direction marquée par la flèche, pendant que la roue reste en repos, sa dent 1 appuyée contre le rouleau *e*.

La cheville *b* pénètre dans la fourchette *d* et entraîne la détente. La fourchette *c*, agissant alors sur la dent *r*, fait tourner le rouleau *e* ; cette rotation est limitée par la dent *s* venant faire arrêt contre l'arc *u*. La petite coche, dont est muni ce rouleau *e*, se présente à la pointe de la dent 1 et celle-ci y pénètre. Sous l'effort de cette dent, le rouleau tournerait pour la laisser échapper, mais le bras *c* a parcouru encore un certain chemin vers la droite, la dent *r* est sortie de la fourchette pour prendre position également contre l'arc *u* ; le rouleau est ainsi immobilisé et il ne pourra céder à la pression exercée par la dent 1 sur la petite coche, que lorsque la cheville *b* reviendra entraîner la détente en sens contraire. La dent *r* entrant de nouveau dans la fourchette *c*, la dent 1 pourra s'échapper, et le levier *a* recevra une impulsion de la dent 3, impulsion qui se terminera par l'arrivée de la dent 2 à l'arrêt contre le rouleau *e*.

Par suite de la forme spéciale des dents, l'impulsion a lieu, non pas par la pointe des dents agissant contre le flanc du levier, mais bien par le flanc avant des dents poussant le levier par sa pointe. L'inventeur trouve un grand avantage à avoir un levier de réception, *a* qui ne change pas de longueur au cours de l'impulsion, mais il ne parle pas du changement de longueur que subit le levier de la dent qui agit. L'absence de ressorts est, selon lui, ce qui rend son mécanisme supérieur à l'échappement à détente ordinaire.

***

Dans le mécanisme fig. 210, nous voyons une combinaison de l'ancre, du duplex et de la détente. On a cherché à supprimer le coup perdu, tout en augmentant la sécurité des repos.

La roue R est double, ou porte une double rangée de dents, les unes dans le même plan que la serge, les autres en saillie verticale sur cette dernière.

La pièce d'échappement, F, qui pivote en *o*, est terminée comme une fourchette d'échappement à ancre, et elle travaille avec le bouton *b*, monté sur un levier porté par l'axe du balancier. Sur le même axe se voit le plateau A, portant le levier d'impulsion *a*, semblable à celui de l'échappement duplex. Nous avons encore, sur l'axe du balancier, un petit plateau de sûreté, représenté en pointillé, lequel se trouve dans le même plan qu'un dard vissé à l'extrémité de la fourchette et qu'on ne voit pas sur notre dessin.

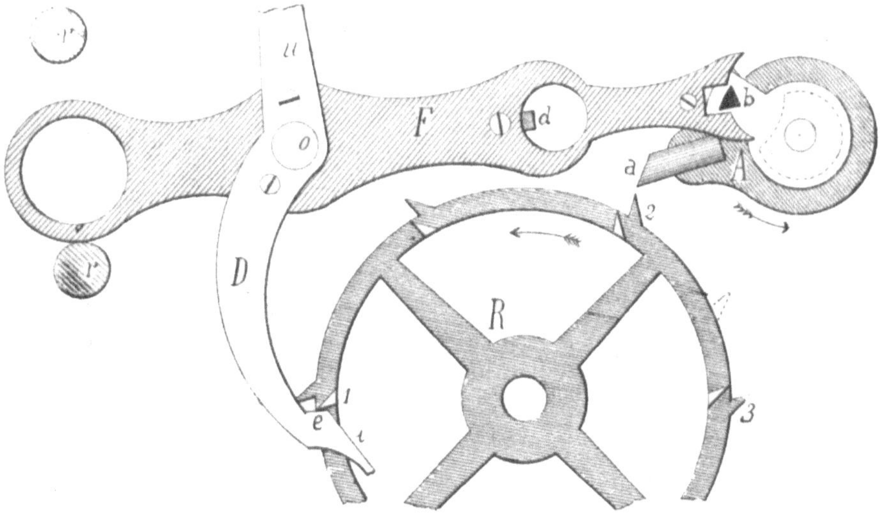

Fig. 210.

Sous la pièce d'échappement, on voit, en *d*, une palette de repos placée dans le même plan que les dents de la grande roue, et servant à arrêter celles-ci. Un levier D, fixé sur la même pièce, porte un repos *e*, ainsi qu'un incliné d'impulsion *i*, qui travaille avec les dents de la petite roue. Le bras *u*, faisant corps avec l'ensemble, n'est là que pour l'équilibre. Nous voyons enfin deux plots *r*, *r*, fixés à la platine et qui limitent le chemin de la fourchette.

Notre dessin représente le mécanisme au moment où la dent 2, ayant donné une impulsion au levier *a*, la dent 1 est tombée en repos en *e*. Le balancier a parcouru son arc supplémentaire, puis il revient dans le sens marqué par la flèche. Le bouton pénètre alors dans la coche de la fourchette et entraîne cette dernière, dégageant ainsi la dent 1, qui glisse sur l'incliné *i*, et communique une impulsion, laquelle est transmise par la fourchette au balancier. Cette impulsion se termine par l'arrivée de la dent 2 au repos contre la palette d'arrêt *d*.

À l'oscillation suivante, le bouton *b* entraîne la fourchette dans l'autre sens, la dent 2 s'échappe de l'arrêt *d*, et la dent suivante, 3 qui, à ce moment, se trouve à l'endroit que nous désignons par un pointillé, atteint le levier *a*, et donne au balancier une impulsion en sens contraire de la précédente. Les organes se retrouvent alors dans la position où nous les voyons sur le dessin.

Cet échappement est ingénieux, mais il est plus ouvragé qu'un échappement à ancre et il n'offre aucun avantage sur ce dernier ; il exige, en outre, une très grande précision si on veut en obtenir un bon fonctionnement.

***

Le curieux mécanisme que représente notre fig. 211, a été adapté par Breguet à l'un de ses chronomètres, construit vers 1795. Il est bien certain, qu'exécuté par ce maître, cet échappement devait fonctionner convenablement, mais nous doutons qu'un autre horloger, après lui, ait pu en tirer parti.

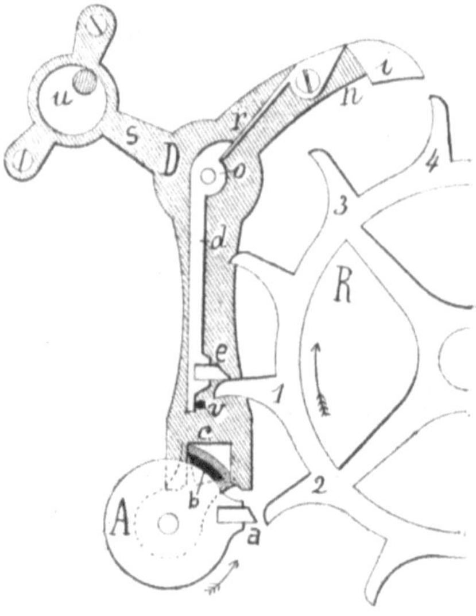

Fig. 211.

La détente D, qui pivote en *o*, a trois bras : *c, n, s.* Le premier, *c*, est formé comme la fourchette d'un échappement à ancre ; il porte, à son extrémité, un dard vissé, qui n'est pas représenté sur notre dessin.

L'extrémité du bras *n* est garnie, dans son épaisseur, d'un rubis à tranche concave, contre lequel s'appuient et glissent les dents de la roue.

Le troisième bras, *s*, sert à limiter le chemin parcouru par la détente ; il porte un cercle, à l'intérieur duquel passe une cheville, *u*, fixée à la platine. Ce cercle est muni de deux oreilles, destinées à recevoir des poids pour l'équilibre de la pièce.

La détente porte, en outre, pivotant autour de son axe, *o*, un détentillon, *d*, qu'un ressort *r*, fait appuyer contre la cheville, *v*, fixée sur la détente. Ce détentillon porte la palette de repos, *e*.

Sur l'axe du balancier est monté le plateau A, qui porte la palette d'impulsion *a* : sur le même axe, on voit un bras auquel est fixée la cheville de dégagement *b*, qui entre dans la coche de la fourchette.

Notre dessin montre la dent 1 de la roue, en repos contre la palette *e*. Le balancier tournant dans le sens indiqué par la flèche, le bouton entraînera la fourchette et, avec elle, le détentillon ; le dégagement de la dent 1 aura lieu. Ce dégagement est facilité par la forme même de la dent : aussitôt que la partie arrondie de cette dernière se présente à l'extrémité de la palette, le détentillon cède en s'éloignant de la cheville *v*.

La dent 1 quitte le repos et la dent 2 agit sur la palette d'impulsion *a*. Le détentillon se remet immédiatement en place sous l'influence du ressort *r*.

L'extrémité du bras *n* de la détente se rapproche du centre de la roue, et la palette, *i*, arrête la roue par sa dent 3, pendant que le balancier parcourt son arc supplémentaire.

Dans l'oscillation en sens contraire, le bouton, *b*, ramène la fourchette vers la droite ; le bras, *n*, s'éloigne de la roue et laisse échapper la dent 3, qu'il retenait. Cette dent glisse contre la palette *i*, et va prendre la place de la dent 4, pendant que la dent 2 va s'arrêter contre la palette *e*. Une nouvelle oscillation d'impulsion recommence alors.

***

Le dessin suivant (fig. 212), nous montre un échappement libre assez curieux, qui a été exécuté vers 1790 et qui, malgré les défauts qu'il présente, mérite d'être signalé.

Ce mécanisme comporte deux détentes, D et A, montées toutes deux sur pivots et munies toutes deux d'un ressort en spirale. La détente D porte le bras d'arrêt *e* ; dans sa position de repos, elle s'appuie contre la cheville *i*, par son bras *n*. Un troisième bras, *r*, met la pièce en communication avec la seconde détente A.

Cette détente, A, est munie d'un bras de dégagement, *d*, et du bras *s* ; ce dernier est, dans la position de repos, appuyé contre le bras *r* ; le ressort de D doit être suffisamment fort pour ne pas céder sous cette pression et pour ramener les deux détentes au repos, malgré l'effet contraire du ressort de A.

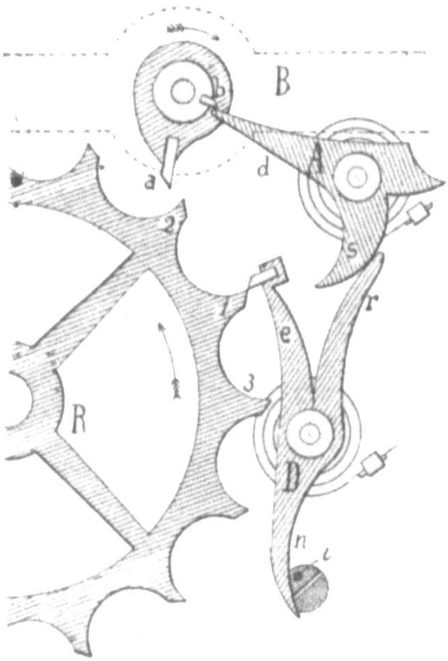

Fig. 212.

Les autres pièces de l'échappement sont : la roue R, le doigt de dégagement *b*, et le levier d'impulsion *u* ; ces deux derniers montés sur l'axe du balancier B. Le fonctionnement est le suivant : le doigt *b*, qui tourne comme la flèche l'indique, agit sur le bras *d* de la détente A : le bras *s* communique le mouvement à la détente D, dont le bras e laisse échapper la dent 1 de la roue. Notre dessin représente le mécanisme au moment où l'action du dégagement va se terminer ; la dent 2 communique alors l'impulsion au balancier, par l'intermédiaire du levier *a*.

Dans l'oscillation en sens contraire, qui est l'oscillation muette, le doigt, *b*, atteint le bras, *d*, dans l'autre sens, et la décente s'écarte légèrement de sa position de repos, pour reprendre aussitôt cette position, sous l'influence de son ressort spiral.

Cette dernière fonction nous paraît difficile à réaliser d'une façon satisfaisante, car la détente D subira toujours un certain déplacement sous l'action de la détente A, revenant s'appuyer contre le bras *r*. Il paraît cependant que ce mécanisme a donné de bons résultats ; c'est du moins ce que son auteur affirme.

***

Les deux dessins suivants nous montrent des mécanismes qui, d'après leurs auteurs, constituent des perfectionnements de l'échappement libre à ancre.

L'inventeur du système représenté par la fig. 213, nous dit que son mécanisme offre, sur l'échappement à ancre usuel, les avantages d'un dégagement plus facile et d'une impulsion plus énergique, avec moins de frottements.

Nous ne voulons pas nous arrêter à examiner si ces avantages existent réellement ; nous nous contenterons de décrire le mécanisme et de le représenter tel que nous le trouvons parmi les brevets enregistrés en Suisse.

La roue, qui a deux séries de dents pointues, est exactement semblable à une roue d'échappement duplex. Les longues dents servent aux repos, pendant que celles de la denture intérieure, en relief sur la serge de la roue, opèrent les impulsions.

L'ancre, A, a deux leviers, *e* et *s*, qui ne servent que pour les repos ; les impulsions se donnent directement sur la fourchette, F, munie à cet effet d'un levier *u*, travaillant avec les dents intérieures de la roue. Les impulsions n'ont lieu qu'au cours d'une oscillation sur deux ; l'oscillation de retour est muette.

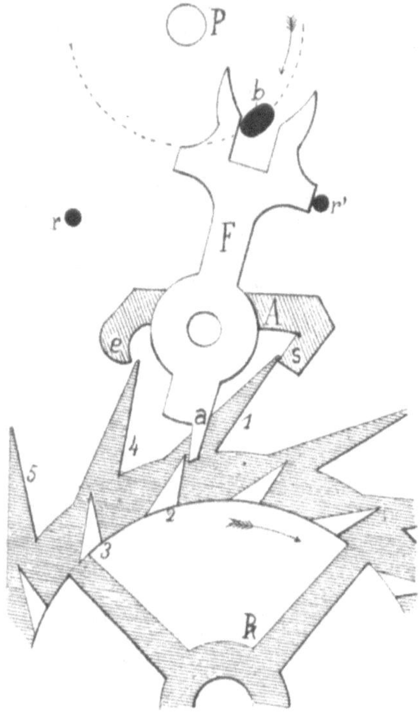

Fig. 213.

Sur notre dessin, le bouton, *b*, est sur le point d'entraîner la fourchette et de dégager la dent 1, de la roue, en repos contre le levier, *s*, de l'ancre. Ce dégagement étant opéré, la dent, 2, agira sur le levier, *a*, de la fourchette et l'impulsion qui en résultera se terminera par l'arrivée de la dent 5, au repos contre le levier *e*, de l'ancre. La fourchette passe de l'autre côté et va s'appuyer contre la limite *r*. À l'oscillation suivante, elle reprend la position où nous la voyons sur le dessin, et la dent 5 échappe du levier *e*, pour prendre, après une petite chute, la position dans laquelle nous voyons la dent 4. Cette dernière, qui était arrêtée à une petite distance du levier *s*, tombe alors en repos sur ce levier, et une nouvelle impulsion est prête à se produire.

Les leviers de repos *e* et *s*, sont formés différemment, nous ne savons pas pour quel motif. Le levier *e*, est d'une forme à peu près concentrique au point de pivotement de l'ancre tandis que le levier *s* ressemble au levier de sortie d'une ancre ordinaire.

Nous avons là encore une invention que son auteur a sûrement fait breveter en pure perte.

***

Un mécanisme qui ne doit pas avoir eu plus de succès que le précédent, est celui qu'on voit fig. 214. Son auteur le trouve parfait à tous points de vue,

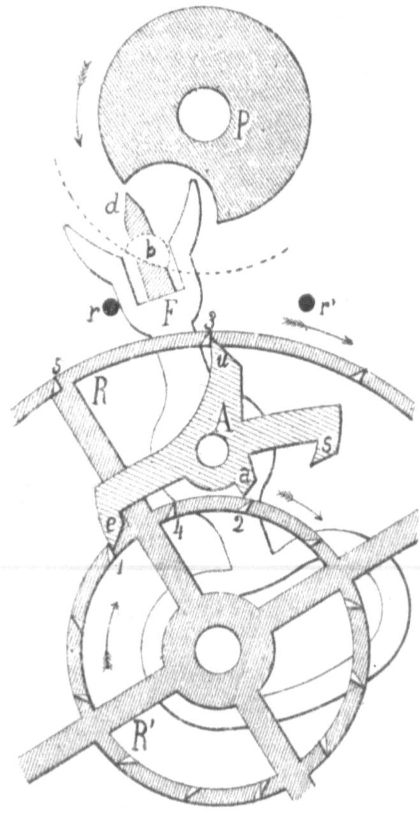

Fig. 214.

parce qu'il réalise, selon lui, la levée sur la ligne des centres, mais il ne tient aucun compte de la complication apportée au mécanisme et de la difficulté que présente sa construction.

La roue est double, c'est-à-dire qu'elle porte deux séries de dents triangulaires, en relief sur son plan. L'ancre est double également, puisqu'elle a deux leviers d'arrêt, *e* et *s*, et deux leviers d'impulsion, *a* et *u*. Le point de pivotement de l'ancre et de la fourchette est placé intérieurement à la circonférence de la grande roue R et extérieurement à celle de la petite roue R'. L'axe doit donc être suspendu au-dessus de la roue, ce qui est une complication de plus. Dans notre dessin, nous avons mis la fourchette sous la roue, tandis qu'il faut se la représenter de l'autre côté, c'est-à-dire sur l'ancre.

Les dents de la petite roue, R' servent aux repos contre les becs *e* et *s*, et fournissent une des impulsions, en agissant sur le levier *a*. Celles de la grande roue, R, ne servent qu'aux impulsions et travaillent avec le levier *u*.

Nous voyons, sur notre dessin, la dent 1 de la petite roue en arrêt contre le bec de repos *e*, et la fourchette appuyée contre sa limite *r*, à gauche. Le bouton, *b*, va opérer le dégagement en entraînant la fourchette vers la droite : la dent 1 échappera et la dent 3 de la grande roue agira sur le levier d'impulsion *u*.

La fourchette prend alors place contre la limite *r*, et le bec s arrête la dent 2. La dent 4 se trouve alors en position pour agir sur le levier *a*, et elle donnera une impulsion en sens contraire de la précédente après le dégagement de la dent 2, du bec *s*.

Nous ne voulons pas nous arrêter à étudier plus longuement ce mécanisme, dont la construction n'apporte aucun avantage sérieux, en compensation des complications qu'elle entraîne.

***

Aux deux mécanismes que nous venons de décrire, nous préférons, au point de vue pratique, les deux qui suivent, malgré leur aspect quelque peu rudimentaire.

Ces deux échappements constituent deux variations d'un même système ; ils n'ont, du reste, aucune prétention : ils s'offrent modestement pour être appliqués aux réveils ordinaires et aux petites pendulettes à balancier circulaire.

Le principe de fonctionnement de ce système est assez ingénieux : La roue d'échappement a 30 dents au lieu de 15, et chacune des dents ne fournit qu'une impulsion. Cette impulsion s'opère contre le levier *s* de l'ancre A. L'autre levier, *e*, est destiné aux repos ; son extrémité est formée concentriquement au point de pivotement de l'ancre, de sorte que les dents de la roue s'y appuient sans qu'il n'y ait ni tirage ni impulsion.

La communication entre l'ancre et le balancier est traitée ici de façon toute particulière. La fourchette est remplacée par un bras portant, à son extrémité, deux plans inclinés *c* et *d*, qui travaillent avec une cheville implantée dans un des bras du balancier B.

Dans la construction fig. 216, qui n'est qu'une autre disposition du même système, la cheville est portée par le bras F de l'ancre et les plans inclinés sont disposés à l'extrémité d'un doigt porté par l'axe du balancier B.

Voyons maintenant le fonctionnement : le balancier tourne comme l'indique la flèche sur la fig. 215 ; la cheville *b* a atteint le plan incliné *d*, et a repoussé le bras F, ce qui a eu pour effet de dégager la dent 1 du repos *e*. Au moment où la cheville *b* atteint le sommet des deux

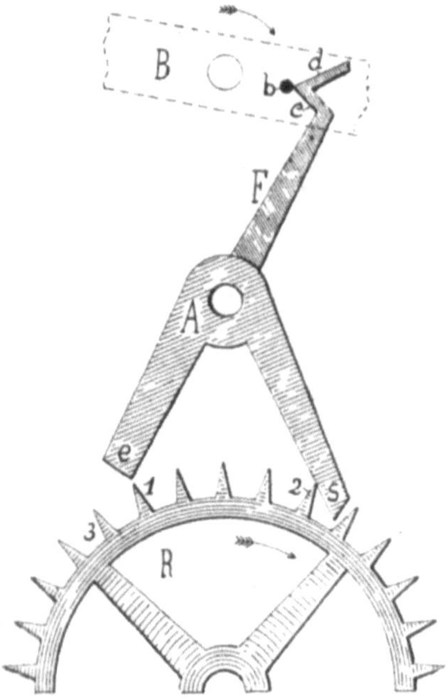

Fig. 215.

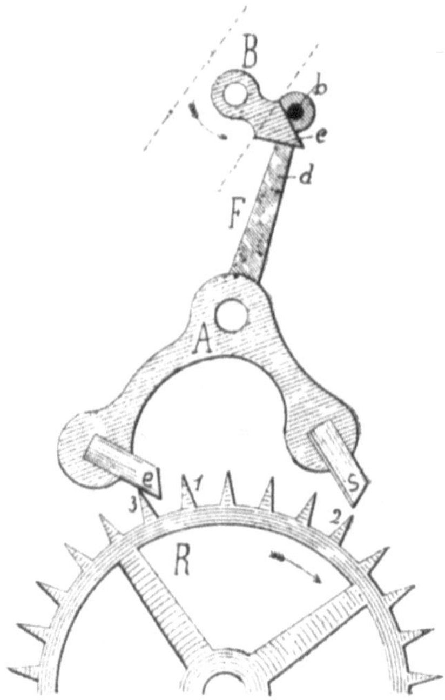

Fig. 216.

inclinés, la dent 2 commence son impulsion contre le levier *s* ; le bras F agit alors à son tour, et transmet cette impulsion, par son plan incliné *c*, à la cheville *b*.

Le balancier continue donc sa rotation dans le même sens et la dent 3 arrive au repos contre le levier *e*, ainsi qu'on le voit fig. 216.

Sur cette figure, le balancier revient en sens contraire. Par son plan incliné *c*, le doigt écarte la cheville *b*, puis cette cheville agit sur l'incliné *d*, pour communiquer au balancier une nouvelle impulsion reçue de la dent qui suit la dent 2.

Cette impulsion a lieu en sens contraire de la précédente et chaque dent n'en donne qu'une.

Les limites ou plots de renversement sont inutiles dans cet échappement.

***

Aussitôt que le principe de la fourchette isolant le balancier pendant l'arc supplémentaire eut été reconnu intéressant, on chercha à l'appliquer aux différents échappements alors connus, et spécialement aux échappements à repos qui, dans les pendules, donnaient des résultats appréciables.

C'est ainsi que les deux mécanismes représentés par nos fig. 88 et 89, furent transformés en échappements libres et adaptés aux montres sous la forme montrée par les fig. 217 et 218 ci-après.

Le premier de ces mécanismes est l'échappement dit *à manivelle* ; il est dû à l'horloger anglais Dent. Adapté aux montres, il prit le nom d'*échappement épingle*, à cause de la cheville qui constitue l'unique dent actionnant la pièce d'échappement.

La roue d'échappement est remplacée par une roue à denture ordinaire, conduisant un pignon supplémentaire. Sur l'axe de ce pignon est monté le disque D, portant l'épingle, qui est en

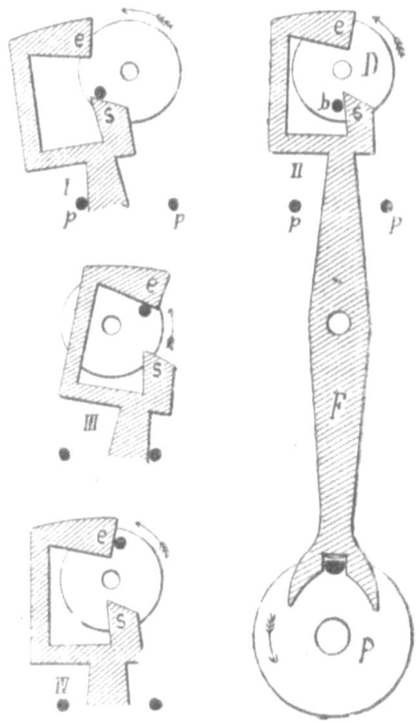

Fig. 217.

or ou en rubis. C'est cette épingle qui, travaillant avec la pièce d'échappement, opère les repos et les impulsions.

Notre fig. 217 représente l'échappement dans quatre positions différentes, permettant de suivre avec facilité le jeu des fonctions. En I, la cheville est en repos contre le levier de sortie *s* ; par suite de la direction du plan de repos de ce levier, la pression de la cheville a pour effet de maintenir la pièce d'échappement appuyée contre le plot *p*. C'est le tirage, et quand, par l'entremise de la fourchette F, le balancier viendra dégager la pièce d'échappement, il y aura un léger recul de la cheville, puis celle-ci s'engagera contre le plan de levée du levier *s*, pour donner l'impulsion. Cette impulsion est en cours en II, et elle se termine en III par une forte chute et par l'arrivée de la cheville contre le repos du levier d'entrée *e*. Ici, il y a tirage également, et la pièce d'échappement est maintenue contre le plot *p'* ; après un nouveau dégagement, la cheville passe, comme on le voit en IV et elle agit contre le plan de levée de *e*, donnant ainsi une impulsion en sens contraire de la précédente.

Le seul avantage de cet échappement est qu'il marche sans huile ; il exige un mobile de plus, dont la force, très faible, est en partie inutilisée par suite de l'importance des chutes.

⁂

Les chutes sont plus faibles dans le mécanisme du même genre représenté fig. 218, mais ici le rayon d'action de la cheville, proportionnellement à la longueur du bras du levier de la pièce d'échappement A, est beaucoup plus réduit. En I, la cheville agit contre le

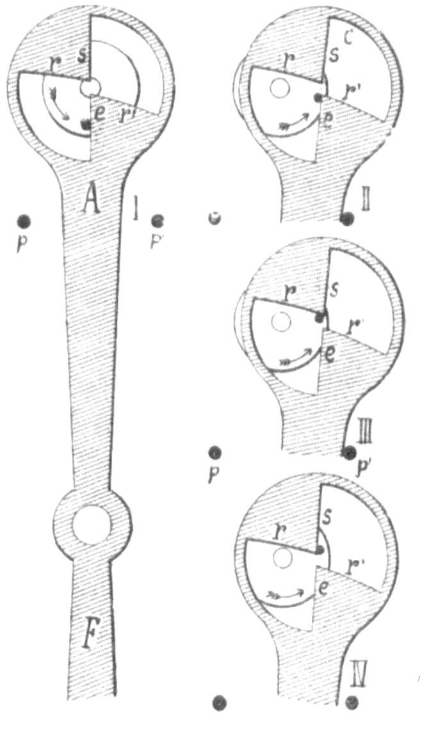

Fig. 218.

plan d'impulsion *e* ; en H, l'impulsion s'achève ; en III, la cheville est arrêtée au repos *r*, et la pièce d'échappement est maintenue par l'effet du tirage contre le plot *p'*. En IV, le dégagement a été opéré, la pièce d'échappement quitte le plot et la cheville commence son impulsion contre le plan *s*, puis elle s'arrêtera contre le repos *r'*.

Nous voyons, fig. 219, une autre disposition, dans laquelle la chute est diminuée par suite de l'emploi d'une roue d'échappement à trois dents. La dent 1 est en repos et la dent 2 est prête à agir contre le levier *e*, quand le dégagement de la pièce d'échappement A aura été effectué au moyen de la fourchette F. À l'issue de cette impulsion, la dent 3 s'arrêtera au repos *r'*, puis une impulsion en sens contraire sera donnée par la dent 1, agissant contre le plan *s*.

On remarque immédiatement l'inégalité de longueur des leviers V*e* et V*s* ; cette inégalité a pour résultat, on le comprend, une différence notable dans l'intensité des impulsions transmises par la fourchette au balancier.

Ce défaut se présente également dans l'échappement à une dent, comme il existe aussi dans celui à sept dents que nous voyons plus loin.

⁂

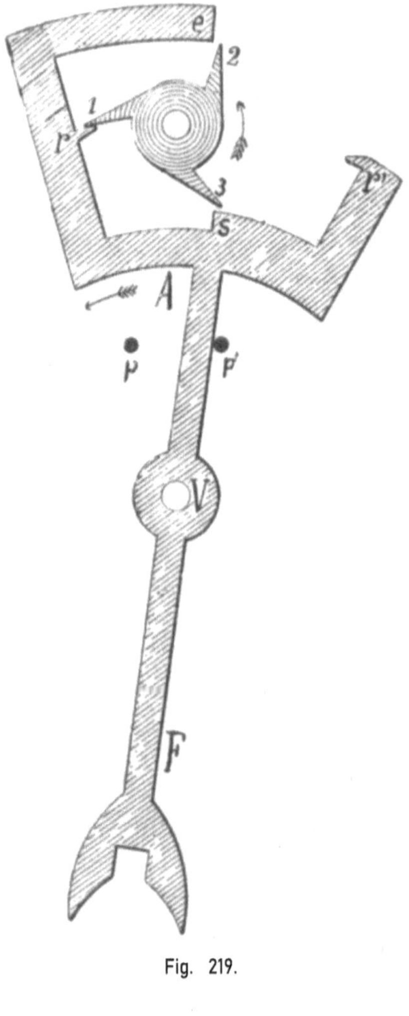

Fig. 219.

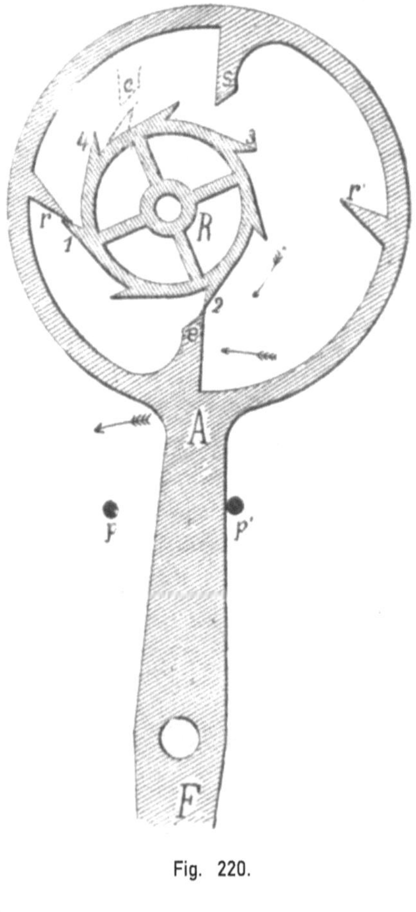

Fig. 220.

Celui-ci, fig. 220, conserve tous les défauts des précédents et il offre encore moins de sûreté dans ses fonctions.

Quand la dent 1, au repos en *r*, sera dégagée, la dent 2 agira sur le levier d'impulsion *e*. À la fin de cette impulsion, la dent 3 s'arrêtera en *r'*, la dent 4 sera où on la voit dessinée en pointillé, et le levier *s* se trouvera en *c*. Au dégagement suivant, ce levier repassera à proximité de la dent 4, de façon à se trouver sur le parcours de cette dent à l'instant du décrochement, pour en recevoir une nouvelle impulsion en sens contraire.

***

L'échappement à chevilles, inventé par Amant et perfectionné par Lepaute, avait donné d'excellents résultats dans les horloges ; on ne pouvait manquer de chercher à lui appliquer le principe de la fourchette et à en faire un échappement libre destiné à l'horlogerie portative.

Nous avons déjà vu comment Lepaute, lui-même, avait modifié son échappement, en vue de son emploi dans les montres ; c'était en 1750, et la fourchette n'était pas inventée encore. C'est Tavan, horloger genevois, qui fit l'application de la fourchette à l'échappement à chevilles, et la construction qu'il adopta est représentée fig. 221.

On y reconnaît les deux leviers de l'échappement primitif dont on a allongé les faces d'impulsion. Pour compenser la différence de longueur des deux bras, on a donné une forme concave au levier *e* et une forme convexe au levier *s*, dont le bras est plus long.

La cheville 3 vient d'échapper de *s* ; la cheville 1 est au repos en *e*, et la fourchette appuyée contre le plot *p*. Le dégagement opéré par le balancier, permet à la cheville 1 de transmettre une nouvelle impulsion.

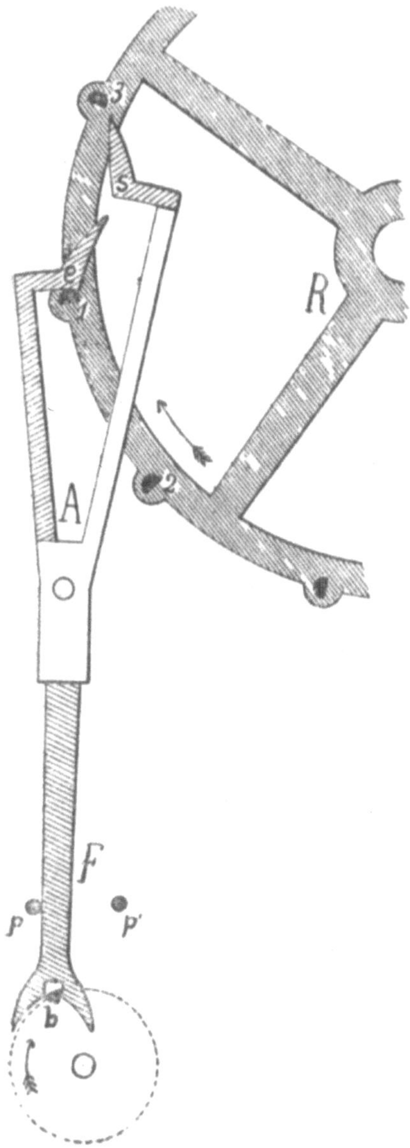

Fig. 221.

***

Par l'invention représentée fig. 222, on a cherché à réaliser un perfectionnement en même temps qu'une simplification de l'échappement à ancre. L'ancre est en effet simplifiée, puisqu'il n'y en a plus ; elle est remplacée par une

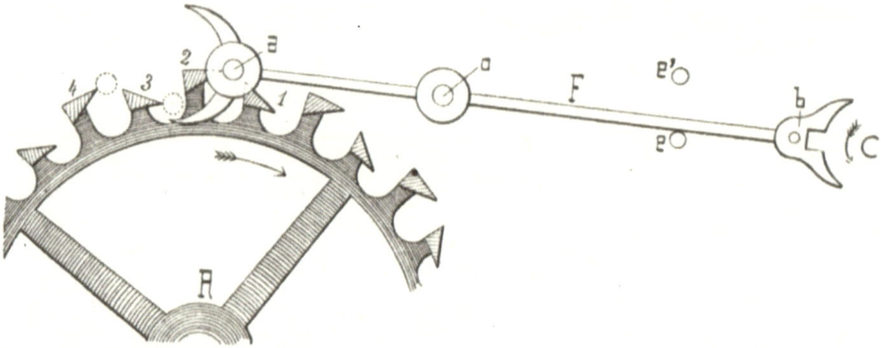

Fig. 222.

simple cheville de pierre dure. Malheureusement cette cheville est fine et par conséquent très fragile ; quant à la roue, sa fabrication doit présenter des difficultés sérieuses.

Le fonctionnement de cet échappement n'est cependant pas douteux, car nous avons vu marcher ce mécanisme sur plusieurs mouvements de montres.

La roue R est formée comme celle d'un échappement à cylindre, mais avec une double denture. Les dents sont au nombre de 28 et elles portent alternativement des inclinés intérieurs et extérieurs. Ces inclinés agissent sur la cheville *a*, qui reçoit les impulsions alternativement dans les deux sens.

Cette cheville *a* est portée par la fourchette F, qui pivote en *o* et dont la partie *b*, travaillant avec le balancier, est formée exactement comme dans l'échappement à ancre ordinaire.

Le fonctionnement de ce mécanisme n'est pas difficile à comprendre, quand on a bien saisi le mode d'action de la roue.

La dent 1 vient de repousser la cheville *a* vers l'extérieur, et la dent 2 est tombée en repos. Comme le centre de la cheville arrive un peu en dehors de la circonférence de la pointe de la dent, il se produit un certain tirage qui assure la stabilité de la fourchette et qui fait appuyer cette dernière contre la cheville de renversement *e*.

Le balancier termine son oscillation dans le sens marqué par la flèche, puis il revient en sens contraire. Il entraîne la fourchette et le dégagement a lieu. La dent 2 agit alors par son incliné, qui est intérieur, pour pousser la cheville dans la direction du centre de la roue.

Il se produit donc une impulsion en sens contraire de la précédente, et cette impulsion se termine par l'arrivée de la dent 3, au repos contre la cheville. Ici aussi, il y a le tirage voulu pour la stabilité de la fourchette.

À la nouvelle oscillation du balancier dans le sens de la flèche, la cheville est renvoyée vers l'extérieur, par l'incliné de la dent 3 et c'est la dent 4 qui, à son tour, est arrêtée.

***

La fig. 223 nous montre un échappement d'un système tout particulier, inventé vers 1890 ; cette construction avait été chaudement recommandée par des horlogers compétents ; les qualités qu'on lui prêtait ne se sont sans doute pas confirmées par la pratique.

La pièce d'échappement, A, a une forme très spéciale. Elle porte une coche, *d*, dans laquelle pénètrent les dents de la roue pour l'impulsion ; des deux côtés de cette coche se trouvent les faces de repos, l'une *s*, est concentrique ; l'autre, *e*, excentrique et de rayon un peu plus grand que la première. Deux arrêts, *r r*, servent à limiter le parcours de la pièce entre les dents de la roue ; deux cornes, *c c* , reçoivent le bouton, *b*, du grand plateau, tout en faisant fonction de dard, correspondant au petit plateau, P.

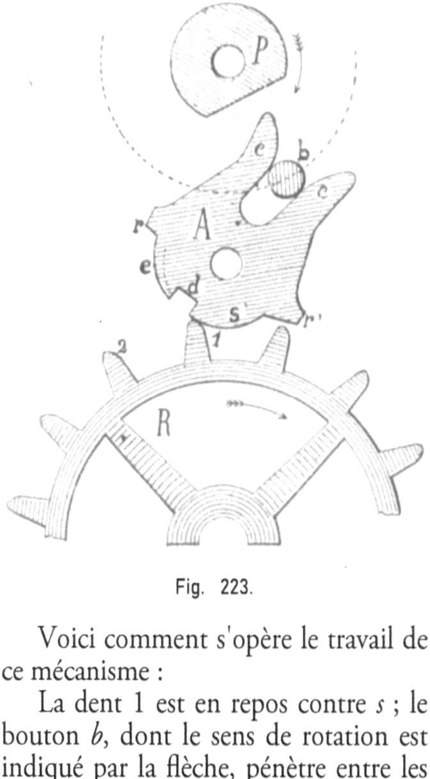

Fig. 223.

Voici comment s'opère le travail de ce mécanisme :

La dent 1 est en repos contre *s* ; le bouton *b*, dont le sens de rotation est indiqué par la flèche, pénètre entre les cornes *c c*, et entraîne la pièce A vers la gauche. La dent 1 entre dans la coche *d* et elle agit contre la paroi de droite de cette coche ; l'impulsion qui en résulte se termine par l'arrivée de la dent 2 en repos contre *e*.

Le balancier revient en sens contraire ; le bouton entraîne la pièce A et la ramène, sans qu'il y ait impulsion, dans la position de la figure. Le rayon de *e* étant un peu plus grand que celui de *s*, il se produit une petite chute au moment où la coche passe devant la dent 2 ; celle-ci prend la place de la dent 1, et se trouve prête à donner une nouvelle impulsion.

Les impulsions ne se donnent donc que dans un seul sens et la levée est excellente comme effet utile ; la transmission au balancier se fait dans de bonnes conditions, mais la pièce d'échappement manque de stabilité.

***

Voici un échappement, fig. 224, combinaison du duplex et de l'ancre, qui présente une certaine analogie avec celui que nous avons vu fig. 151.

Le but de cette construction est d'obtenir, de la roue des secondes qui actionne la roue d'échappement, des sauts correspondants à 1/60 de tour, c'est-à-dire d'une seconde entière. Pour obtenir ce résultat dans une montre à balancier faisant 14.400 oscillations par heure, soit 4 à la seconde, la roue d'échappement doit sauter de 1/6 de tour toutes les 4 oscillations seulement. C'est ainsi qu'elle travaille dans le mécanisme représenté fig. 151.

Mais la marche de 14.400 oscillations à l'heure est trop lente pour une pièce portative ; le balancier est facilement influencé par les secousses ; on préfère la marche de 18.000 oscillations à l'heure, 5 à la seconde, ou celle de 21.600, 6 à la seconde.

Pour obtenir, avec 21.600 oscillations, des sauts d'une seconde, la roue d'échappement ne doit donner 1/6 de tour que toutes les 6 oscillations. Ce résultat pouvait être obtenu en ajoutant une troisième pointe aux dents de la roue du mécanisme, fig. 151 ; mais il s'agit, là d'un échappement à repos ayant déjà trois oscillations muettes ; on

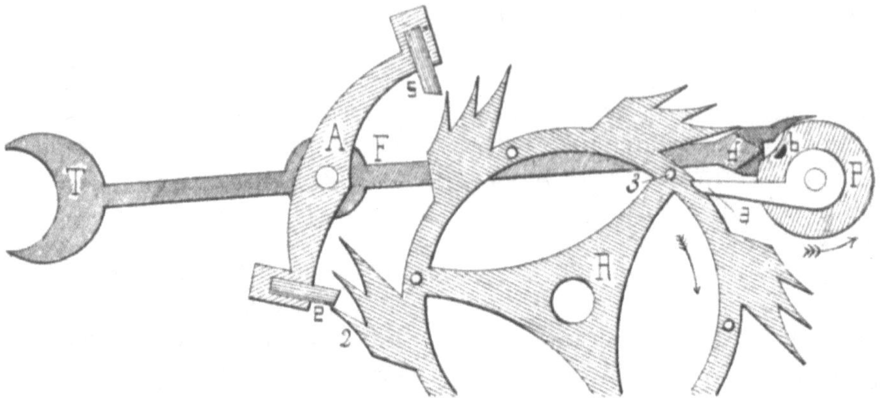

Fig. 224.

ne pouvait guère en ajouter deux nouvelles sans risquer une diminution trop sensible de l'étendue des oscillations.

Les repos contre l'axe du régulateur étant supprimés, c'est-à-dire l'échappement étant transformé en échappement libre, on pouvait sans trop d'inconvénients, arriver à ce que le balancier se contentât d'une impulsion sur 6 oscillations. Le problème a été résolu par la construction imaginée, en 1860, par M. Ami S. Jeanrenaud, à Travers (Suisse).

Cette construction est d'autant plus intéressante , qu'aucune des oscillations n'est complètement muette ; le balancier reçoit, au cours de chacune d'elles, aussi bien dans un sens que dans l'autre, une petite impulsion qui suffit à l'entretien, en attendant l'impulsion principale.

La roue, R, porte 6 dents à triple pointe, qui fournissent, en travaillant avec les leviers *e* et *s* de l'ancre A, des repos très rapprochés et des impulsions qui suffisent à entretenir les oscillations du balancier.

Quand les trois pointes ont passé, il se produit alors un saut d'un sixième de tour de la roue, au cours duquel a lieu une impulsion que reçoit le levier *a*, monté sur l'axe du balancier. Ces impulsions, qui se reproduisent à chaque seconde, sont données par des chevilles implantées sur la serge de la roue.

On voit, sur notre figure, la dernière pointe de la dent 2, en repos contre le levier *e*, et la cheville *b*, sur le point d'opérer le dégagement. Une impulsion d'entretien a lieu contre l'incliné *e*, puis vient l'impulsion réelle, donnée par la cheville 3, agissant contre le levier *a*. La première pointe de la dent 2 tombe alors en repos contre le levier *s*, et le mécanisme fonctionne pendant les six oscillations suivantes, à la façon de l'échappement à ancre.

Le chemin parcouru par la roue d'échappement au cours des impulsions d'entretien est presque imperceptible sur la roue de secondes, et le parcours pendant lequel s'accomplit l'impulsion principale, complète le saut d'une seconde.

***

Nous terminons ce chapitre en présentant encore un échappement combiné pour donner la seconde morte, c'est-à-dire une aiguille sautant d'un seul coup d'une seconde à l'autre, en fournissant une impulsion à chaque quatrième oscillation. On voit, dans ce mécanisme, une pièce qui fait repos contre l'axe du régulateur, lequel est muni d'un petit rouleau semblable à celui du duplex ; nous le classons cependant parmi les échappements libres, car le repos réel, celui de la roue d'échappement, a lieu contre une pièce intermédiaire.

Si l'inventeur de cet échappement, que nous représentons ci-après dans quatre des phases de son fonctionnement, s'est donné pour tâche d'établir un mécanisme de construction particulièrement délicate et compliquée, on peut dire qu'il a pleinement réussi.

Cette combinaison du duplex et de la détente, comprend les organes suivants : une roue R, portant deux séries de 6 dents, les unes situées dans le plan de la roue et les autres en relief sur la serge.

Une détente, pivotant en *u* et portant un bras *d*, à l'extrémité duquel se trouve une pièce mobile, de forme irrégulière, munie de 4 bras ou becs, *o, s, n, c*. À l'état de repos, cette pièce, sous l'action d'un ressort *r*, qui pousse une cheville du bras *c*, est en arrêt, par son bec *n* s'appuyant contre une autre cheville implantée dans le bras d de la détente.

Les deux autres becs, *o, s*, travaillent avec le petit rouleau P, monté sur l'axe du balancier.

La détente elle-même, est sous l'influence d'un ressort en forme de spiral qui agit au centre de pivotement, pour faire appuyer la pièce contre le plot d'arrêt *i*.

Elle porte un repos circulaire *e*, entaillé presque jusqu'au diamètre pour le passage des longues dents de la roue, ainsi qu'un levier *b*, contre lequel agissent les dents en relief pour armer la pièce, c'est-à-dire l'écarter de son repos *i*.

Nous avons enfin, sur l'axe du balancier, le petit rouleau P, encoché comme celui d'un échappement duplex, ainsi qu'un levier *a*, contre lequel agissent les dents pour l'impulsion.

Suivons la marche du mécanisme, que nous représentons dans quatre phases successives, A, B, C, D.

I. Phase A (fig. 225). La détente a été armée et elle est placée de façon à arrêter, en *e*, la dent 1 de la roue. Elle ne peut retomber contre son arrêt *i*, le bec *s* étant, appuyé contre le rouleau P.

Le balancier tourne dans le sens indiqué par la flèche, et la coche du petit rouleau passe devant le bec *s*, comme cela se produit pendant l'oscillation muette d'un échappement duplex.

II. Phase B (fig. 226). Le balancier revient en sens contraire ; le bec *s* est entré dans la coche du petit rouleau et il a passé de l'autre côté. C'est maintenant le bec *o* qui s'appuie contre le rouleau. La dent 1 est toujours en repos en *e*.

Une nouvelle oscillation muette a lieu ensuite puis, pendant l'oscillation qui suit, le bec *o* passe à son tour, et nous avons la phase C.

III. Phase C (fig. 227). Le bec *o* est passé de l'autre côté du rouleau, et la détente, n'étant plus retenue, tombe contre sa limite *i*. La dent 1 s'est échappée du repos *e* et la roue tourne.

La dent 2, qui se trouvait où nous la représentons en pointillé, atteint alors le levier *a* et lui communique une impulsion. Notre dessin pointillé représente le mécanisme au moment où cette impulsion vient de se terminer et où la dent, abandonnant le levier *a*, arrive en 2'. À ce moment, la dent 3 rencontre le levier *b*, qui se trouve dans la position *b'*, et elle repousse ce levier.

IV. Phase D (fig. 227). La dent 3 pousse le levier *b*, et la détente tout entière participe au mouvement. Le passage des becs, *o* et *s*, de l'autre côté du petit rouleau ne peut s'effectuer que

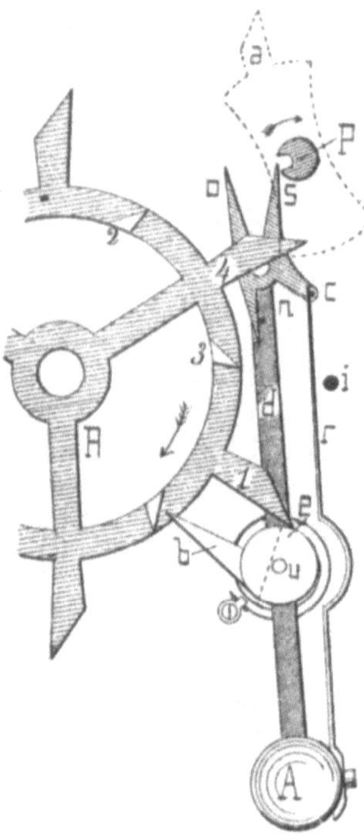

Fig. 225.

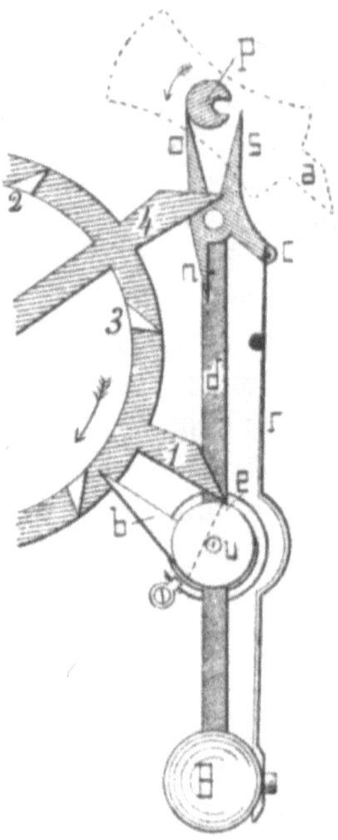

Fig. 226.

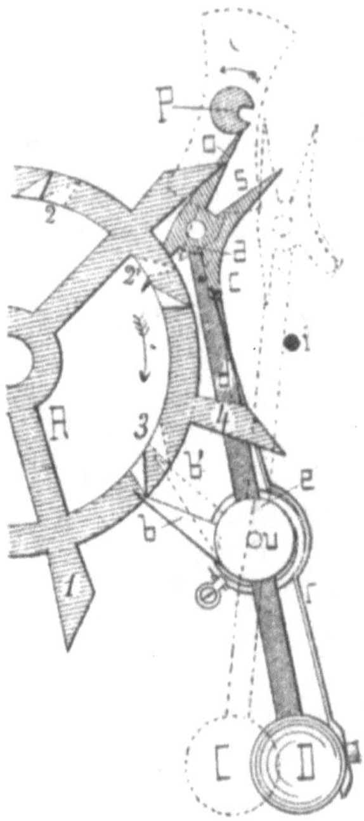

Fig. 227.

par suite du pivotement de la pièce sur le bras *d*. Le ressorte fléchit et, une fois le passage effectué, il repousse la pièce à son point de repos : la détente retombe alors contre le rouleau. On voit, sur le dessin, la dent 3 sur le point de terminer le relèvement de la détente ; le repos *c* est ensuite prêt à arrêter la dent 4.

VII - Échappements libres pour horloges

Échappements à détente

Nous avons vu comment l'échappement à détente, imaginé par Pierre Le Roy, fut amené, par les travaux des plus célèbres horlogers de tous les pays, à une perfection pour ainsi dire insurpassable. On comprend facilement que l'application de ce mécanisme, aux horloges à pendule, a dû tenter tous ceux qui s'occupaient de la mesure exacte du temps.

On constate, en effet, dans la seconde moitié du XVIIIe siècle, de nombreux essais d'application de l'échappement à détente aux horloges. On négligea l'échappement à ancre avec ses repos influençant directement le régulateur et on ne vit le salut que dans le mécanisme qui permettait au pendule, d'osciller en liberté, c'est-à-dire sans communication avec la roue d'échappement, sauf pendant les courts instants du dégagement et de l'impulsion.

Mais les prévisions fondées sur les brillants résultats obtenus dans les montres marines et les chronomètres, ne se réalisèrent pas, lorsqu'on fit l'application de l'échappement à détente dans les horloges à pendule ; ce mécanisme se montra inférieur à l'échappement ancre de Graham.

L'infériorité provient en première ligne de ce que l'échappement à détente exige des oscillations du pendule, plus étendues que celles qui suffisent à l'échappement de Graham. Quoique s'accomplissant librement, ces oscillations, par suite de leur étendue, ne sont plus dans les conditions voulues d'isochronisme pour donner le réglage précis qu'on attend d'elles.

***

On prétend que Galileo Galilei avait, avant Huyghens, appliqué le pendule aux horloges, mais que les revendications faites en sa faveur n'eurent lieu qu'après la publication des travaux

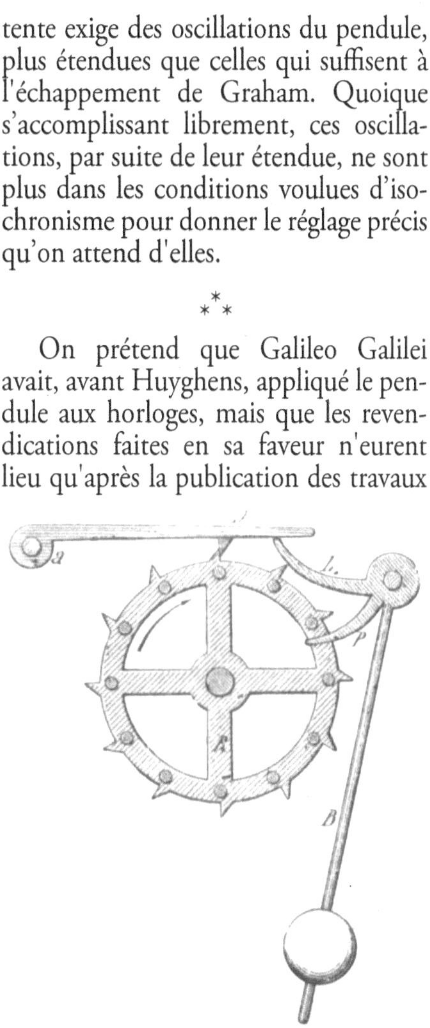

Fig. 228.

de Huyghens, ce qui leur enleva toute valeur.

On représente même l'échappement que Galilei aurait employé pour faire cette application. Or, cet échappement, dont nous reproduisons le dessin, fig. 228, n'est pas autre chose qu'un échappement libre à détente.

En effet, la roue est arrêtée par une pièce indépendante du pendule et elle n'a aucune action sur le régulateur, sauf pendant l'impulsion. Le dégagement est opéré par le pendule, qui reçoit ensuite l'impulsion directement de la roue.

La roue, R, est munie de dents de repos et de chevilles d'impulsion. Les repos se font contre un bec de la détente D, laquelle pivote en *a*. Deux bras, L et P, participent à tous les mouvements du pendule B ; le premier soulève la détente et dégage la roue lorsque le pendule oscille de droite à gauche. Le second, P, reçoit les impulsions communiquées par la roue, au moyen des chevilles, lorsque le dégagement a eu lieu, et que le pendule oscille vers la droite. Sur le dessin, nous voyons le levier L sur le point de soulever la détente D.

***

La fig. 229 nous montre une des constructions adoptées par Berthoud.

Le pendule B oscille en *s*, sur deux couteaux et il porte, au-dessus de son centre d'oscillation, la pièce d'échappement A qui reçoit les impulsions de la roue d'échappement R.

Les arrêts de la roue sont effectués par le bec, *a*, de la détente D, de telle façon que la pièce A puisse osciller librement entre deux dents. Un poids, *p*, adapté à un second bras de la détente, sert à maintenir le bec *a* engagé dans la circonférence de la roue et à le ramener dans cette position si on l'en écarte. Un plot d'arrêt, *u*, limite cette position.

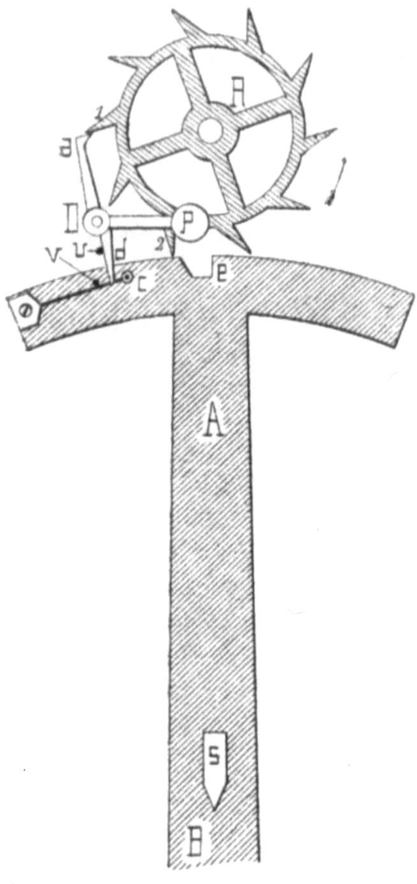

Fig. 229.

Un troisième bras, *d*, sert aux dégagements ; l'extrémité de ce bras se trouve sur le passage d'une cheville *c*, ajustée à un ressort monté sur la pièce d'échappement A. Le travail de ce ressort avec le bras *d*, se fait exactement de la même manière que celui du ressort utilisé par Berthoud dans son premier échappement libre.

Lorsque la pièce d'échappement, A, oscille de droite à gauche, la cheville *c* atteint l'extrémité du bras *d* ; ce bras étant arrêté par le plot le ressort cède et la cheville passe par-dessous.

Dans l'oscillation en sens contraire, le bras *d* est repoussé par la cheville *c* et il s'ensuit le dégagement de la dent arrêtée par le bec a.

Au moment où la roue dégagée commence à tourner, le plan d'impulsion *e*, formé par une entaille au bord de la pièce A, se trouve devant l'une des dents et reçoit l'impulsion de cette dent.

Sur notre dessin, on voit la roue arrêtée par sa dent 1 ; le levier A oscille vers la gauche et, au moment où la cheville *c* atteindra le bras *d*, le ressort de dégagement, appuyé contre la cheville *c* cèdera ; la cheville *c* passera de l'autre côté du bras *d*.

Au retour de l'oscillation, la cheville c repoussera le bras *d*, vers la droite, la dent 1 échappera et la dent 2 agira contre le plan *e*, pour l'impulsion.

Berthoud construisit le même échappement en disposant la pièce A au-dessus de la roue, avec une fourchette pour transmettre l'impulsion au pendule. C'est la disposition qu'on voit fig. 231 et qu'un constructeur moderne a reprise en remplaçant le ressort de dégagement par un cliquet.

***

Dans le mécanisme fig. 230, on reconnaît immédiatement l'idée du célèbre horloger Jurgensen : les deux roues accouplées, dont l'une donne des repos à l'extrémité d'un grand rayon, pendant que l'autre, plus petite, permet d'augmenter aussi la longueur du levier recevant les impulsions. (Voir fig. 162).

À part cette modification, à laquelle l'horloger danois semblait tenir beaucoup, mais qu'il a été seul à employer, nous voyons un mécanisme qui fonctionne exactement comme celui de Berthoud.

Les repos sont effectués par la grande roue, R', dont les dents sont arrêtées au moyen du levier, *a*, de la détente D. Les impulsions se donnent par la petite

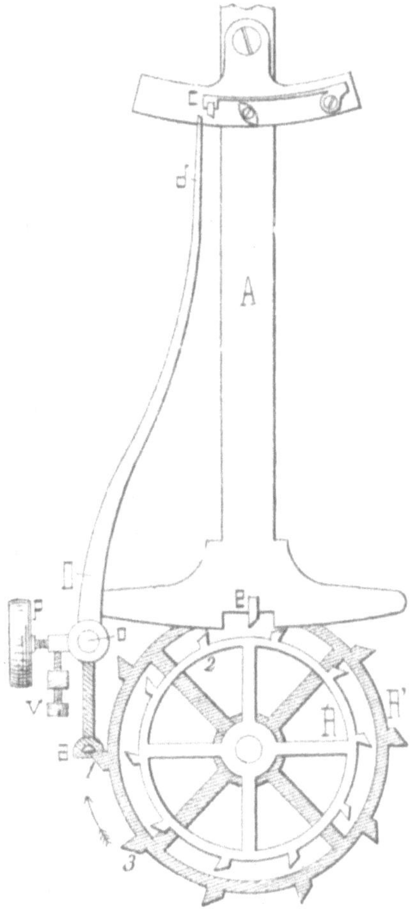

Fig. 230.

roue, R ; les dents de cette dernière agissent contre la palette *e*, portée par la pièce d'échappement, A, et leur action est transmise au pendule par une fourchette.

L'échappement est représenté au cours de l'oscillation muette. La pièce A, oscillant de droite à gauche, la palette *c* va atteindre l'extrémité du bras *d*, et le ressort qui la porte cédera. La détente reste immobile, appuyée, sous l'action du poids *p*, contre la vis *v* ; elle continue à arrêter le rouage par sa palette *a* retenant la dent 1.

Dans l'oscillation suivante, la palette *c*, qui a passé de l'autre côté du bras *d*, entraîne ce bras vers la droite ; la détente pivotera en *o* et le bras *a*, s'écartant de la roue, laissera échapper la dent 1 ; à ce moment, le levier d'impulsion se trouve à proximité de la dent 2 de la petite roue et celle-ci pousse ce levier. L'impulsion se termine par l'arrivée de la dent 3 en repos contre *a*.

L'échappement que nous représente la fig. 231 est d'invention relativement récente, mais il ne nous montre pas grand-chose de nouveau. C'est le mécanisme de Berthoud, avec un cliquet au lieu du ressort de dégagement.

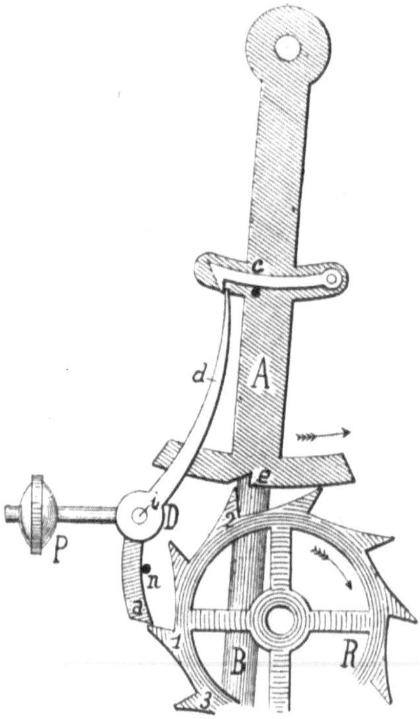

Fig. 231.

Ce cliquet a pour fonction de dégager la roue en agissant sur l'extrémité du bras *d*, de la détente. Quand le pendule oscille de droite à gauche, le cliquet *e* saute par-dessus l'extrémité du bras *d*, la détente restant appuyée contre sa limite, *n*, et maintenue dans cette position par le poids de la masse P.

Le pendule reçoit une impulsion directement de la roue, et la dent 3 vient prendre la place de la dent 1 contre le bec *a*, le cliquet ayant laissé échapper le bras *d*, sitôt le dégagement opéré.

Une nouvelle oscillation muette se produit ensuite, au cours de laquelle le cliquet repasse derrière le bras *b*, pour l'entraîner ensuite comme précédemment.

Au cours de l'oscillation de gauche à droite, le cliquet *c* entraîne le bras *d* pendant un certain parcours ; le bec *a* est écarté et le dégagement a lieu. Notre figure représente cette fonction à son début ; la dent 1, en repos contre *a*, sera dégagée, et la dent 2 atteindra le plan d'impulsion *e*, formé par une entaille triangulaire pratiquée à la partie inférieure de la pièce A.

***

Nous retrouvons, fig. 232, la disposition de l'échappement de montre présenté par la fig. 172.

La fonction de la pièce d'échappement, A, reste la même ; l'entaille, *e*, forme levier pour recevoir l'impulsion de la roue quand le pendule oscille de gauche à droite.

L'arrêt de la roue se produit contre le pourtour d'un demi-rouleau ; un petit mouvement de rotation de ce demi-rouleau permet à la dent d'échapper et cette rotation est obtenue par l'entraînement du bras de la détente, au moyen de la palette, *c*, attenant au levier d'échappement A. Cette palette atteint, non pas le bras *d*, mais le ressort *r*, qui est appuyé contre ce bras et le dépasse légèrement. Aussitôt le dégagement opéré, la palette abandonne le ressort *r*, et la bascule reprend, sous l'influence

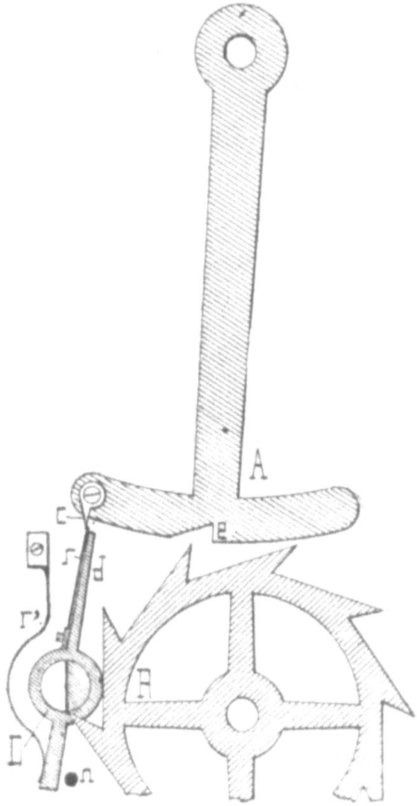

Fig. 232.

du ressort *r'*, sa position de repos contre la limite *n*.

Notre dessin représente l'échappement au moment où une dent va échapper de son repos. Le pendule avec le levier d'échappement A, oscille dans le sens indiqué par la flèche ; une dent lui communiquera l'impulsion en agissant contre le plan vertical de l'entaille *e*. Avant que cette impulsion soit terminée, la palette *c* a abandonné le ressort *r*, et la détente s'est remise en place pour arrêter la dent suivante de la roue.

Au cours de l'oscillation muette, la palette, *c*, fait fléchir le ressort *r*, et passe derrière ; ce ressort reprend immédiatement sa place contre le bras *d*, et il est prêt pour un nouveau dégagement.

⁂

Dans le mécanisme suivant, fig. 233, nous voyons une détente, D avec son ressort, *r*, dont la construction rappelle celle de la détente des montres.

La roue porte des dents pour les repos contre le bec, *a*, de la détente, et des chevilles d'impulsion qui agissent contre l'incliné, *e*, de la pièce d'échappement A, fixée sur la tige du pendule, B. Le ressort *r*, *r*, est à deux effets ; il sert, d'une part, à repousser la détente contre sa limite *n*, et d'autre part, pour l'entraînement du bras *d*, au cours de l'oscillation, de gauche à droite, du pendule.

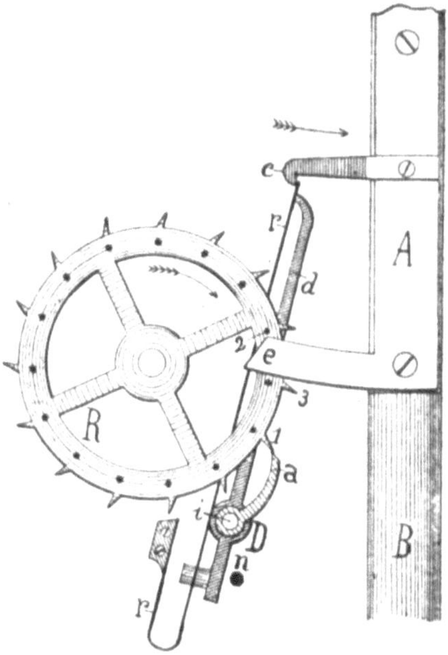

Fig. 233.

C'est le crochet fixe, *c*, qui opère cet entraînement et, par suite, le dégagement. Ce crochet rencontre l'extrémité du ressort *r* ; ce ressort entraîne le bras d, contre lequel il est appuyé ; la détente pivote en *i*, et la dent 1 s'échappe du bec *a*. À ce moment, et avec une petite chute, la cheville 2 entre en fonction et glisse contre le plan incliné, *e*, de la pièce d'échappement ; c'est l'impulsion. Le crochet, *c*, laisse échapper le ressort *r*, et la détente se remet en place pour recevoir la dent 3, et arrêter à nouveau la roue.

Quand le pendule revient en sens contraire, c'est-à-dire de droite à gauche, c'est l'oscillation muette. Le crochet rencontre le ressort r, mais celui-ci cède et s'éloigne de l'extrémité du bras *d*, pour revenir s'y appuyer dès que le crochet a passé. Pendant cette oscillation, la cheville d'impulsion reste à une petite distance du levier *e*, de sorte que le pendule est complètement libre.

***

Nous retrouvons, fig. 234, le système d'arrêt du rouage employé dans le mécanisme, fig. 232, et, pour le dégagement, le cliquet de la fig. 231.

Le repos a lieu, ici aussi, contre un demi-rouleau, *a*, monté sur la détente D. Un ressort en spiral tend constamment à faire appuyer le bras *d*, contre la limite *n*. Le cliquet, c, l'en éloigne au cours de l'oscillation de gauche à droite du pendule, et il en résulte un mouvement rotatif du demi-rouleau *a*, ensuite duquel la dent en repos peut échapper.

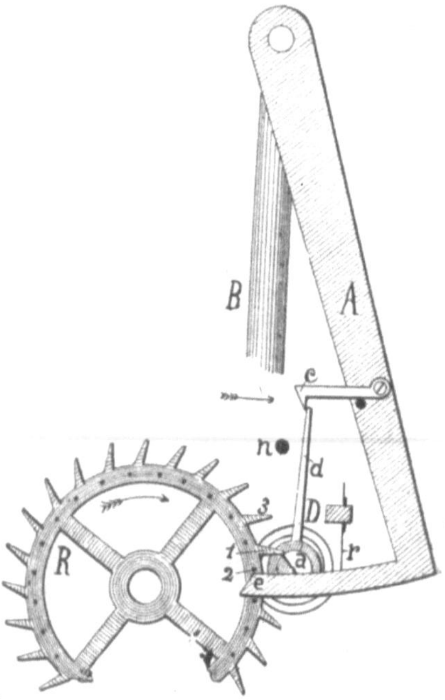

Fig. 234.

D'après notre dessin, la dent 1 est sur le point d'être dégagée et la cheville d'impulsion, 2, va agir sur l'incliné du levier *e*, de sorte que, pendant le repos sur *a*, la pièce d'échappement A, et par conséquent le pendule, est complètement libre.

L'impulsion se termine par l'arrivée au repos, de la dent 3, le cliquet *c* ayant abandonné le bras *d*, et la détente s'étant remise en place. Nous avons ensuite la préparation du dégagement, qui a lieu pendant l'oscillation muette ; le cliquet *c*, pivotant sous sa vis, rencontre le bras *d*, qui ne peut reculer au-delà de sa limite *n* ; formé en plan incliné à son extrémité, ce cliquet se soulève et il passe derrière le bras *d*. Cette fonction est absolument la même que dans l'échappement, fig. 231.

***

Le mécanisme, fig. 235, fonctionne toujours d'après le même principe, avec une détente pivotant en *o*, et ramenée à son repos contre le plot *n*, par un ressort en spirale, *s*. Nous avons, en *a*, le bec d'arrêt ou de repos et, en *d*, le bras de dégagement portant, à son extrémité, un petit ressort *r*.

La pièce d'échappement, A, fait corps avec le pendule B ; elle pivote, en *u*, sur deux couteaux et elle porte, au-dessus de l'axe de la roue d'échappement, une traverse, *b*, sur laquelle sont implantées fixement la palette de dégagement, *c*, et la palette d'impulsion, *e*.

La palette *c*, pendant l'oscillation de gauche à droite, a entraîné le bras *d* de la détente et dégagé la dent 1 en arrêt

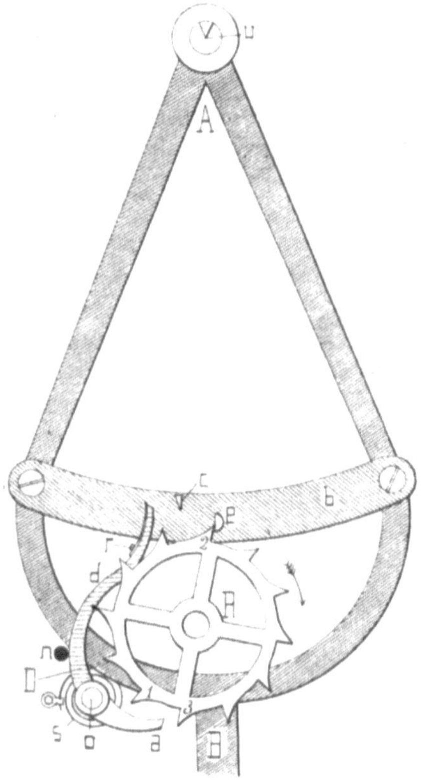

Fig. 235.

contre *a* ; la roue tourne et la dent 2 donne une impulsion contre la palette *e*. Cette impulsion étant effectuée, un nouvel arrêt de la roue a lieu par la dent 3, et le balancier peut osciller sans aucune communication avec la roue.

Dans l'oscillation muette, de droite à gauche, la palette *c* écarte légèrement le petit ressort de dégagement pour passer de l'autre côté, la détente restant immobile.

***

Dans le mécanisme, fig. 236, nous avons une disposition particulière (le la pièce de dégagement la détente elle-même n'a, en ce qui concerne la fonction du repos, subi aucune modification.

Cet échappement se compose d'une roue de 30 dents, R, qui, donne les impulsions directement au pendule, P, en agissant sur la palette *s*, fixée à la tige de ce dernier.

L'arrêt de la roue se fait par le bec, *u*, de la détente D ; cette détente pivote en *i*, sur la platine du mouvement, et elle porte un autre bras, *b*, dirigé verticalement. À l'extrémité de ce bras se trouve un petit pont, sous lequel pivote librement un détentillon formé d'un bras, *d*, et d'un crochet, *c*.

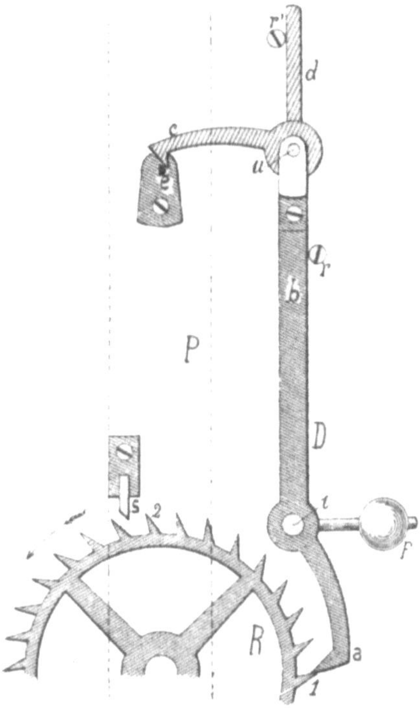

Fig. 236.

À l'état de repos, le bras *b*, sous l'action du poids *p*, s'appuie contre la limite *r*, et le bras *d* du détentillon, contre la limite *r'*. Ces deux limites sont formées par des vis à tête excentrée, de sorte que le réglage des fonctions est très facile. Il doit être bien compris que le détentillon pivote, non pas sur la platine, mais à l'extrémité, libre elle-même, du bras *b*.

Le crochet, *c*, agit sur une cheville, *e*, fixée à la lige du pendule P, au moyen d'un pont dont on peut, pour le réglage de la fonction, modifier la position.

Voyons maintenant comment travaille ce mécanisme :

Notre dessin représente le pendule dans sa position de repos et la dent 1 de la roue en arrêt contre le bec *a* de la détente. Si on fait osciller le pendule vers la droite, la cheville *e* soulève le bras *c* et passe derrière le crochet, pendant que la roue et la détente restent immobiles.

À l'oscillation suivante, vers la gauche, la cheville e entraîne le crochet *c*, et par conséquent l'extrémité du bras *d*, de la détente. Le bec de repos, *a*, laisse passer la dent 1 et la roue communique une impulsion au pendule en agissant par sa dent *u* contre la palette *s*.

Mais le bras, *d*, du détentillon est retenu par la limite *r'* ; il en résulte que le crochet *c* se soulève, et il cesse, à un moment donné, d'être entraîné par la cheville *e*. Cette cessation de l'entraînement doit avoir lieu de suite après le dégagement de la roue et la détente reprend immédiatement sa position de repos.

Sur notre dessin, il faut se représenter le pendule devant la roue, c'est pourquoi nous l'avons tracé en pointillé.

*
* *

La détente des deux échappements suivants affecte la forme d'un levier du second genre, c'est-à-dire que la palette de repos se trouve entre le point de pivotement et le bec de dégagement.

Étudions-les successivement :

La roue R, fig. 237, est munie de dents et de chevilles ; les dents servent aux arrêts du rouage et les chevilles, implantées sur la serge, effectuent les impulsions.

La détente D pivote en *o*, et le poids de son bras, *d*, est équilibré dans une certaine mesure par le poids *p*. Elle s'appuie, à l'état de repos, sur l'arrêt réglable *n* et, dans cette position, elle retient, par le bec *a*, une des dents de la roue.

À l'extrémité du bras *d*, relevé à une certaine hauteur, pivote librement une languette, *b*, en forme de demi-cercle. Cette pièce trouve son appui contre le bras *d*, par un bec qui fait corps avec elle.

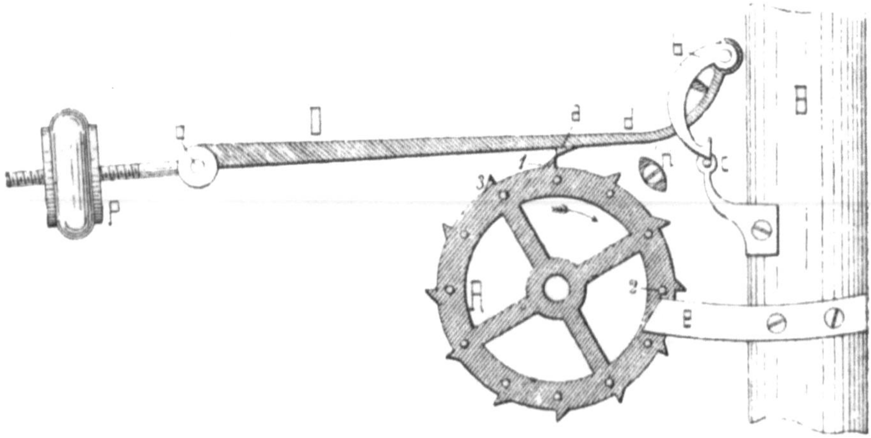

Fig. 237.

La tige du pendule, B, porte la palette d'impulsion *e*, contre l'incliné de laquelle agissent les chevilles implantées dans la roue ; pendant les arrêts, cette palette n'est pas en contact avec les chevilles, de sorte que le pendule peut osciller librement.

Au-dessus, toujours sur la tige du pendule, se trouve un bras portant la cheville de dégagement *c* ; cette cheville repousse la languette *b*, lorsque le pendule oscille de droite à gauche, et, dans l'oscillation en sens contraire, son action a pour effet de soulever le bras *d* et, par suite, d'opérer le dégagement de la roue.

Notre dessin représente cette phase du fonctionnement ; le bec *a* est prêt à laisser échapper la dent 1, et la cheville 2 va agir contre l'incliné de *e*. La détente retombera, et un nouvel arrêt de la roue se produira par la dent 3.

⁂

Nous avons encore, fig. 238, une roue à double denture. Les dents en relief sur la serge donnent les impulsions en agissant contre l'incliné, *e*, d'un levier fixé à la tige du pendule B. Les dents disposées à la circonférence servent aux arrêts de la roue ; ces arrêts se font contre la palette de repos, *a*, montée sur la détente D, laquelle pivote en *s*.

L'extrémité, *d*, de cette détente porte la languette *b*, qui pivote librement, c'est-à-dire qui tend constamment à retomber dans la même position verticale. Cette languette est poussée de côté et d'autre par la cheville *c*, montée sur un bras faisant corps avec le pendule B.

Le fonctionnement de ce mécanisme a lieu de la façon suivante :

Supposons le pendule oscillant de droite à gauche, la roue étant arrêtée par la dent 1 retenue contre la palette *a*. La cheville *c*, qui se trouvait à droite de la languette *b*, repousse légèrement cette dernière, entre dans l'entaille demi-circulaire qui y est pratiquée, et continue à glisser sous la pièce en la soulevant, sans produire aucun effet sur la détente, laquelle reste appuyée sur la vis *n*, réglée convenablement.

Cette oscillation, qui est muette, étant accomplie, le pendule revient vers la droite. La cheville *c* permet à la languette de redescendre et, au moment où la languette passe à la verticale, il se produit un arc-boutement qui a pour effet de soulever la détente D.

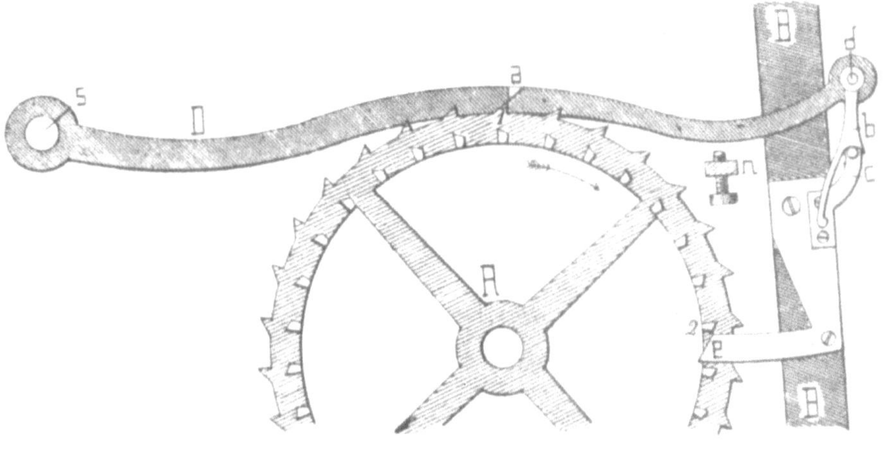

Fig. 238.

Il en résulte le dégagement de la dent 1, et la roue se met en rotation. La dent 2 tombe, avec une petite chute, à la naissance de l'incliné *e* et, en glissant contre cet incliné, donne une impulsion. La cheville *c* continuant sa marche vers la droite, sort de l'entaille de la languette et celle-ci reprend d'elle-même sa position verticale.

***

Dans le mécanisme, fig. 239, nous retrouvons une pièce d''échappement en forme d'ancre. Un de ses bras, celui de gauche sur notre dessin, est muni d'un incliné d'impulsion *e* ; le bras de droite porte, mobile sous un pont, un cliquet *c*, qui, par son propre poids, tend à prendre toujours la position dans laquelle nous le voyons représenté.

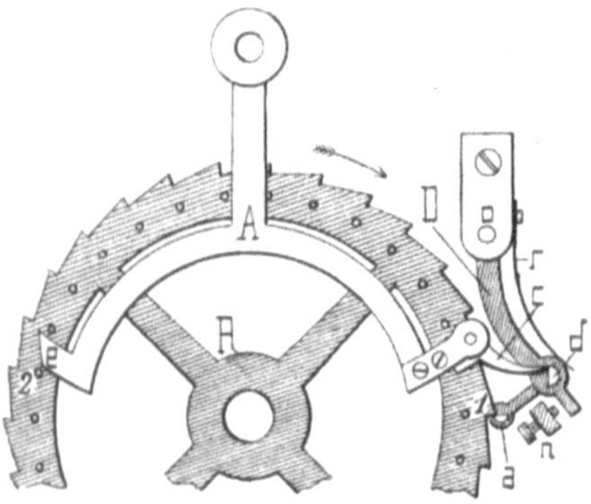

Fig. 239.

La détente D pivote en *o*, sur la platine ; un ressort *r* la pousse constamment contre l'appui réglable *n*. Cette détente porte, en *a*, la palette de repos qui retient les dents de la roue lorsque la pièce repose sur *n*, et en *d*, la palette de dégagement contre laquelle agit la pointe du cliquet *c*.

La roue est arrêtée par la palette *a*, qui retient la dent 1. Le pendule, avec la pièce d'échappement A, oscille de gauche à droite et la pointe du cliquet repousse la détente, en agissant contre la palette *d*. Cette action a pour effet de dégager la dent 1, et le mécanisme est représenté au moment où ce dégagement va s'opérer.

La roue entre en rotation ; la cheville 2 atteint l'incliné, *e*, et donne une impulsion qui est transmise au pendule par la fourchette. Pendant l'arrêt de la roue, cette cheville n'appuyait pas sur le levier, la pièce A était donc complètement libre.

Avant que l'impulsion soit terminée, la pointe du cliquet *c* échappe de la palette *d*, et laisse retomber la détente qui reprend sa position de repos sur *n* ; la palette *a* est alors prête à arrêter la dent suivante de la roue.

***

Le mécanisme qui suit, fig. 240, a un fonctionnement assez curieux. Ce n'est pas un échappement entièrement libre, car il s'y produit, à un moment donné, un repos de la roue contre la pièce d'échappement. C'est pour ce

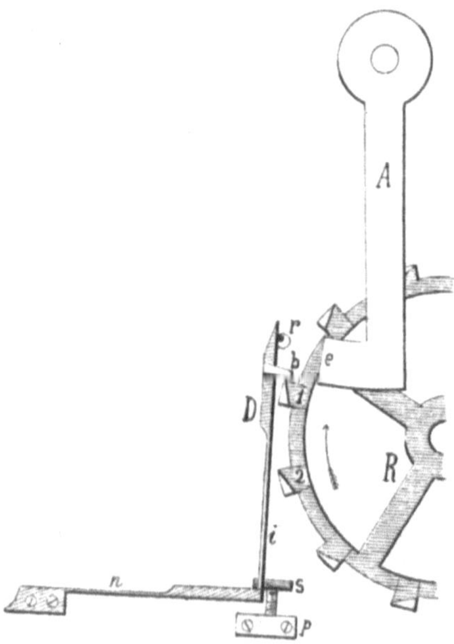

Fig. 240.

motif, sans doute, que son inventeur, l'horloger Galland, l'a appelé *échappement mixte*.

Ce mécanisme se compose :

- D'une roue R, dont les dents triangulaires sont taillées perpendiculairement à son plan.
- D'un levier, A, monté sur le même axe que la fourchette et contre le plan incliné, *e*, duquel, les dents de la roue opèrent leur impulsion.
- D'une détente D, qui, à l'état de repos, s'appuie contre la limite, *r*, et dont le bec, *b*, retient les dents de la roue. Cette détente, en forme d'équerre, est flexible en *n*, et en *i* ; le jeu de sa partie horizontale est limité par la tête du piton *s*.

La dent 1 est arrêtée par le bec de la détente ; l'action de la roue a pour effet de soulever la détente en la faisant fléchir en *n*, de façon à la faire appuyer sous la tête du piton *s*.

Le levier d'échappement, A, solidaire du pendule, oscille de droite à gauche il atteindra le bec *b* et le repoussera, la détente fléchissant en *i*. La dent 1 sera dégagée de la détente, mais elle continue son repos contre la pièce d'échappement A, qui s'est substituée au bec *b*.

La détente, qui n'est plus soulevée par la roue, retombe sur le petit pont *p* et le bec *b* reste appuyé contre la partie externe de la dent 1.

Le pendule, accomplissant ensuite son oscillation de gauche à droite, la dent 1 s'engage contre le plan *e*, et l'impulsion a lieu. Le bec *b* perd son point d'appui contre cette dent et la détente reprend sa position de repos contre la limite *r*, et elle est prête à arrêter la dent 2, que le levier A viendra dégager à son tour, à l'oscillation suivante.

***

Les mécanismes décrits jusqu'ici dans ce chapitre, sont des échappements à coup perdu, c'est-à-dire dans lesquels les impulsions sont données en un seul sens, au cours d'une oscillation sur deux. Les dégagements ont lieu à la fin de chacune des oscillations en sens contraire.

Dans l'échappement qui suit, fig. 241, il y a impulsion dans les deux sens, comme dans un échappement à ancre ordinaire. Deux détentes arrêtent la roue, de façon qu'il n'y ait pas contact sur les repos de l'ancre. Ce mécanisme a été construit, en 1804, par l'horloger anglais Thomas Reid (1750-1834).

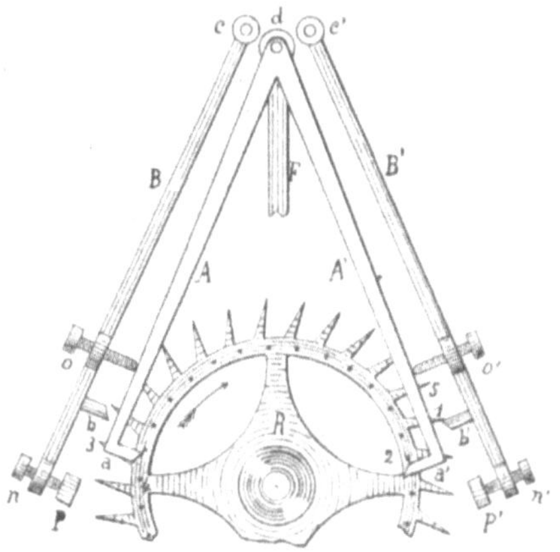

Fig. 241.

La roue d'échappement est double, c'est-à-dire qu'elle porte deux dentures, dont l'une est constituée par des chevilles implantées perpendiculairement. Ces chevilles, qui sont aussi fines que possible, donnent les impulsions en agissant contre les inclinés des leviers *a, a'* ; ces leviers sont portés par l'ancre AA', qui pivote en <u>*d*</u>, sur un axe auquel est fixée également la fourchette F, laquelle transmet les impulsions au pendule.

Les dents de la roue, longues et pointues, servent uniquement pour les repos, et ces repos s'effectuent sur les palettes *b, b'* de deux détentes B, B', spécialement disposées et pivotant en *c* et *c'*. Par leur propre poids, ces deux détentes ont constamment tendance à s'appuyer sur les plots P, P', fixés à la platine, et leur parcours est réglé par les deux vis *n, n'*, Deux autres vis, *o, o* permettent de régler les contacts entre A et B et A' et B'.

À l'état de repos, c'est-à-dire lorsque les vis *n, n'* reposent sur les plots P, P', les palettes *b, b'*, arrêtent les dents de la roue. La disposition de ces palettes est telle que, la roue étant en arrêt sur l'une ou sur l'autre, l'ancre AA' peut osciller librement, sans que les chevilles de la roue touchent aux leviers *a, a*. Les chevilles entrent en contact directement avec les plans inclinés des leviers, au moment où le dégagement se produit.

Le jeu de l'échappement est le suivant :

La dent 1 est en repos sur la palette *b'*; le pendule oscille de gauche à droite et le bras A' de l'ancre va, par l'intermédiaire de la vis *o'*, soulever la détente B' et dégager la dent l.

La cheville 2, qui n'avait aucun contact avec le levier *a'*, tombe sur le plan incliné de ce levier et le repousse, communiquant ainsi une impulsion au pendule, qui continue à osciller vers la droite.

Au moment où cette impulsion s'achève, la détente B, qui était soulevée par l'ancre, vient s'appuyer par sa vis *n*, sur le plot P ; la palette *b* est alors prêle à recevoir la dent 3.

Le repos de cette dent s'effectue sans que la cheville 4 touche au levier *a*, et le pendule continue son arc supplémentaire sans qu'il y ait contact entre l'ancre et la roue.

Le pendule revenant en sens inverse, le bras A de l'ancre repousse la détente B, et la dent 3 se trouve dégagée, ce qui permet à la cheville 4 de donner son impulsion ; avant que cette impulsion soit terminée, la palette b' est en position pour arrêter la dent *a*, et le jeu se continue ainsi.

Cet échappement aurait, paraît-il, donné de très bons résultats, mais malgré les avantages que présentaient ses vis de réglage, l'exécution pratique en était assez difficile, car la distance de l'arrêt au levier d'impulsion devait être réglée très exactement, pour tirer le meilleur parti de la levée et pour réduire la chute au minimum.

VIII - Échappements à force constante pour horloges

Mécanismes divers

Les variations d'intensité de la force qui anime la roue d'échappement, variations provenant, soit du moteur lui-même, soit d'une transmission défectueuse, ont une influence très sensible sur la régularité des oscillations de l'organe régulateur.

Les études des différents systèmes d'échappements, ont montré qu'on se rapproche d'autant plus du mécanisme idéal, que le régulateur est plus efficacement soustrait aux irrégularités de la force motrice. En vue d'arriver à cet idéal, on a commencé par isoler le régulateur de l'échappement, pendant l'arc supplémentaire, pour ne le laisser en communication que pendant le court instant de l'impulsion ; on a obtenu l'échappement libre.

Mais, dans l'échappement libre, le régulateur reste, pendant l'impulsion, sous l'influence des irrégularités de la force motrice ; c'est pourquoi on a cherché à faire agir une force autre que celle de rouage, une force absolument régulière et toujours égale. Cette force, indépendante de celle du rouage lui-même, ne pouvait être autre que l'action d'un poids, ou celle résultant de l'élasticité d'un ressort bandé toujours de la même quantité. Le rouage eut pour fonction de la renouveler régulièrement, c'est-à-dire de remonter le poids ou d'armer le ressort à nouveau, après chaque impulsion.

Le régulateur continua, forcément, à être chargé de la fonction du dégagement et c'est la seule communication qu'il conserva avec le rouage ; l'action perturbatrice de ce dernier fut donc réduite au minimum.

Mais les échappements qu'on classe comme échappements à force constante n'ont pas tous le fonctionnement que nous venons de résumer. Dans tous, l'impulsion résulte bien de l'action d'un poids ou d'un ressort agissant constamment avec la même intensité, mais le remontage de ce poids ou de ce ressort n'est pas toujours effectué par le rouage agissant seul : dans certains mécanismes la force vive du pendule agit aussi dans une certaine mesure, pour aider à ce remontage ; il s'ensuit forcément une perturbation qui n'existe pas lorsqu'il n'y a aucune intervention du pendule.

Les descriptions de mécanismes variés que nous donnons dans ce chapitre, feront bien comprendre les particularités des systèmes imaginés.

***

Le premier échappement à force constante paraît être celui que construisit, vers 1740, le chronométrier anglais Harrison. C'est un mécanisme très curieux, qui fonctionne sans bruit et sans huile. L'horloge dans laquelle il est installé, a marché régulièrement pendant plus de 140 ans ; elle fut abandonnée il y a une quarantaine d'années, mais elle a été remise en état. Sa variation n'est, paraît-il, que de trois ou quatre secondes par jour, ce qui est un résultat très intéressant, étant donné la grande étendue des oscillations du pendule.

La roue d'échappement est très grande et très légère ; elle porte 120 dents et fait un tour en 4 minutes ; une dent échappe à chaque double oscillation du pendule. Huit fines chevilles sont implantées près du centre, à environ 13 millimètres de l'axe, et soulèvent successivement un levier de laiton très délicat et formé en fourchette ; ce levier, non représenté sur le dessin, sert au dégagement du rouage et permet à l'aiguille des minutes d'avancer par sauts d'une demi-minute.

L'axe de la fourchette ne porte pas les palettes comme dans un échappement ordinaire. Ici, il porte un cadre rectangulaire, A, fig. 242 et 243, et c'est

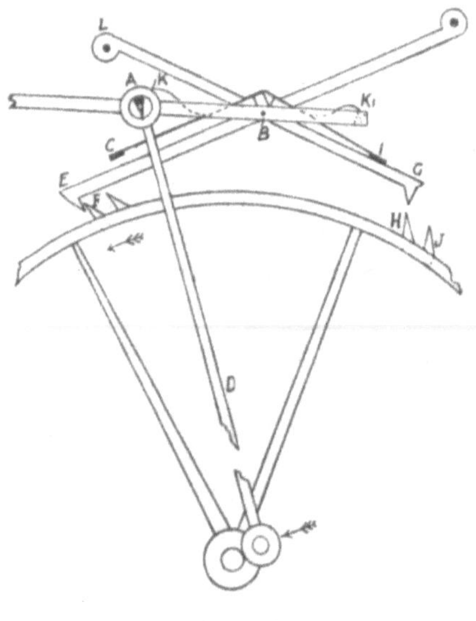

Fig. 242.

dans ce cadre que pivote l'axe B, portant les deux palettes EC, lesquelles sont en bois ; cet axe, B, est donc transporté par les oscillations du pendule et il se déplace par rapport à l'axe de la roue d'échappement.

Le cadre A porte en outre deux petits leviers de laiton, qui agissent par leur poids sur les palettes.

La fourchette D, qui communique avec le pendule, vient d'effectuer son oscillation vers la droite, et la palette E s'est placée, sans bruit et sans frottement, en position pour arrêter la dent F ; il s'ensuit un léger recul de la roue.

Aussitôt que ce recul se produit, la palette G se soulève sous l'action du contrepoids L ; la dent H, que cette palette retenait, se trouve libérée. La palette G est soulevée jusqu'à ce que son bras atteigne le levier de gravité I, lequel, ensuite de l'élévation du cadre A, ne repose pas, dans le moment, sur son appui K^1.

La dent F agit ensuite pour ramener le pendule vers la gauche, jusqu'à ce que la palette G rencontre la dent J ; un nouveau recul de la roue se produit, la palette E est dégagée et soulevée jusqu'à son contact avec le levier de gravité C.

Par l'action de la dent J sur la palette G, le pendule est renvoyé vers la droite et le dégagement d'une dent est ainsi opéré. La palette E pénètre de nouveau dans les dents de la roue, puisque, en réalité, elle est sous l'influence du levier de gravité C. Dans la fig. 242, il n'y a pas contact entre ces deux organes comme cela doit exister lorsque la fourchette est sur le point de terminer son oscillation vers la gauche.

L'axe de la fourchette, c'est-à-dire l'axe du cadre, est monté, non sur pivots, mais sur des couteaux reposant sur des pierres d'agathe.

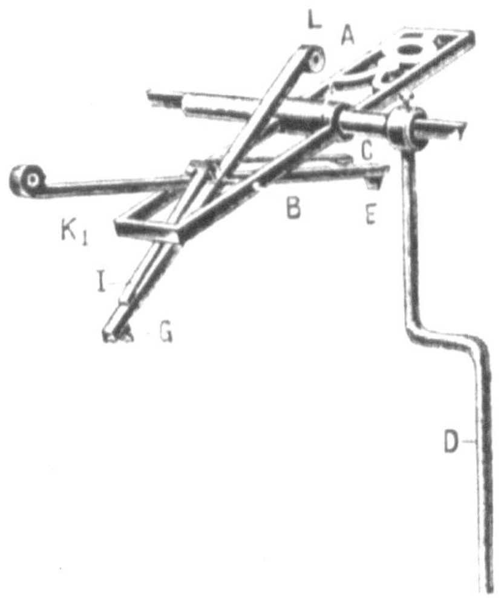

Fig. 243.

La fig. 243 nous montre une perspective de cet échappement, d'après une photographie. Cette vue est prise de l'autre côté, c'est-à-dire que les pièces de droite de la fig. 242 se trouvent ici à gauche, et vice-versa.

⁂

Mais l'échappement que nous venons de décrire fut une fantaisie d'artiste et non un mécanisme sur lequel l'horlogerie pouvait fonder (les espérances. C'est vers 1769 que parut le premier type d'échappement à force constante, qui fut vraiment le point de départ d'inventions nombreuses et de résultats féconds.

Notre fig. 244 représente ce mécanisme, dont la construction est due à l'horloger anglais Alexandre Cumming (1730-1814). Les impulsions sont données au régulateur par deux leviers agissant par leur propre poids, et que la roue d'échappement soulève à intervalles réguliers. Les Anglais donnèrent le nom d'*échappement de gravité* aux mécanismes fonctionnant d'après ce principe.

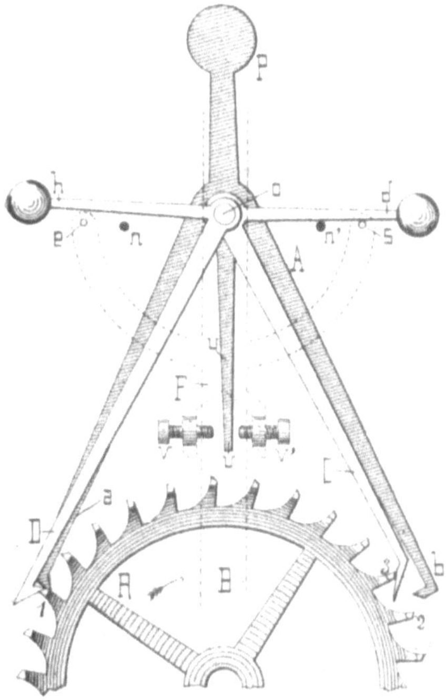

Fig. 244.

Sur un même axe, *o*, pivotent, indépendamment les unes des autres, les trois pièces suivantes :

1. L'ancre A dont les deux leviers, *a*, *b*, portent chacun, à leur extrémité, un bec de repos, contre lequel s'arrêtent les dents de la roue d'échappement R ;

2. Le levier D, portant à son extrémité un incliné contre lequel agissent les dents de la roue pour soulever ledit levier, ainsi que le bras horizontal muni du poids, *h*, qui fait corps avec lui ;

3. Le levier C ayant également un incliné et un bras terminé par le poids *d*.

Les dents de la roue ont, à leur extrémité, une épaisseur suffisante pour pouvoir travailler avec ces différents leviers, qui sont placés sur deux plans différents.

L'ancre A porte encore un bras *u*, qui passe entre les deux branches d'une fourchette, F, adaptée à la tige du pendule B. Les deux branches de cette fourchette sont munies de vis de réglage, *v*, *v'*, entre l'extrémité desquelles joue le bras *u*.

Enfin, un contrepoids, P, sert à équilibrer l'ancre, A, sur son axe, de telle façon qu'elle conserve toute position qu'on lui fait prendre.

Fixé sur la tige du pendule, B, nous voyons, outre la fourchette F, un arc portant deux chevilles, *e* et *s*, sur lesquelles les bras *h* et *d* agissent alternativement par leur poids, et donnent les impulsions au pendule.

Supposons le pendule oscillant de droite à gauche et passant à son point mort. La roue est arrêtée par le bec *a*, qui retient en repos la dent 1. Le levier D a été soulevé par cette dent 1, au cours de l'oscillation précédente, lorsque la dent 2 a échappé du bec de repos *b*. Ce levier D, avec son poids *h*, est donc prêt à donner une impulsion, en appuyant sur la cheville *e*.

Le pendule, continuant sa marche vers la gauche, la vis *v'* atteint le bras *u*, et déplace la pièce A de la position qu'elle occupe. Le levier *a* s'éloigne de la roue et laisse échapper la dent 1 ; au moment où ce dégagement a lieu, la cheville *e* atteint le bras *h*, et, sous l'action de la dent 1 achevant de glisser contre l'incliné de D, ce bras *h* est soulevé encore d'une petite quantité.

Le dégagement de la dent 1 étant opéré, la dent 3 atteint l'incliné du levier C, et son action a pour effet de soulever ce levier. Mais par suite du déplacement de la pièce A, le bec d'arrêt, *b*, a pénétré à l'intérieur de la circonférence de la roue et il arrête la dent 3 avant qu'elle ait parcouru tout l'incliné du levier C. Ce levier, ainsi que son poids *d*, est alors maintenu soulevé par la dent 3 jusqu'au retour du pendule.

Lorsque le pendule commence son oscillation de gauche à droite, l'action de la pesanteur du poids *h*, s'exerçant sur la cheville *e*, produit une impulsion qui cesse au moment où le bras portant le poids *h*, est arrêté par sa limite *n*.

Le pendule continue son oscillation vers la droite ; la vis *v* atteint le bras *u*, et fait basculer la pièce A, ce qui a pour résultat le dégagement de la dent 3, en repos contre le bec *b*. Le poids *d* est soulevé encore quelque peu par l'action du pendule, à laquelle s'ajoute l'action de la roue sur la fin de l'incliné de C, et ce poids agit comme force d'impulsion dès que le pendule commence son oscillation de droite à gauche.

Les oscillations du pendule sont donc entretenues par l'action, toujours égale en intensité, des poids *h* et *d*. La force agissante est donc la même à chaque impulsion, quelle que soit l'intensité de la force motrice.

Mais cette constance dans l'action de l'échappement est cependant troublée par la variabilité des résistances que doit vaincre le pendule pendant le dégagement. La pression de la roue contre les becs de repos varie, en effet, suivant l'intensité de la force motrice, et cette pression inégale influe nécessairement sur l'isochronisme des oscillations.

***

Un autre horloger anglais, le célèbre Thomas Mudge (1715-1794), l'inventeur de l'échappement à ancre libre, l'élève et le successeur de Graham, construisit, quelques années plus tard, l'échappement de gravité que montre notre fig. 245. Ce mécanisme est plus simple que celui de Cumming, mais le principe de son fonctionnement est le même.

Deux leviers AA', pivotant chacun sur un axe spécial, portent, tous deux, à leur extrémité, un plan de repos et un incliné d'impulsion ou plutôt de levée, car l'impulsion de la roue n'a pour effet que de soulever un poids qui agit ensuite sur le pendule.

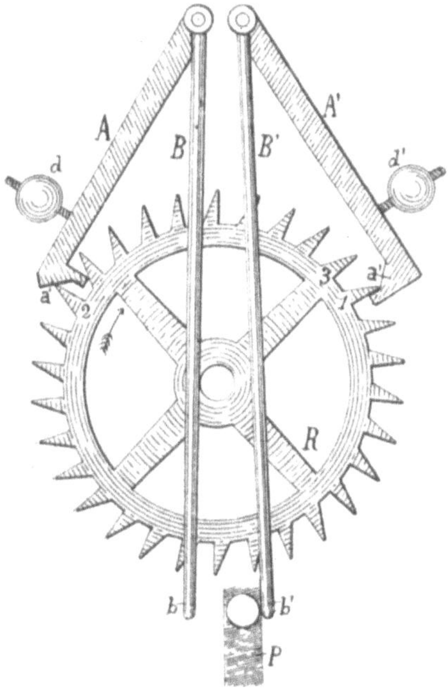

Fig. 245.

Ce poids est constitué par le levier lui-même, chargé d'une masse *dd'* dont l'effet peut être modifié dans une certaine mesure.

Deux bras BB' sont disposés sur les mêmes axes que les leviers AA', et participent à tous les mouvements de ces derniers. Ces deux bras, d'une longueur appropriée, agissent par leur extrémité *bb'*, sur la lige du pendule P, à laquelle est ajustée une cheville spéciale.

L'échappement est représenté avec une dent, 1, en repos sur le levier A' et le pendule, P, oscillant de gauche à droite. Le bras b^1, étant repoussé par la cheville adaptée au pendule, A', sera soulevé et la dent 1 dégagée de sa position de repos. La roue tourne alors et sa dent 2 agit contre l'incliné du levier A ; elle soulève ce levier, et s'arrête contre le bec de repos.

Le pendule revient vers la gauche et, pendant ce trajet, il reçoit une impulsion du bras *b'*, sur lequel agit le poids du levier A'. Ce bras avait été préalablement soulevé, on le comprend, par la dent 1, avant l'arrivée de celle-ci à la position de repos dans laquelle nous la voyons.

Atteignant le bras *b*, maintenu soulevé par la dent 2, le pendule repousse encore ce bras d'une certaine quantité, soulève le levier A et dégage la dent 2. La dent 3, qui se trouve prête à agir sur l'incliné *a'* peut effectuer sa levée ; elle soulève le levier A', et prend la place de la dent 1.

Le pendule revient à droite sous l'impulsion du poids du levier A, et il va dégager la dent de l'autre côté.

***

L'échappement à force constante pour régulateur, que représente le dessin suivant, a été construit en 1826, par Paul Garnier.

La grande roue, A, est fixée sur l'axe qui porte l'aiguille des secondes ; elle fait donc une révolution en une minute. Cette roue, que le dessin représente non dentée, porte, en réalité, une denture au moyen de laquelle elle actionne un pignon, *b*, qui donne six tours pour un tour de A, et sur l'axe duquel est montée la roue B.

La roue B porte dix chevilles perpendiculaires à son plan et qui, toutes les secondes, sont chargées de remonter le poids qui agit sur le pendule pour l'impulsion.

D est le cercle d'impulsion ; il porte, vers l'extrémité supérieure de son diamètre vertical une dent, sur laquelle agissent les chevilles de la roue B.

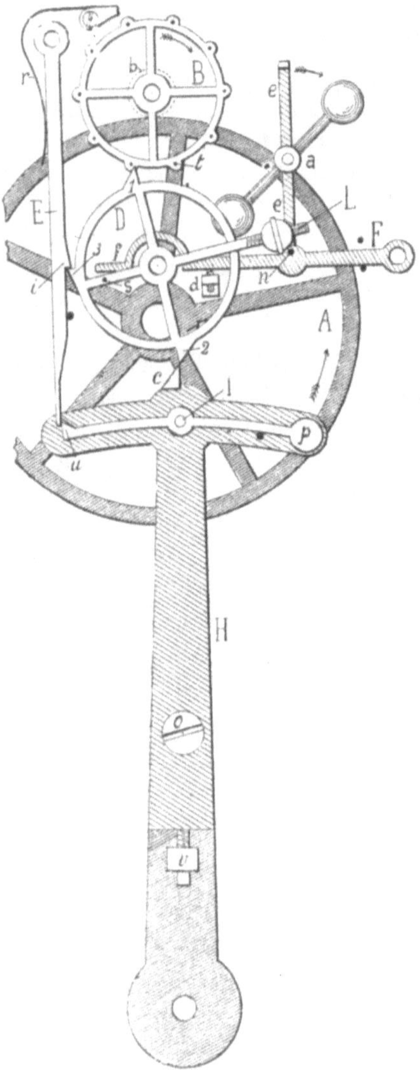

Fig. 246.

À l'autre extrémité de ce même diamètre est une seconde dent, 2, qui agit sur la palette *c*, pour communiquer l'impulsion au pendule.

À angle droit de ces deux dents, monté sur la même roue ou cercle d'impulsion est un bras, L, portant à son extrémité un poids mobile. C'est ce poids qui constitue la force constante d'impulsion. Sous ce bras L, se trouve, fixée à la platine, une vis de butée, *d*, qui règle la hauteur de la descente du poids, et par conséquent l'intensité de l'impulsion, c'est-à-dire la course du cercle D.

En E, on voit un levier ou valet portant, vers la moitié de sa longueur, un talon *i* qui arrête la rotation du cercle d'impulsion par une troisième dent, 3, placée à la périphérie de ce cercle. L'extrémité de ce valet travaille avec le crochet, *u*, d'une bascule, I, pivotant sur le grand levier H, lequel est une prolongation du pendule au-dessus de son centre de mouvement.

Lorsque le levier H se meut de gauche à droite, le valet reste fixe et son extrémité fait baisser le bec *u* de la bascule ; celle-ci, sous l'effet de son contrepoids *p*, se remet ensuite en place.

Quand le mouvement du levier H s'opère de droite à gauche, le bec *u*, de la bascule repousse le valet E, et le crochet *i* laisse échapper la dent 3 du cercle d'impulsion. Un ressort, *r*, très flexible, repousse le valet contre son plot de repos, aussitôt ce dégagement opéré.

Avec la roue A, engrène un second pignon, *a*, de 6 ailes, portant sur son axe deux bras *e, e*, de même longueur, et diamétralement opposés. Ces bras, dont l'extrémité est formée en équerre, vont buter alternativement contre une cheville *n*, placée sur le levier F*f*. Une autre cheville, *s*, fixée au cercle d'impulsion, a pour fonction de soulever ce levier en *f*, ce qui a pour effet de dégager celui des bras *e, e* qui se trouve arrêté en *n*.

Ce dégagement permet alors la rotation de la roue A, et celle-ci entraîne la roue B, dont la fonction est d'armer le cercle d'impulsion D.

Deux masses équilibrées sur l'axe du pignon *a* servent à régler la vitesse de rotation et à empêcher le tremblement qui se produirait chaque fois qu'une des ailes *e* bute contre la cheville *n*.

Le levier H est formé de deux pièces réunies par la vis *o* ; une vis de rappel, *v*, permet de régler la prise de la dent 2 contre la palette *c*.

L'échappement est représenté au moment ou le levier H, ramené par le pendule, se dirige à gauche. Le bec *u* va repousser le valet E ; la dent 3 sera dégagée et le levier L, agissant par son poids, fera tourner le cercle D ; la dent 2 communiquera une impulsion au pendule en agissant contre la palette *c*.

Cette impulsion donnée, le cercle continue sa rotation ; la cheville *s* soulèvera le levier *f*, ce qui aura pour effet de dégager le bras *e*, en arrêt contre *n*. Le rouage se mettra en mouvement ; la roue B tournera dans le sens indiqué par la flèche et la cheville *t*, agissant contre la dent 1, qui à ce moment, sera à proximité, fera tourner le cercle d'impulsion et remontera ainsi le poids L, jusqu'à ce que la dent 3 se croche en *i*.

Le levier L se trouvera alors armé pour l'impulsion suivante.

***

Un autre intéressant mécanisme a été imaginé par L.-A. Vérité, constructeur d'horloges publiques à Beauvais, décédé en 1887 ; cet échappement figurait à l'exposition de 1839.

R est la roue d'échappement qui porte 30 chevilles et qui est arrêtée alternativement par l'un ou l'autre des bras, *a* et *b*, d'une bascule pivotant en *o*, sur la platine du mouvement Un troisième bras, *c*, de cette bascule, opposé aux deux autres, s'engage dans une fente ou mortaise d'un montant A, fixé à l'extrémité d'une traverse T, faisant partie du pendule P.

Une autre bascule , ayant son centre de mouvement en *s*, sur la platine également, porte deux bras, *e* et *d*, le premier un peu plus lourd que le second. Le bras *d* s'engage entre les chevilles de la roue R ; le bras *e* supporte à son extrémité, par l'intermédiaire d'un fil de soie, une boule B. C'est cette boule qui, par son poids, actionne le pendule à chaque double oscillation ; elle se place à cet effet dans une espèce de godet ajusté à l'extrémité gauche de la traverse T, et dont la hauteur correspond à peu près à celle du centre de mouvement du pendule.

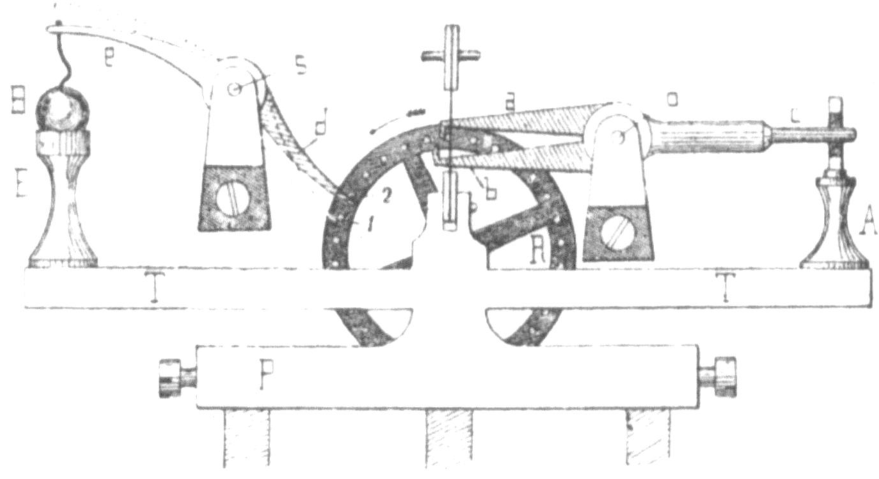

Fig. 247.

Le mécanisme est représenté au moment où le pendule oscille de droite à gauche ; le godet E arrive au contact de la boule B, qui était suspendue librement, et soulève un peu cette boule. Dans cette même oscillation, la pièce A s'abaisse et le haut de la mortaise entraîne le bras *c*. Le bras *a*, qui retient une cheville de la roue R, s'élève et laisse échapper cette cheville, laquelle est arrêtée à nouveau par le bras *b*.

Mais ce mouvement de la roue dégage le bras *d*, qui se trouve appuyé, ainsi que le représente le dessin en pointillé, contre la cheville 1 de la roue ; ce bras se relève jusqu'à sa rencontre avec la cheville 2, et ce relèvement correspond à un abaissement du bras *e*. Le fil de soie se détend et la boule peut agir alors par son poids sur le godet E.

Cette action se produit dès le début de l'oscillation de gauche à droite du pendule, et elle cesse lorsque le godet, s'étant abaissé suffisamment, la boule B reste suspendue au fil de soie. Mais le pendule, continuant sa marche, la pièce A va soulever le bras *c*, et le dégagement de la cheville, en arrêt contre le bec de *b*, a lieu. La roue tourne et la cheville 2, en abaissant le levier *d*, fait remonter la boule qui a cessé d'appuyer sur E. Un nouvel arrêt de la roue se produit par le bec du bras *a*, et cet arrêt a lieu avant que le bras *d* ait quitté la cheville 2 ; la boule est ainsi maintenue dans sa position élevée jusqu'au moment de l'oscillation suivante du pendule, qui amène un nouveau dégagement.

***

L'ingénieux principe de l'échappement à force constante de Vérité, dont nous venons d'expliquer le fonctionnement, fut appliqué par J.-Th. Winnerl (1799-1866) , qui réalisa dans la même année, c'est-à-dire en 1839, le mécanisme suivant, lequel fit sensation à son apparition.

Au-dessous de la roue d'échappement R, sont placés deux leviers doubles, AA', BB', pivotant en leur milieu, sur deux centres différents.

Chacun d'eux porte une ancre, qui participe à tous ses mouvements ; l'ancre *aa'*, ajustée au levier AA', porte deux inclinés de levée ; l'ancre *bb'*, faisant corps avec BB', a simplement deux becs de repos.

Sous les leviers A et A', sont ajustés deux ressorts très flexibles, *d d'*, portant à leur extrémité une vis *e e*. Ces deux vis ne sont mobiles sur les ressorts *d d'*, que pour le réglage des fonctions ; elles participent à tous les mouvements des ressorts, et leur tige passe librement dans un trou des leviers A A'

À l'extrémité de chacun des ressorts *d d'*, sont suspendues, par un fil de soie, deux boules, *s s'*, qui entrent dans des godets montés à chacun des bouts d'une traverse TT', portée par le pendule P.

Voici comment fonctionne cet échappement : le dessin représente le mécanisme au moment où le pendule finit de recevoir l'impulsion de gauche à droite. La boule *s* a donné cette impulsion en agissant par son poids sur la traverse de gauche, T. Le fil à laquelle cette boule est suspendue se trouvait détendu ; il est actuellement tendu,

Le pendule continuant sa marche vers la droite, la traverse T s'abaisse encore, et la boule *s* agit alors sur le ressort d, et en fait céder l'extrémité, jusqu'à l'arrêt produit par la tête de la vis *e*. La pointe de la vis *e* appuie sur le levier B, et le fait descendre ; le bras b de l'ancre suit le mouvement, et la dent 1 de la roue quitte le repos que ce bras lui offrait.

En même temps, la traverse T' atteint la boule *s'* qui, suspendue, faisait

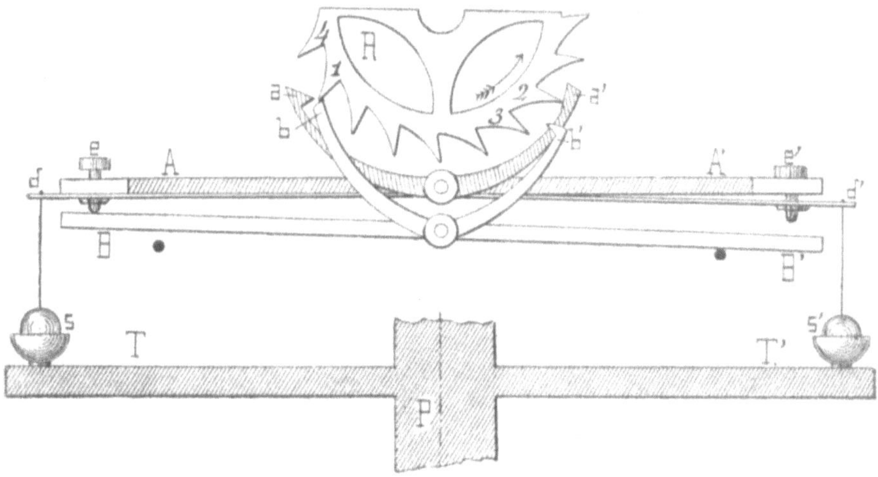

Fig. 248.

fléchir le ressort *d'* jusqu'à la limite permise par la tête de la vis *e'* ; la boule *s'* étant ainsi soulevée légèrement vers la fin de l'oscillation, le ressort *d'* s'applique de nouveau sous A'.

La roue R, entrant en rotation, agit par sa dent 2 sur l'incliné du bras d'ancre *a'*, et cette action a pour effet de faire basculer le levier AA'.

En A, le levier est soulevé, entraînant la vis *e*, dont la tête repose sur lui, et par conséquent le ressort *d* ; la boule *s* est ainsi remontée.

En A', il y a abaissement du levier ; la boule restant soutenue par la traverse T', le fil se détend, et cette distension règle la hauteur de la chute de la boule pendant l'impulsion qui va commencer.

La dent 2 échappe de *a'*, et la dent 3 fait arrêt contre le bras *b'*, qui s'est placé dans la position voulue lors du basculement du levier BB'.

Le pendule commence l'oscillation de droite à gauche et reçoit l'impulsion de la boule *s*, jusqu'au moment où son fil se tend, et nous avons en sens inverse, la même suite des fonctions : abaissement du levier B' et dégagement de la dent 3, en arrêt contre *b'* ; levée de la dent 4 contre l'incliné de *a*, puis arrêt de cette dent contre *b*, à la place de la dent 1 ; cette levée a pour effet de remonter la boule *s'*, pour la prochaine impulsion de droite à gauche.

⁂

Les mécanismes dont nous venons d'expliquer le fonctionnement furent critiqués comme l'avait été celui de Cumming. Si la force qui agit pour les impulsions est constamment la même, celle que le pendule doit vaincre, pour opérer le dégagement, est variable, car les pressions de la roue contre les repos se font sous l'influence de la force motrice irrégulière, transmise par le rouage. Il s'ensuit que le dégagement oppose au pendule des résistances variables, qui absorbent une plus ou moins grande quantité du mouvement qu'il possède et que l'isochronisme de ses oscillations s'en trouve altéré.

En 1855, Vérité répondit à ces critiques en présentant le mécanisme suivant qui affichait hautement la prétention d'être à l'abri de toutes les causes de variation.

R est un excentrique monté sur l'axe du dernier mobile ; sur le même axe se trouve le volant *n, n'*.

Un levier double, AA', pivotant en *o*, porte, au-dessus de son centre, une fourchette, B, dont les branches embrassent l'excentrique R ; ce levier porte en outre un bras *s*, à direction oblique, dont une projection vient en contact, alternativement avec les ailettes du volant *n n'*, munies également d'une projection appropriée et que notre dessin ne peut représenter. C'est le contact de ces projections qui détermine l'arrêt du rouage, et le dégagement a lieu ensuite du déplacement, dans un sens ou dans l'autre, du bras *s*.

Au levier AA', sont suspendues deux boules de métal, *d d'*, qui sont par leur poids, destinées à donner l'impulsion au pendule. Les extrémités de ce levier s'appuient sur des crochets *aa'*, suspendus sur pivots et portant chacun deux bras horizontaux, *c b*, *c b'*. Deux boules *e*, *e'*, sont suspendues aux bras *c*, *c'* ; ces boules, par leur poids, écartent les crochets *a a'*, en tirant sur les bras *cc'*. Quand ces boules sont soulevées par le pendule, le poids des bras *b b'* l'emporte.

À la partie supérieure du pendule, P, se trouve une traverse, aux extrémités de laquelle on voit deux plans, TT', sur lesquels agissent les boules.

Le dessin représente la fin de l'impulsion de droite à gauche, laquelle a été donnée par la boule *d'*, pesant sur le plan T'. La boule *c'* appuie encore sur ce plan, mais son effet est contrebalancé par le soulèvement de la boule *e*, par le plan T, lequel soulève ensuite aussi la boule *d*.

Le pendule continuant son oscillation de droite à gauche, la boule *e'* va cesser de peser sur lui ; elle entraînera alors le bras *c'*, dont la descente écartera le crochet *a'*, et fera échapper le levier A'.

Avec le levier A', s'abaisse aussi le bras oblique *s* ; l'aile *n'* du volant

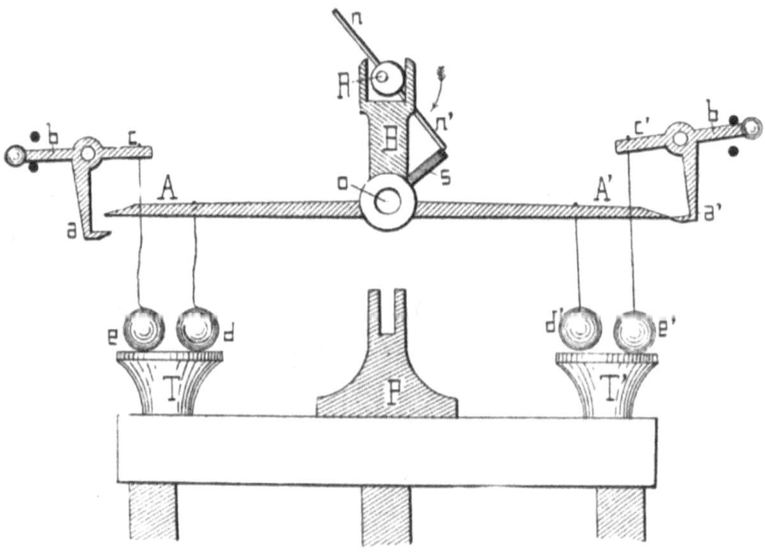

Fig. 249.

échappe, et le rouage tourne. Disons ici que la fourchette B est un peu plus large que l'excentrique R, de façon à permettre le petit mouvement nécessaire au dégagement.

Par sa rotation, l'excentrique fait basculer le levier AA', dont le bras A va reposer sur le crochet *a*, au moment où l'aile *n*, ayant fait une demi-révolution, rencontre le bras *s*, et arrête de nouveau le rouage.

Le renversement du levier AA' aura eu pour effet de relever la boule *d'*, et de régler la hauteur de chute de la boule *d*, pour la prochaine impulsion.

Le pendule ayant terminé son oscillation, revient vers la droite sous l'influence de sa propre pesanteur et de celle des deux boules *d*, *e*. Arrivée à un point déterminé de sa course, la boule *d* cesse de l'actionner et il n'est plus soumis qu'à l'influence de la boule *e* ; celle-ci l'abandonne à son tour et reste suspendue au bras *c*. Son poids fait alors basculer le repos *a*, qui laisse échapper le levier A. Celui-ci a un petit mouvement de descente, permis par l'écartement des branches de la fourchette, ce qui occasionne le dégagement de l'aile *n* en repos contre *s*.

L'excentrique tourne et ramène le levier AA' dans la position où nous le voyons sur le dessin ; la hauteur de chute de la boule *d'* est ainsi réglée pour l'impulsion prochaine.

Ce mécanisme remplit bien les conditions d'un échappement à force constante. En effet, la force qui, à chaque oscillation du pendule, restitue à ce dernier l'énergie perdue par suite des diverses résistances, lui est uniquement fournie par le poids des boules *d d'*. Celles-ci, bien que chargées de dégager le rouage, ne remplissent cette fonction que lorsqu'elles ont cessé leur action sur le pendule.

Quant aux boules *e e*, le pendule les relève chaque fois d'une quantité équivalente à celle de leur chute ; il y a donc équilibre. Il y a également équilibre entre la quantité de relèvement des boules *d d'* et une portion de leur descente; la force impulsive est donc due à la hauteur de chute déterminée par l'arc parcouru par le levier AA' ; comme cet arc est constant, la force impulsive l'est aussi.

***

Les deux échappements suivants sont également d'origine française et ont paru vers 1850. Ce sont des échappements *à coup perdu*, dans lesquels l'impulsion n'est donnée que dans un sens, tout comme dans les mécanismes fig. 246 et 247. Leur emploi permet d'obtenir une seconde fixe avec un pendule battant la demi-seconde.

Dans l'échappement Charpentier (fig. 250), l'ancre, A, ne porte que deux becs de repos, *e* et *s*, contre lesquels s'arrêtent les dents de la grande roue, R. La

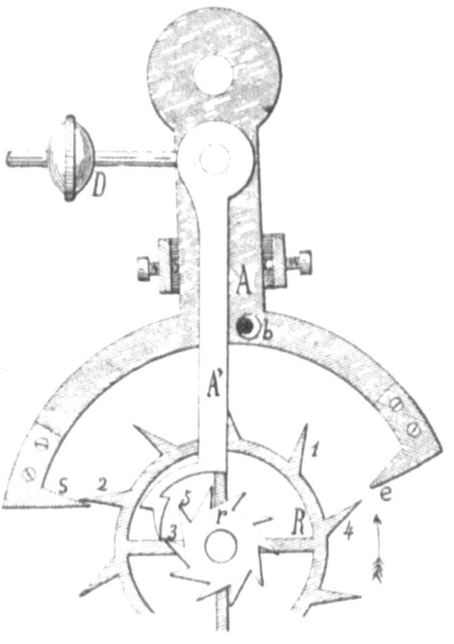

Fig. 250.

petite roue, *r*, qui tourne sur le même axe, a pour fonction de soulever le levier A', chargé à son axe, du poids D. Cet axe est indépendant de celui de l'ancre. L'ancre est en communication avec le pendule, au moyen d'une fourchette munie de deux vis de réglage.

En *b*, se trouve une cheville implantée dans le corps de l'ancre, et dont la position peut être réglée au moyen d'un excentrique. C'est en appuyant contre cette cheville que le levier A' communique les impulsions à l'ancre, et par conséquent au pendule.

Notre dessin représente l'ancre accomplissant, sous l'influence du pendule, son arc supplémentaire à droite ; la dent 1 vient d'échapper du bec *e*, et la dent 2 est tombée en repos sur le bec *s*, après que la roue a parcouru un chemin égal à l'arc compris entre deux dents, moins une chute réservée pour le passage d'un repos à l'autre. La dent 3 de la petite roue *r*, a parcouru un arc correspondant, et cette dent a soulevé d'un degré environ le levier A', en glissant contre l'incliné que porte ce levier à son extrémité.

Revenant vers la gauche, le pendule entraîne l'ancre A : la dent 2 échappe de son repos ; il se produit une petite chute de la roue, et un nouvel arrêt a lieu par la dent 4, contre le bec *e*. Au moment où s'achève cette oscillation, la cheville *b* arrive contre le flanc du levier A' ; celui-ci n'étant plus retenu par la dent 3, il agit, par son poids, sur cette cheville et communique ainsi une impulsion au pendule, dès que recommence l'oscillation vers la droite.

Arrivé à la verticale, le levier A' s'arrête, en s'appuyant sur la dent 5 de la roue *r* ; l'ancre continue son chemin ; le dégagement de la dent 4 se produit et la dent 5 soulève à nouveau le levier A'.

Pendant l'oscillation de droite à gauche, la roue n'accomplit donc qu'une petite chute pour passer du repos *s* au repos *e* ; l'impulsion a lieu au début de l'oscillation de gauche à droite, et le relèvement du levier se produit à la fin de cette oscillation.

Cet échappement donne donc la seconde fixe avec un pendule à demi-seconde.

***

Dans l'échappement Desfontaines (fig. 251), qui a le tort d'être plus compliqué que le précédent, nous avons également deux roues, R et *r*, montées fixement sur le même axe, et ayant chacune dix dents.

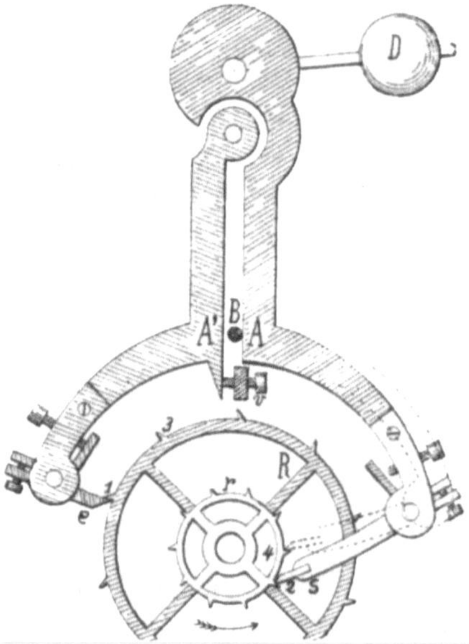

Fig. 251.

La plus grande de ces roues, R, est la roue de repos ; ses dents sont successivement arrêtées par le bec *e* du levier A, qui, à l'état de repos, s'appuie contre la vis *e*. Le pendule B, dans ses oscillations de droite à gauche, soulève ce levier et dégage la roue.

La petite roue, *r*, est chargée, en tournant, de soulever le levier A, en agissant sur le bras mobile *s* ; c'est le poids de ce levier qui agit ensuite sur le pendule, avec une force toujours constante.

Le levier A vient de retomber ; il a actionné le pendule, qui oscille de droite à gauche. La roue est en repos par sa dent 1 sur le bec *e*, et bras mobile *s*, retombant par son propre poids, a pris position contre la dent 2 de la petite roue.

Le pendule, par l'entremise de la cheville B, soulève le levier A' et dégage la dent 1 ; les roues peuvent tourner et la dent 2 de la roue *r*, agissant sur le levier *s*, lui fait prendre la position dessinée en pointillé, ce qui a pour effet de soulever le bras A, ainsi que le poids D, monté sur le même axe.

Un repos se produit dans cette position et il dure jusqu'au moment où le pendule, revenant à droite, soulève encore un peu le levier A, ce qui permet au bras *s* de retomber ; la dent 3 de la roue R va prendre la place de la dent 1, contre le bec *e*, le levier A' ayant repris sa position de repos.

À l'oscillation suivante, le levier A agit de tout son poids sur le pendule et lui communique l'impulsion, qui a toujours la même intensité.

***

Le célèbre horloger danois Urbain Jurgensen (1776-1830), apporta aussi sa contribution à l'étude des échappements à force constante ; la fig. 252 représente la construction qu'il imagina.

Les organes de ce mécanisme sont :

- La roue d'échappement, R, dont le sens de rotation est indiqué par une flèche.
- Un levier horizontal, A, fixé à la tige du pendule et participant à tous ses mouvements.
- Une pièce d'impulsion, B, ayant la figure d'un marteau et destinée à appuyer sur le levier A, au moment de sa descente, pour entretenir les oscillations du pendule. Cette pièce pivote en *o*, et elle porte, près de son centre, deux crochets, *a* et *b*, de formes particulières. Un bras *d*, situé dans le plan de la roue d'échappement, est également attenant à la pièce d'impulsion.

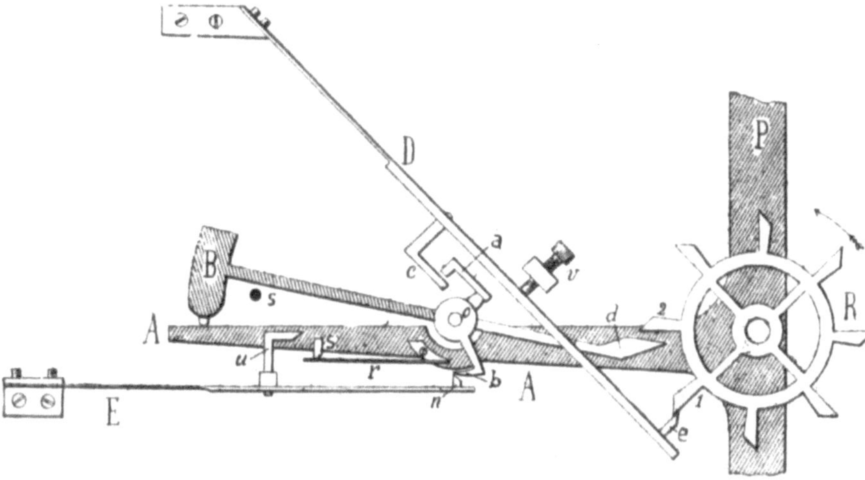

Fig. 252.

- Une détente-ressort, D, portant un talon d'arrêt *e*, contre lequel la roue d'échappement opère ses repos, et un crochet, *c*, dont le bec se trouve dans le plan du crochet *a*, de la pièce d'impulsion.
- Une seconde détente-ressort avec un talon d'arrêt *n*, et un crochet, *u*. Le talon d'arrêt *n* est dans le plan du crochet *b*, de la pièce d'impulsion. Dans le plan du crochet *u*, se trouve un petit ressort très faible et très élastique, *r*, fixé au levier A et s'appuyant contre une cheville, relevée du champ de ce bras.
- Une vis de butée, *v*, règle la pénétration du talon d'arrêt, *e*, dans la roue, et un plot, *s*, limite la descente du marteau B.

Le pendule, situé en arrière de la roue d'échappement, marche de droite à gauche, et il reçoit l'impulsion donnée par la pièce B appuyant sur le levier A, qui s'abaisse.

Vers la fin de cette impulsion, le crochet a atteint le bec *c* de la détente D. Celle-ci cède, et le talon d'arrêt *e*, laisse échapper la dent 1 de la roue. En tournant, la roue atteint par sa dent 2 le levier *d*, et son action sur ce levier a pour effet de remonter le poids d'impulsion B.

La hauteur à laquelle ce remontage s'opère est déterminée par le crochet *b* qui, faisant fléchir la détente E, va se prendre derrière le talon d'arrêt, *n*, de cette détente.

La pièce d'impulsion est ainsi armée et immobilisée.

Pendant que ces fonctions s'opèrent, le pendule termine son oscillation. puis il revient de la droite vers la gauche. C'est l'oscillation muette, au cours de laquelle le levier A s'élève. Le petit ressort *r* fléchit lorsque son extrémité atteint le crochet *u* de la détente E, et il passe au-dessus de ce crochet.

Quand le levier A redescend, ce petit ressort appuie sur le crochet *u*, et il fait fléchir la détente E. Le talon d'arrêt, *n*, laisse échapper le crochet *b* ; la pièce d'impulsion se trouve ainsi libérée et elle agit sur le levier A. À la fin de cette action a lieu un nouveau dégagement de la roue.

On voit que le marteau est relevé toujours à la même hauteur et qu'il descend toujours de la même quantité ; son action est donc absolument constante.

***

L'échappement qu'on voit fig. 253 a été construit par un prêtre romain et était exposé en 1867, à Paris, dans l'emplacement réservé aux États pontificaux.

Dans ce mécanisme, c'est le poids du levier A, pivotant en *o*, qui agit sur le pendule pour l'impulsion. Notre dessin représente ce levier maintenu soulevé par la cheville 1 de la roue, cette dernière étant arrêtée par sa dent 2.

La pièce *sab*, sous laquelle appuie cette cheville 1, pivote en *a*, à l'extrémité du levier A ; elle porte en *s*, une cheville qui passe par une ouverture qui laisse un certain jeu. Par son propre poids, cette pièce *sab* prend d'elle-même la position où nous la voyons sur le dessin.

Le pendule P, qui se trouve en avant, est représenté par deux lignes pointillées ; il porte un disque *r*, fixé à l'extrémité d'un piton attenant à sa tige. La circonférence de ce disque atteint, à chaque passage du pendule, la cheville *s*.

L'arrêt de la roue est produit par le bec *e* de la pièce D, laquelle a son centre de pivotement en *u*. Cette détente porte en outre le bras *d*, sur lequel agit, lorsque ce levier descend, le bec *n*, attenant au

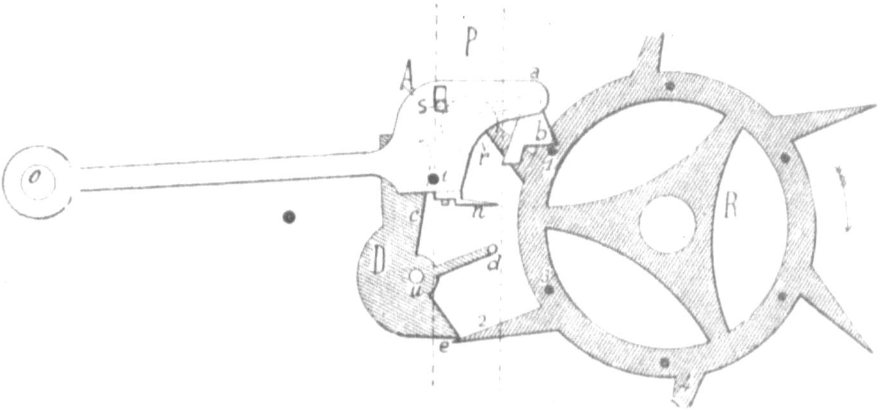

Fig. 253.

levier A, et c'est alors que le dégagement de la roue a lieu.

Quand le levier A remonte, la cheville *i*, qu'il porte, appuie contre le flanc *c* de la détente D, et repousse celle-ci de façon à remettre le bec *e* en prise dans les dents de la roue.

Le fonctionnement de ce mécanisme se comprend maintenant très facilement. Le pendule, marchant de droite à gauche, le disque *r* atteint la cheville *s*, la soulève et fait basculer la pièce *sab*. L'appui de *b* sur la cheville 1 cesse, et le levier A, tout entier, tend à tomber par son propre poids. La cheville *s* continue à s'appuyer contre le pourtour du disque *r*, et, lorsque le levier A descend, cette cheville devient active et elle communique une impulsion au pendule.

Quand le levier A arrive au bas de sa course, le bec *n* atteint le bras *d*, et fait basculer la détente D. La dent 2 se trouve alors libérée, et la roue tourne. La cheville 3 atteint le dessous de la pièce *b*, et soulève, par l'intermédiaire de cette pièce, le levier A complet. En montant, la cheville *i* repousse la détente D en agissant contre le flanc *c*, et le bec de repos *e* se remet en place pour arrêter une nouvelle dent de la roue et la maintenir jusqu'au moment où le levier A retombera.

***

Vers 1850, la question de l'échappement à force constante fut reprise très sérieusement en Angleterre, à l'occasion de la construction de l'horloge du palais de Westminster ; le type d'échappement qui fut définitivement adopté dans cette horloge, est resté le modèle, pour ainsi dire classique, du mécanisme que les Anglais nomment *échappement de gravité*.

L'horloge de Westminster fut établie par Edward John Dent (1790-1853), constructeur renommé d'horloges de tours, d'après les plans et avec la collaboration de Edmund Beckett Denison, baron Grimthorpe (1816-1905), un avocat anglais qui s'adonna à l'horlogerie et devint un théoricien consommé.

Avant son installation définitive, qui eut lieu en 1859, et en attendant l'achèvement de la tour qui devait la recevoir, cette horloge fut observée pendant cinq ans dans les ateliers de Dent ; elle y subit plusieurs perfectionnements et son échappement fut changé trois fois.

L'échappement primitif était à repos ; nous l'avons représenté fig. 89. Ce mécanisme, qui fonctionnait avec un remontoir d'égalité, ne donna pas un résultat satisfaisant ; on constata que les variations causées par l'effet des intempéries sur les colossales aiguilles de l'horloge, étaient considérables, et Denison fit remplacer cet échappement par celui que montre notre fig. 254.

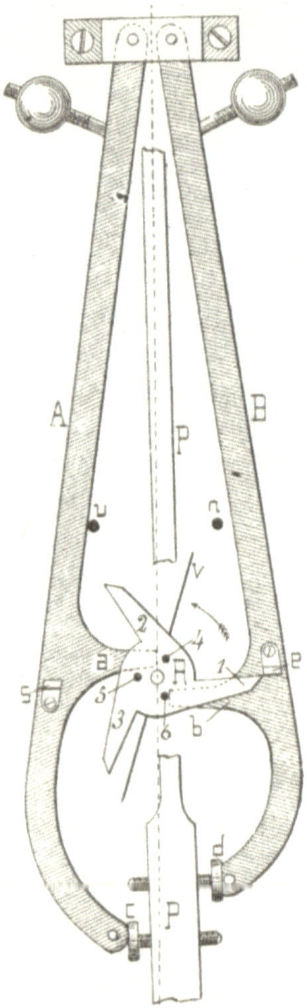

Fig. 254.

Nous voyons, pivotant sous un pont monté à la hauteur du point de suspension du pendule, les deux leviers d'impulsion A et B. À l'extrémité inférieure de ces deux leviers sont implantées deux chevilles, *c, d,* qui agissent sur la tête de deux vis réglables ajustées à la tige du pendule P. Celui-ci, situé en avant, n'est représenté qu'en tronçon, pour ne pas masquer les pièces essentielles du mécanisme.

La roue d'échappement R est formée de trois bras, 1, 2, 3, et elle porte près de son centre, 3 chevilles 4, 5, 6, contre lesquels viennent travailler les deux becs, *a, b,* des leviers d'impulsion.

En *e* et en *s,* fixées aux leviers, on voit les palettes de repos servant à arrêter la roue d'échappement par ses bras.

Supposons le levier B soulevé à une petite distance de son appui *n,* et maintenu dans cette position par la cheville 6, qui repousse le bec *b* pendant que le bras 1 de la roue est en arrêt contre la palette de repos *e.* Le balancier oscillant vers la droite, atteint par sa vis *d,* l'extrémité du levier B, et il soulève ce dernier d'une petite quantité supplémentaire, ce qui fait décrocher le bras 1. La roue tourne alors dans le sens indiqué par la flèche ; la cheville 4 repousse le bec *a,* et soulève ainsi le levier d'impulsion A, jusqu'à ce que le bras 2 rencontre la palette de repos *s.*

Un nouvel arrêt de la roue a lieu, et le levier A est maintenu soulevé par la cheville 4, laquelle continue à servir d'appui au bec *a.* La roue a donc tourné d'un sixième de tour.

Sous l'action du poids du levier B, le pendule revient vers la gauche ; le levier s'arrête contre le plot *n,* mais le pendule continuant sa marche atteint, par sa vis *c,* la cheville de l'extrémité inférieure du levier A. Ce levier est soulevé encore d'une petite quantité de façon à dégager le bras 2, qui est arrêté en *s* et, la roue tournant de nouveau d'un sixième de tour, la cheville 5 agit contre le bec *b*, pour soulever le levier B, et le préparer pour une nouvelle impulsion.

Sur l'axe de la roue R, se trouve un volant *v*, analogue au volant d'une sonnerie, dont la fonction est de régulariser la rotation de la roue et d'empêcher un choc trop violent des bras sur les repos.

***

Cet échappement n'ayant pas davantage donné les résultats qu'on en attendait, le constructeur s'étant engagé à fournir une horloge variant de moins d'une minute par semaine, Denison en fit adapter un autre du même genre, mais avec une roue à quatre bras. Ce mécanisme fut remplacé ensuite par celui que montre notre fig. 255 et qui fut conservé définitivement. On l'appela : *Double three legged gravity escapement*, c'est-à-dire : *Échappement de gravité à trois doubles bras.*

La roue d'échappement est formée de deux pièces à trois bras chacune, 1, 2, 3 et 4, 5, 6, montées sur le même axe et suffisamment écartées l'une de l'autre pour laisser osciller entre elles, les leviers de gravité A et B, mobiles en o et o', près du point de suspension du pendule.

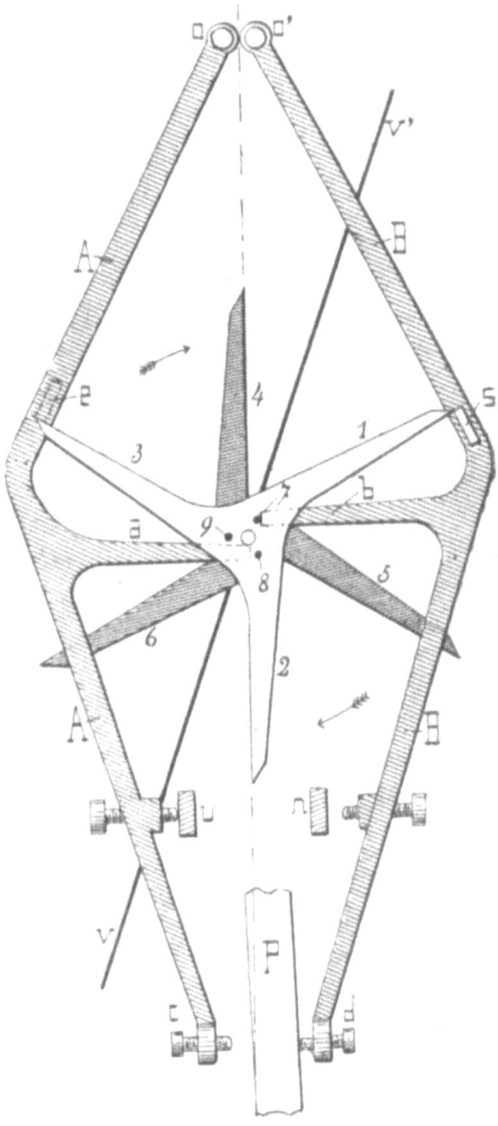

Fig. 255.

Entre ces deux pièces, qui constituent une roue à six dents ou bras, sont disposées, comme les rouleaux d'un pignon à lanterne, trois chevilles, 7, 8, 9, servant à soulever les leviers, A, B, en agissant contre l'extrémité de leurs becs *a, b*.

Les impulsions résultent de l'action des leviers de gravité, agissant par leur propre poids, sur la tige du pendule P, contre laquelle ils appuient, par leur extrémité inférieure *c, d*, une fois qu'ils ont été soulevés par les chevilles de levée, 7, 8, 9. Chacun des deux leviers porte une palette de repos ; la palette *e*, placée en avant sur le levier B, arrête les bras 1, 2, 3, pendant que la palette *s*, fixée en arrière, au levier A, est destinée à l'arrêt des bras 4, 5, 6.

Le jeu de l'échappement est le même que celui du mécanisme précédent. La cheville 7 a soulevé le levier B, en repoussant le bec *b* vers la droite et le bras 1 s'est arrêté contre la palette de repos *s*.

Le pendule oscille vers la droite ; il a reçu une impulsion du levier A, lequel s'est arrêté contre sa limite *u*. Continuant son oscillation, le pendule atteint l'extrémité *d* du levier B ; il soulève encore un peu ce levier, ce qui a pour effet de dégager le bras 1 du repos *s*. Le dessin représente le mécanisme au moment où ce dégagement s'opère.

La roue tourne dans le sens indiqué par la flèche ; la cheville 8 atteint le bec *a* et le repousse, soulevant ainsi le levier A, qui était au repos contre sa limite *u*. La rotation de la roue ne peut être que d'un sixième de tour, car le bras 6 rencontre la palette *e*, et y fait repos.

Le pendule, ayant terminé son oscillation vers la droite, revient en sens contraire ; il reçoit alors une impulsion communiquée par l'action du poids du levier B. Cette action dure jusqu'au moment où le levier arrive à sa limite *n* ; le pendule continue son oscillation et va opérer le dégagement du bras 6, en soulevant encore, d'une petite quantité, le levier A, que la cheville 8 maintenait soulevé.

Une nouvelle rotation de la roue a lieu et la cheville 9 agit, à son tour, contre le bec *b*, et soulève le levier B, en vue de la prochaine impulsion.

Un volant, *v v'*, ajusté sur l'axe de la roue au moyen d'un encliquetage qui ne lui permet pas de reculer, prévient toute action trop brusque et tout choc violent de la roue.

La marche de l'horloge de Westminster, avec cet échappement, fut reconnue supérieure à tout ce qui avait été obtenu jusqu'alors dans les horloges de clocher. Les variations sont contrôlées régulièrement par l'Observatoire de Greenwich, au moyen d'un fil spécial ; elles sont, en moyenne, de deux à trois secondes par jour.

Le diamètre de la roue d'échappement est de 31 cm. Le pendule effectue ses oscillations en 2 secondes ; il pèse 317 kilos ; il est muni d'une compensation en acier-zinc. La lentille seule pèse 202 kilos. Le ressort de suspension a 8 cm de largeur, 13 cm de longueur et 4 mm d'épaisseur.

***

L'échappement que montre la fig. 256, a été construit par un horloger allemand, F.-W. Ruffert. C'est, en somme, le système de Mudge, mais avec impulsions d'un seul côté. Ses organes sont :

- La roue R, munie de 30 dents, d'une forme tout à fait particulière.
- La détente D, qui pivote librement en *c*, et dont le bras *e* retombe constamment, par son propre poids, sur la limite u. Dans sa position de repos, cette détente arrête la roue par l'extrémité de ses dents ; l'arrêt cesse lorsque, par une pression sur le bras *b*, on fait relever le bras *e*.

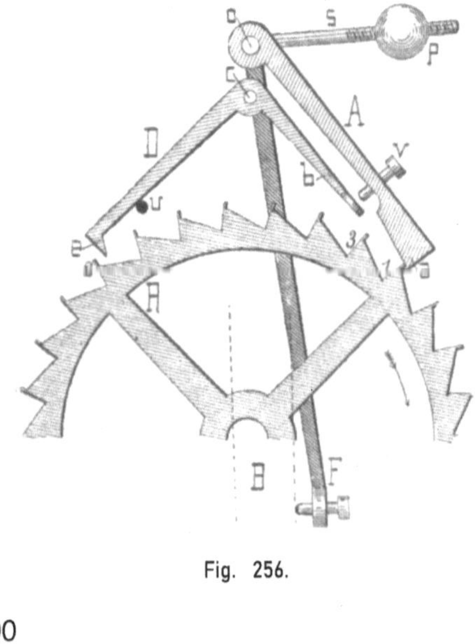

Fig. 256.

– La pièce d'impulsion, A, qui pivote en *o*, et qui porte une tige filetée *s*, munie d'un poids P. Sur l'axe *o*, est montée la fourchette F ; celle-ci n'est en contact que dans un sens avec la tige du pendule, représentée en pointillé sur le dessin.

Sous l'influence du poids P, la fourchette pousse le pendule vers la gauche et elle abandonne ce dernier si on lui imprime un mouvement en sens opposé, ayant pour effet de relever le poids P.

La pièce A est munie, à son extrémité, d'un plan incliné, contre lequel agissent les dents de la roue ; l'action des dents a pour effet de repousser la pièce à droite, de relever le poids A et de préparer ainsi l'impulsion. Le plan incliné du levier *a* se termine par un petit bec qui arrête les dents de la roue et celles-ci maintiennent, jusqu'au moment du dégagement, la pièce A dans sa position la plus élevée.

Enfin une vis de réglage *e*, portée par la pièce A, est destinée à produire le dégagement, en abaissant, au moment voulu, le bras *b* de la détente D.

Cet échappement est, on le voit, assez simple, et il est facile d'en suivre le fonctionnement, à l'aide de notre dessin.

La roue est arrêtée par la dent 1, en repos contre le bec *a* de la pièce d'impulsion A. Dans cette position, la dent maintient la pièce soulevée ainsi que le poids P et la fourchette F, qui en sont solidaires.

De l'autre côté, la détente, D, est dans sa position de repos, le bec *e* prêt à arrêter la dent 2.

Le pendule, B, est supposé oscillant de gauche à droite. Vers la fin de son impulsion, il atteint la fourchette et, en la poussant, il soulève encore un peu la pièce A, de façon qu'elle laisse échapper la dent 1.

La roue peut alors tourner, mais elle ne parcourt qu'un très petit arc, car elle est arrêtée aussitôt par le bec *e* de la détente D.

La pièce A est libérée et, par son poids, elle agit contre la tige du pendule, par l'intermédiaire de la fourchette et lui communique une impulsion.

Mais au moment où la fourchette, poussant le pendule, arrive à la verticale, la vis e atteint le bras *b* de la détente D, et la pression qu'elle exerce sur ce bras, a pour effet de dégager la dent 2, que le bec *c* avait arrêtée. Une nouvelle rotation de la roue a lieu, et elle dure jusqu'au moment où la pointe de la dent 3 rencontre le bec *a*.

La pièce A, qui était descendue au fond de la dent 3, est repoussée instantanément dans la position où nous la voyons sur la figure, et cela avant que le pendule ait terminé son oscillation vers la gauche. La préparation de l'impulsion suivante est faite.

***

Le mécanisme représenté fig. 257, a été breveté il y a peu de temps aux États-Unis ; il a cela de particulier que son action s'exerce à l'extrémité inférieure du pendule, c'est-à-dire au-dessous de la lentille. À cet effet, la tige B, du pendule, porte tout à fait à son extrémité, une pièce, *a*, formée, d'un côté, en plan incliné.

Une bascule, D, pivotant en *o*, porte une cheville *d*, dont l'action sur le plan incliné de la pièce *a*, a pour effet de pousser le pendule vers la droite, c'est-à-dire de lui donner une impulsion. Cette action a lieu par l'effet du simple poids de la bascule D, et elle ne peut avoir lieu que lorsque l'extrémité de cette pièce ne repose pas sur le bec, *u*, de la détente A.

La détente A pivote en *i*, et elle est constamment poussée vers la gauche, contre un plot d'arrêt, par un ressort *n*. Un autre ressort *r*, fixé à la tige du pendule, agit contre l'extrémité de cette détente ; pendant l'oscillation de gauche à droite, ce ressort repousse la détente et l'écarte de son plot de repos ; il fléchit, au contraire, au-dessus de l'extrémité de A, dans les oscillations de droite à gauche.

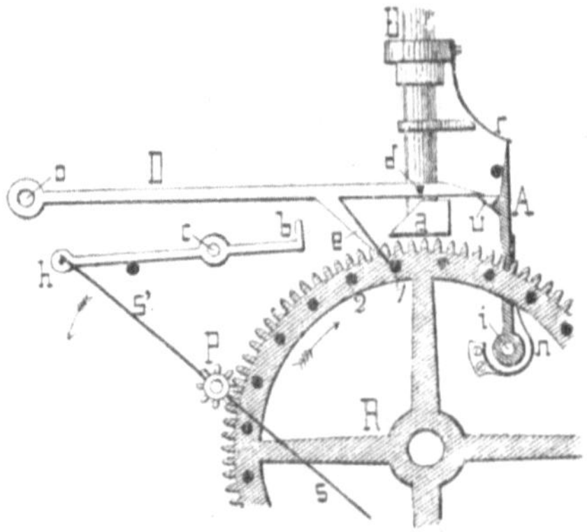

Fig. 257.

La roue d'échappement, R, porte une denture comme celle d'une roue de rouage, ainsi qu'un certain nombre de chevilles. Cette roue engrène avec le pignon P. L'arrêt du rouage est obtenu au moyen d'une seconde bascule pivotant en *c* et portant une cheville *h*, placée pour retenir alternativement les ailettes *s*, *s'*, d'un volant monté sur l'axe du pignon P.

Le dégagement est effectué par la bascule D qui, lorsqu'elle tombe, s'appuie sur le bec, *b* de la bascule *c*.

Enfin, les chevilles de la roue, agissant contre le bec en plan incliné *e*, de la bascule D, relèvent cette bascule pour la remettre à son point de départ, lorsqu'elle est descendue.

Voici maintenant la succession des fonctions :

Le rouage est arrêté par l'ailette *s'* appuyée contre la cheville *h* de la bascule *c*. Le pignon, ayant précédemment donné un demi-tour, la cheville 1 de la roue a soulevé la bascule D, de façon à la faire reposer sur le bec, *u*, de la détente A.

Le pendule oscille vers la gauche ; le petit ressort *r* fléchit, en passant sur l'extrémité de la détente A ; cette détente étant retenue à gauche par son plot d'arrêt, reste immobile et continue à soutenir la bascule D.

À l'oscillation suivante, vers la droite, le ressort *r* repousse la détente A, qui pivote en *i* ; le bec *a* s'écarte et laisse tomber la bascule D. La cheville d atteint le plan incliné de la pièce *a*, et, agissant par le poids de la bascule, elle donne une impulsion au pendule.

À la fin de cette impulsion, la bascule D atteint le bras *b* de la bascule *c*, et l'abaisse. Le bras *h* remonte et la cheville qu'il porte laisse échapper l'ailette *s'*. Le pignon P donne un demi-tour, permettant à la roue de tourner d'une quantité correspondant à la distance qui existe entre deux chevilles.

La cheville 2 entre alors en action et elle soulève la bascule D pour la replacer sur le bec *n* de la détente A, laquelle a repris immédiatement sa position de repos.

La bascule D, en remontant, laisse retomber le bras h de la bascule *c* et la cheville arrête l'ailette *s*. Tout est ainsi préparé pour une nouvelle impulsion qui aura lieu à la prochaine oscillation de gauche à droite du pendule.

***

Nous avons dit, au commencement de ce chapitre, que la force constante agissant pour l'impulsion, pouvait être fournie soit par un poids, soit par un ressort. La plupart des constructeurs ont donné la préférence au poids et l'on comprend facilement pourquoi ; c'est parce qu'on est sûr de trouver, dans la pesanteur, une force plus régulière que dans l'élasticité d'une lame tendue.

L'échappement fig. 258 dans lequel les impulsions sont fournies par des ressorts, est d'origine anglaise ; il était exposé en 1855, à Paris, par l'horloger anglais James Ferguson Cole (1799-1880). Nous ne sommes pas renseigné sur les résultats qu'il a donnés ; il a, en tout cas, le mérite d'être très simple et de construction facile.

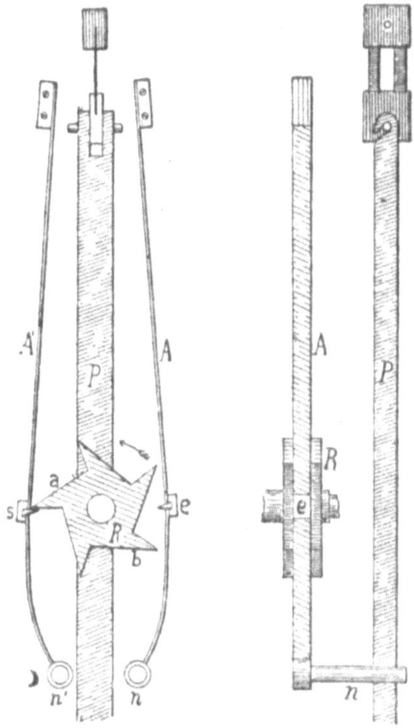

Fig. 258.

Notre dessin représente ce mécanisme de face et de profil. La roue a cinq dents, nombre qui est arbitraire, et le pendule oscille entre deux longs ressorts A, A', portant les palettes d'arrêt, *e* et *s*.

Nous voyons la dent *a* en repos sur la palette *s* ; pour arriver à cette position, cette dent a dû écarter légèrement le ressort A'. Ce ressort est donc armé d'une certaine quantité, et c'est l'action en retour de cette tension, qui constitue l'impulsion.

Le pendule oscillant de droite à gauche, atteint la cheville *n'*, implantée à l'extrémité du ressort A'. Ce ressort sera écarté davantage encore qu'il ne l'a été par la dent *a*, et cette dent échappera. Au retour de l'oscillation, l'action du ressort A' peut s'exercer tout entière contre la tige du pendule et lui communiquer une impulsion.

Mais le dégagement de la dent *a*, a permis à la roue de tourner ; la dent *b* est entrée en fonction en soulevant le ressort A, pour arriver à l'arrêt *e*, d'où elle sera dégagée, à son tour, par le pendule qui écartera le ressort, en agissant contre la cheville, *n*.

***

La fig. 259 représente un autre échappement à force constante, à ressort, dont l'invention est toute récente ; elle est due à un horloger anglais, W. A. Granger, à Londres.

Les impulsions sont données par un ressort armé à nouveau, à chaque oscillation de l'ancre, et agissant à la partie supérieure du pendule, près du ressort de suspension.

La roue d'échappement, R, a 30 dents et, sur son axe, est montée une seconde roue, D, à denture ordinaire ; cette roue, munie de 120 dents, actionne un pignon de 12 ailes, P. Sur l'axe de ce pignon se trouve un disque muni de trois bras d'arrêt, 4, 5, 6 ; ces bras font repos alternativement contre les palettes *a* et *b*, portées par les bras de l'ancre.

L'action de la roue d'échappement a pour résultat de repousser tour à tour les leviers, *e* et *s*, de l'ancre, en agissant contre l'incliné dont sont munis ces leviers. La force du rouage ne se transmet pas directement au pendule ; elle a pour effet d'armer un ressort *o*, *u*, qui est fixé par une de ses extrémités et tranversalement à l'axe *o*, de l'ancre A. Ce ressort mesure environ 5 mm, de largeur sur 0,01 d'épaisseur ; son extrémité, *u* est prise entre les pointes de deux vis portées par une potence *d*, *d*, qui est fixée à la partie supérieure de la tige du pendule B.

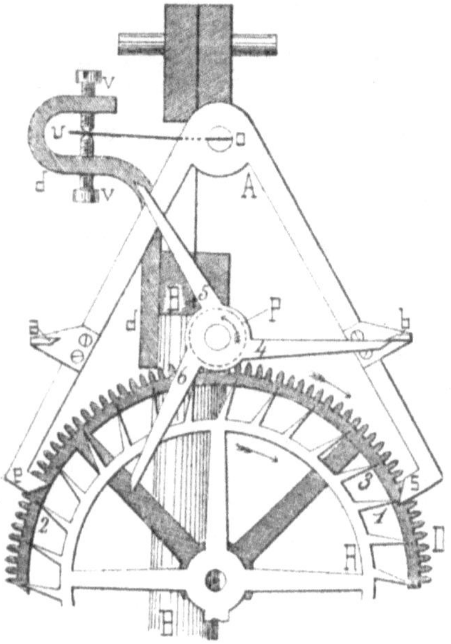

Fig. 259.

On comprend que si on fait parcourir à l'ancre un certain arc, d'un côté ou de l'autre, le ressort *o* fléchit, et sa force d'élasticité tend à pousser le pendule dans le même sens. C'est ce ressort, armé, à chaque impulsion, de la même quantité, qui entretient les oscillations du pendule.

Ces explications données, suivons la marche des organes.

Le dessin représente le mécanisme au moment où le pendule, B, effectue une oscillation de gauche à droite, sous l'influence du ressort *o u*, qui a été armé ensuite de l'action de la dent 1 de la roue d'échappement R, contre le levier *s* de l'ancre A.

Lorsque le pendule passe à la verticale, le ressort *o u* cesse d'agir ; il est à son point mort. L'oscillation continuant vers la droite, en vertu de la force acquise, c'est alors le pendule qui entraîne l'extrémité *u* du ressort, et qui fait basculer l'ancre.

La palette de repos, *b*, s'écarte de P et le bras 4, qui est arrêté par cette palette, s'échappe ; le pignon tourne et, avec lui, les roues R et D, La dent 2 de la roue R atteint le levier *e* de l'ancre ; elle tombe, non pas contre une face de repos, comme dans un échappement ordinaire, mais directement contre l'incliné.

L'ancre est alors poussée instantanément vers la gauche par cette dent, alors que le pendule achève seulement son oscillation à droite. Cette action a pour effet d'armer le ressort *o u*, qui est prêt à agir sur le pendule lorsque celui-ci commencera son oscillation vers la gauche.

La rotation du pignon P s'arrête par l'arrivée du bras 5 contre le repos *a* ; cet arrêt se produit avant que la dent 2 soit arrivée à la fin de l'incliné de *e* ; la dent n'échappe donc pas, elle maintient le levier soulevé et par conséquent, le ressort *o u* armé.

La force élastique de ce ressort agit sur le pendule dès le début de l'oscillation de droite à gauche, et cette action cesse au moment où le pendule passe à la verticale ; c'est ensuite le pendule qui entraîne le ressort, et par conséquent l'ancre. Le dégagement du bras 5, en repos sur *a*, se produit alors et une nouvelle rotation du pignon P a lieu, laquelle cesse au moment où le bras 6 atteint la palette de repos *b*.

Pendant cette rotation, la dent 3 repousse le levier *s*, et s'arrête dans la position représentée par notre dessin. Le ressort est ainsi armé de nouveau en vue de l'impulsion à donner au pendule, lorsque celui-ci reviendra vers la droite.

Cet échappement fonctionne avec un pendule compensateur de construction nouvelle, imaginé par le même horloger et les résultats qu'il donne sont, paraît-il, excellents.

⁂

Deux constructeurs allemands : Riefler, à Munich, et Strasser, à Glashütte, établissent actuellement des régulateurs d'une grande précision, avec un système d'échappement que nous pouvons classer parmi les échappements à force constante agissant par la force d'élasticité d'un ressort. Dans ce système, le ressort est la lame de suspension elle-même : l'échappement a pour mission de courber cette lame, de telle façon que la tension qui en résulte, agisse comme force d'impulsion sur le pendule, pour entretenir ses oscillations.

L'échappement de Strasser est un genre Graham dans lequel les arrêts de la roue ont lieu immédiatement après l'impulsion et avant la chute, c'est-à-dire que les dents s'arrêtent après avoir glissé contre les inclinés, et qu'elles maintiennent, pendant un instant, le levier à son point le plus éloigné du centre de la roue.

À cet effet, chaque levier porte, à son arrière, une petite palette qui forme un repos à la fin de l'incliné, ainsi qu'on peut le voir en *e* et *s*, fig. 260. Les oscillations de l'ancre sont transmises à la suspension au moyen de la fourchette F, qui conduit la tige *c*.

La suspension repose par sa partie *a*, et au moyen de la cheville *o*, sur la potence E. Cette pièce *a*, qui est donc fixe, est reliée, par deux lames d'acier, à la pièce inférieure *d*, à laquelle est accroché le pendule P. Deux autres lames, fixées à la pièce *d*, supportent une troisième pièce, *b*, qui encadre la partie *a*, sans y toucher. C'est à cette pièce *b* qu'est fixée la tige *c*, qui travaille avec la fourchette F.

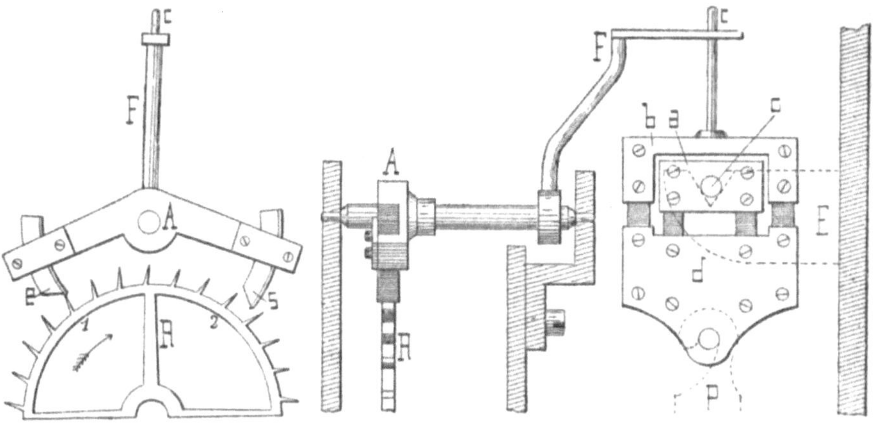

Fig. 260.

On comprend que les oscillations de l'ancre ont pour effet de courber les deux lames extérieures de cette suspension ainsi établie, et la flexion est suffisante pour entretenir les oscillations du pendule en marche.

La tension des lames est toujours la même à chaque oscillation puisqu'elle résulte de l'arc, toujours égal à lui-même, parcouru par la fourchette ; la force qui agit sur le pendule est donc constante.

Pour obtenir le résultat cherché, la roue et l'ancre doivent fonctionner d'une manière toute spéciale.

Nous voyons, sur notre dessin, la dent 1 de la roue, arrêtée par la palette de repos du levier *e*. Cette dent a repoussé le levier ; la fourchette F s'est inclinée à droite, ce qui a eu pour effet de faire fléchir la pièce *b* de la suspension, du même côté.

La flexion persiste, puisque le levier reste soulevé ; la force qui en résulte s'écoule par le pendule et elle agit sur ce dernier pendant son oscillation de droite à gauche. Quand le pendule arrive à la verticale, toute flexion a disparu, et c'est alors le pendule qui, continuant son oscillation, entraîne la pièce *b* au moyen de la tige *s* et, par conséquent, la fourchette et l'ancre.

On comprend que les oscillations de l'ancre ont pour effet de courber les deux lames extérieures de cette suspension ainsi établie, et la flexion est suffisante pour entretenir les oscillations du pendule en marche.

La tension des lames est toujours la même à chaque oscillation puisqu'elle résulte de l'arc, toujours égal à lui-même, parcouru par la fourchette ; la force qui agit sur le pendule est donc constante.

Pour obtenir le résultat cherché, la roue et l'ancre doivent fonctionner d'une manière toute spéciale.

Nous voyons, sur notre dessin, la dent 1 de la roue, arrêtée par la palette de repos du levier *e*. Cette dent a repoussé le levier ; la fourchette F s'est inclinée à droite, ce qui a eu pour effet de faire fléchir la pièce *b* de la suspension du même côté.

La flexion persiste, puisque le levier reste soulevé ; la force qui en résulte s'écoule par le pendule et elle agit sur ce dernier pendant son oscillation de droite à gauche. Quand le pendule arrive à la verticale, toute flexion a disparu, et c'est alors le pendule qui, continuant son oscillation, entraîne la pièce *b* au moyen de la tige *s* et, par conséquent, la fourchette et l'ancre.

Le levier *e* s'éloigne encore un peu du centre de la roue ; la dent 1 échappe, et la dent 2 atteint le levier *s*. Mais cette dent 2 ne tombe pas sur la face de repos ; elle atteint, comme dans le mécanisme précédent, directement l'incliné et repousse le levier, puis s'arrête contre la lame de repos. Cette action a pour effet de courber les lames de suspension dans l'autre sens et de préparer une nouvelle impulsion pour le pendule.

On comprend que les deux lames extérieures doivent être suffisamment faibles pour fléchir sous la poussée de la roue, mais cependant assez fortes pour ne pas fléchir lorsque le dégagement doit se produire.

***

Le principe du fonctionnement de l'échappement Ricfler (fig. 261) est absolument le même que celui du mécanisme de Strasser, que nous venons de décrire. C'est aussi par une tension régulièrement renouvelée des ressorts de suspension, que sont entretenues les oscillations du pendule.

Cette tension est obtenue au moyen d'un jeu de l'échappement semblable à celui du mécanisme précédent. Nous avons ici un échappement à chevilles, avec deux roues ; la roue R sert aux repos et la roue R' donne les impulsions.

Les dents de cette dernière roue, munies d'un incliné, repoussent les chevilles ; les repos ont lieu par la pointe

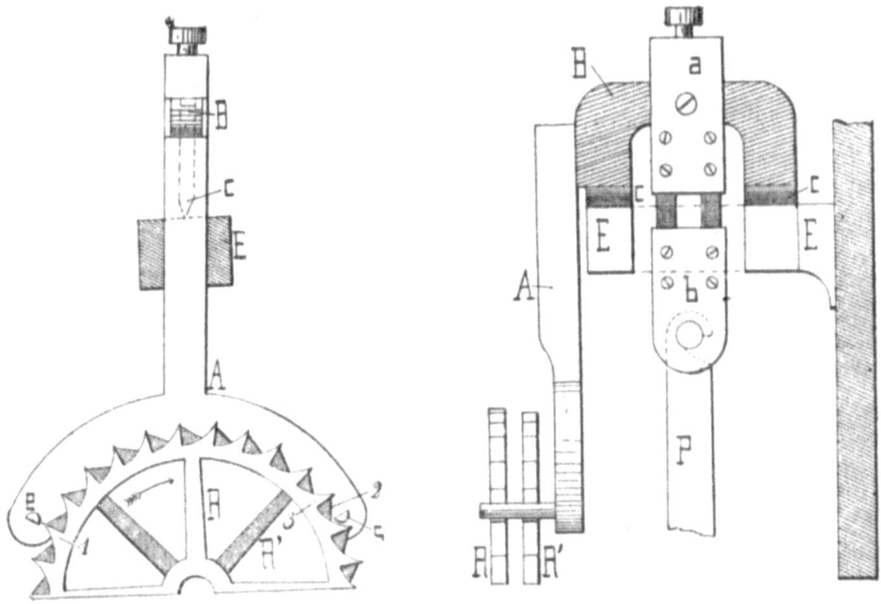

Fig. 261.

des dents de la roue R, atteignant une des chevilles de l'ancre à la fin de chaque levée.

L'ancre n'est pas montée sur un axe pivoté ; elle est fixée à une pièce B, qui peut osciller au moyen de deux couteaux *c*, *c*, reposant sur la potence E.

Cette pièce B porte la partie supérieure, *a*, de la suspension. L'inclinaison qu'elle subit par suite des oscillations de l'ancre, a pour effet de produire, sur les ressorts de suspension, la tension qui sert à l'entretien des oscillations du pendule.

Sur notre dessin, nous voyons la dent 1 de la roue R qui vient d'échapper de la cheville *e*, contre laquelle elle était en repos. C'est le pendule qui, en effectuant son arc supplémentaire vers la gauche, a entraîné la pièce B, et par suite l'ancre, ce qui a produit le dégagement de la dent 1.

Les deux roues tournent et la dent 2 de la roue R', repousse, par son incliné, la cheville *s*.

Cette impulsion, qui est instantanée, a pour effet de faire prendre à l'ancre, et par conséquent à la pièce B, une inclinaison en sens contraire. Il en résulte une flexion des ressorts de suspension qui atteint son maximum au moment où la dent 3 de la roue R arrive contre la cheville *s*, et produit l'arrêt.

La flexion est donc maintenue de ce côté-là, et la force qu'elle produit agit sur le pendule, qui commence son oscillation de gauche à droite.

***

Pouvons-nous classer dans la même catégorie l'échappement suivant, fig. 262, inventé par un chapelain bavarois ? Il nous semble que oui, puisque l'entretien des oscillations du pendule est obtenu par des flexions régulières de la lame de suspension du pendule.

Le régulateur est un pendule formé de deux pièces distinctes, A, P. La partie supérieure, P, suspendue par le ressort *r* porte, à son extrémité inférieure, une pièce triangulaire, *e*, dont deux des faces constituent les plans de levée. Le pendule proprement dit, P, est suspendu par le ressort *r'*, à l'extrémité inférieure de la partie A, au-dessous de la pièce triangulaire.

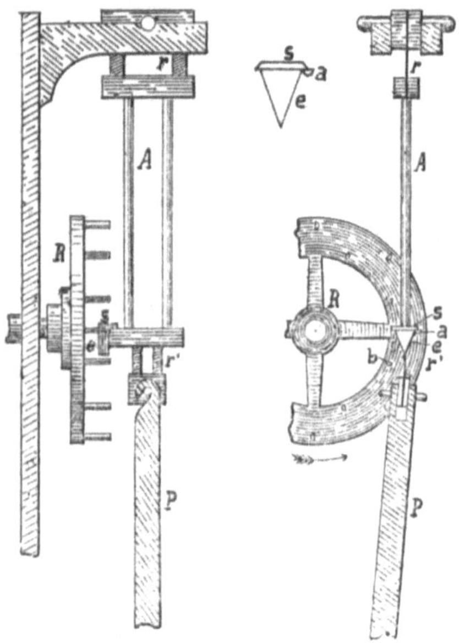

Fig. 262.

Les oscillations du pendule, P, sont entretenues par les déplacements que font subir, à la tige A, les chevilles de la roue. Ces chevilles, demi-cylindriques, agissent alternativement, des deux côtés de la pièce *e*, et les déplacements qui en résultent, ont pour effet d'armer le ressort *r'*, dans un sens, puis dans l'autre, et d'entretenir ainsi les oscillations du pendule P.

Sur la pièce *e*, et débordant un peu de chaque côté, est fixée une plaque *s*, dont les saillies servent aux repos des dents.

Nous avons représenté à part, en l'agrandissant, la pièce d'échappement *e*, de façon à bien montrer sa forme et son travail avec les chevilles de la roue.

La cheville *a* est en repos sous la plaque *s* ; elle a agi contre l'incliné de droite et a repoussé, vers la gauche, la pièce d'échappement, et par conséquent le point de suspension du pendule. Ce petit déplacement suffit pour communiquer une nouvelle impulsion au pendule, qui oscille précisément dans le même sens.

La cheville s'arrête au repos sous la plaque *s*, mais le pendule, continuant son oscillation vers la gauche, finit par entraîner l'extrémité inférieure de la pièce A, et la dent *a* se trouve dégagée. La roue tourne d'une petite quantité, la cheville *b* rencontre le plan incliné de gauche, et l'action de cette cheville contre ce plan incliné produit l'impulsion de gauche à droite ; les mêmes fonctions se répètent ensuite en sens inverse.

L'inventeur de cet échappement voit dans son mécanisme, toutes les qualités, mais, à notre avis, l'exécution pratique doit avoir révélé bien des points faibles. L'aplomb de ce pendule brisé, avec double suspension, doit être bien difficile à réaliser, et nous craignons fort l'influence de la température. Les repos nous paraissent bien incertains et le dégagement au moment voulu est insuffisamment assuré ; ce dégagement risque de se faire parfois trop vite ou de ne pas avoir lieu du tout.

***

Nous disions aussi, au début de ce chapitre que, dans un certain nombre des mécanismes qu'on classe comme échappements à force constante, le poids agissant sur le pendule, était remonté, non pas par le rouage seul, mais par l'action combinée du rouage et du pendule.

Les quatre mécanismes qui suivent, appartiennent à cette catégorie. Le premier, fig. 263 est le plus compliqué, puisque sa pièce d'échappement est formée de trois parties mobiles, indépendamment les unes des autres, sur un même axe.

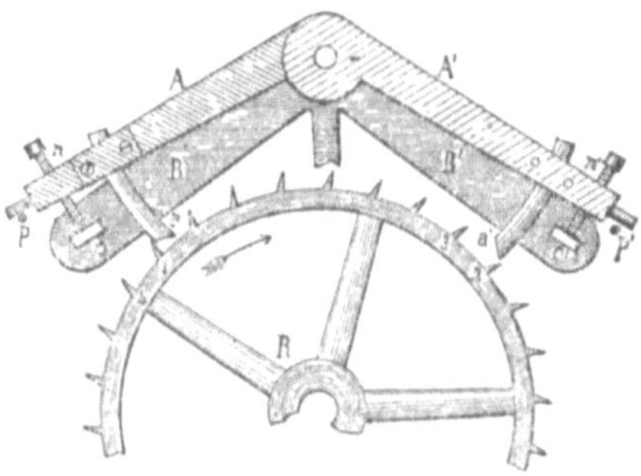

Fig. 263.

Nous avons d'abord la pièce BB', la plus éloignée de l'œil, placée en arrière de la roue, et faisant corps avec la fourchette.

Puis le bras d'ancre A, portant le levier d'entrée *a*, et le bras A', portant le levier de sortie *a'*.

Ces deux leviers, *a* et *a'*, sont fixés sur les bras de l'ancre, l'un par-devant et l'autre par-derrière, de telle façon qu'ils se trouvent dans le même plan, c'est-à-dire dans le plan de la roue R.

Les bras AA' de l'ancre sont donc indépendants l'un de l'autre ; ils portent à leur extrémité deux vis *nn'*, qui viennent reposer sur deux plots *oo* ajustés sur la pièce BB'. Deux chevilles, PP', fixées à la platine du mouvement, limitent le chemin des bras AA', empêchant l'extrémité des leviers d'atteindre le fond des dents de la roue. Lorsqu'ils sont au repos, les deux bras AA' de l'ancre sont donc appuyés, en vertu de leur propre poids, sur les chevilles PP'. Sur notre dessin, on voit le bras A dans cette position, et son levier *a* tient en arrêt la dent 1 de la roue.

L'échappement est représenté au moment où, le pendule oscillant de droite à gauche, le bras B va agir, avec son plot *o*, contre la vis *n*, pour soulever le bras A et dégager ainsi la dent 1.

Le bras A est soulevé par la force vive du pendule et par la force d'impulsion de la roue agissant sur le plan incliné du levier *a*. Cette dernière force, à elle seule, ne serait pas suffisante, et elle ne sert, en quelque sorte, qu'à alléger le bras au moment où il est soulevé par le pendule.

Quand la dent 1 a passé, la dent 3 tombe en repos contre le levier *a'*, qui est venu prendre la position voulue. Le pendule, et par conséquent la pièce BB', qui en est solidaire, revient vers la droite, et c'est alors que cette pièce reçoit l'impulsion, par l'effet du poids du bras A, agissant avec toute son intensité sur le plot *o*. Cette impulsion dure jusqu'à ce que le bras A soit arrêté par la cheville P.

La pièce BB' continue son oscillation vers la droite et elle soulève, de l'autre côté, le bras A', de façon à dégager la dent 3 qui, à son tour, en glissant contre le plan incliné, enlève à A' une partie de son poids. Cet allègement permet, on le comprend, une oscillation supplémentaire plus étendue, et dès que l'action de la dent cesse, le levier A' agit de tout son poids pour renvoyer le pendule vers la gauche. La dent 4 a alors pris la place de la dent 1, contre le levier *a*.

Cet échappement n'a certainement pas dû donner des résultats en rapport avec la complication de son mécanisme.

***

Voici maintenant, fig. 264, un échappement à force constante à coup perdu. Il a été imaginé par M. W. Ruffert, horloger allemand, et il est destiné à être appliqué dans la pendulerie à bon marché.

Cet inventeur a pris l'ancre primitive de l'échappement mixte de Tompion (fig. 54) et il en a transformé le fonctionnement d'une façon très simple.

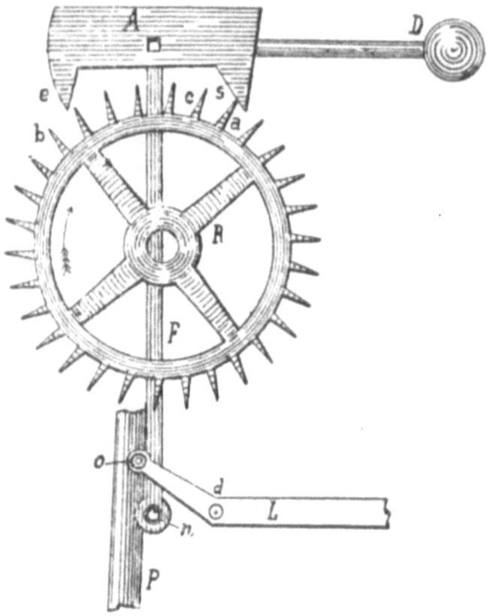

Fig. 264.

La fourchette, F, qui fait corps avec l'ancre A, n'est pas, en réalité, une fourchette, car elle n'a pas deux branches entre lesquelles passe la tige du pendule ; elle ne fait qu'appuyer contre cette tige par sa broche *n*, implantée perpendiculairement. Le contact entre la broche de la fourchette et la tige du pendule est assuré par le poids D, fixé à l'ancre, du côté du levier de sortie.

Le chemin que peut parcourir la fourchette, F, est limité à gauche par une cheville, *o*, fixée perpendiculairement, à l'extrémité d'un levier, L, ajusté contre la platine, et pivotant à frottement dur en *d*.

Quand la fourchette, dans son oscillation de droite à gauche, atteint cette cheville, elle se trouve arrêtée, tandis que le pendule continue son oscillation. Revenant en sens inverse, c'est-à-dire de la gauche vers la droite, le pendule pousse devant lui la fourchette F. La dent *a*, appuyée contre le levier s,ajoute son action à celle de la force vive du pendule, pour soulever le poids D. Cette dent échappe ensuite, et la dent *b* tombe en arrêt contre le levier d'entrée *e*. A ce moment, le poids D n'étant plus sous l'influence de la dent *a*, agit de toute sa pesanteur pour renvoyer le pendule vers la gauche. Cette action du poids constitue l'impulsion, et la durée de cette impulsion peut être modifiée à volonté par le déplacement de la cheville, *o*, contre laquelle s'arrête la fourchette.

La broche *o* permet également le réglage du recul qui se produit au moment où les dents arrivent en contact avec le levier de sortie *s* ; ce recul peut être augmenté en permettant à la fourchette de parcourir un chemin plus grand vers la gauche.

On arrive donc à régulariser assez exactement la durée des oscillations d'un pendule léger faisant de grands arcs et qui est actionné par une force motrice variable. On peut, du reste, obtenir encore un certain recul compensateur par le levier *e*, en traçant la face de ce levier excentriquement, et non pas depuis le centre de l'ancre.

Cet échappement doit certainement donner de bons résultats, appliqué aux pièces d'horlogerie auxquelles il est destiné.

***

Le mécanisme représenté figure suivante ne diffère du précédent que par la suppression du recul sur le levier de sortie S. Ce levier a une face de repos concentrique au point de pivotement de l'ancre.

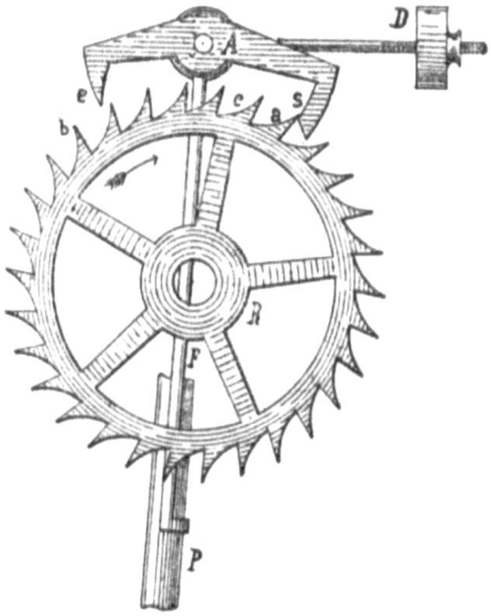

Fig. 265.

Les oscillations du pendule sont entretenues, ici aussi, par le poids D, agissant par l'entremise de la fourchette F.

Tout comme dans le mécanisme précédent, cette fourchette appuie simplement d'un côté de la tige du pendule, pendant l'oscillation de droite à gauche.

Le travail des dents contre l'incliné du levier de sortie, *s*, ne constitue pas l'impulsion : ce travail n'a pour effet, ainsi que nous l'avons déjà expliqué, que d'alléger le poids D, au moment où ce poids est soulevé par la force vive du pendule. Ce poids agit ensuite de toute sa pesanteur pour entretenir les oscillations, et l'intensité de la force avec laquelle il agit, peut être réglée, dans une certaine mesure, en l'éloignant ou en le rapprochant du centre de l'ancre.

*
* *

Le mécanisme que nous voyons fig. 266 ressemble beaucoup à l'échappement à repos que nous avons présenté fig. 97. On a fait, de ce dernier, un échappement à force constante, en divisant l'ancre en deux pièces, pivotant chacune sur un axe différent.

Le bras, A, pivotant en V, sur l'axe de la fourchette, porte un poids, P, qui est soulevé à chaque oscillation de droite à gauche, par la force vive du pendule, force à laquelle s'ajoute l'action des chevilles de la roue agissant contre l'incliné du levier *s*.

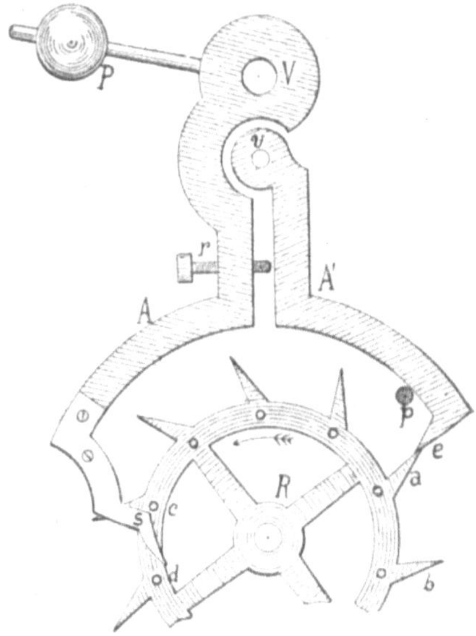

Fig. 266.

La cheville, *d*, a opéré cette action, et la dent, *a*, a été arrêtée par le levier, *e*, du bras A'. Ce bras qui pivote en *e*, sur un axe spécial, est resté appuyé contre le plot, *p*, fixé à la platine ; il n'a donc pas suivi le bras A dans son mouvement de droite à gauche, et l'oscillation s'est effectuée en complète liberté, puisque l'arrêt *e* ne permet pas à la cheville *c* d'atteindre le repos du levier *s*.

Notre dessin représente l'échappement au moment où l'oscillation de gauche à droite se produit, c'est-à-dire lorsque l'impulsion, sous l'influence du poids P a lieu. L'extrémité de la vis, *r*, va atteindre le bras A', et l'obliger à participer au mouvement ; la dent *a* sera dégagée et la cheville *c* tombera en repos sur le levier *s* ; cette cheville sera prête, à l'oscillation suivante, à agir contre l'incliné de ce levier.

Le levier A' reste donc stationnaire pendant l'oscillation de droite à gauche du levier A. Ce mécanisme figurait à l'Exposition de Paris en 1855.

***

Terminons ce chapitre comme nous l'avons commencé, c'est-à-dire par la description de ce que nous appellerons une fantaisie.

Sur le *Monte Pincio* à Rome, promenade du haut de laquelle on jouit d'un magnifique panorama de la ville, on rencontre, à peu de distance de la terrasse supérieure au milieu d'un bouquet d'arbres, un lac artificiel alimenté par de l'eau tombant en cascade d'un flot de rocaille, au sommet duquel est édifié un petit chalet vitré, renfermant une horloge qui attire les regards de tous les passants.

Ce n'est pas précisément par son exactitude que cette horloge excite l'intérêt ; elle charme les visiteurs par la jolie disposition de son ensemble, par le jeu particulier de son échappement et par l'application ingénieuse d'une force motrice peu ordinaire.

La figure 267 donne une vue d'ensemble de cette horloge, et il est regrettable que la charmante disposition de son entourage ne puisse être représentée aussi.

Le bâti de l'horloge, établi avec des branches d'arbres disposées avec goût, repose sur un socle de pierre garni de feuillage, de lierre et d'herbes, s'élevant au milieu d'un bassin, dans l'eau duquel des poissons prennent leurs ébats et dont de fiers cygnes font gracieusement le tour.

À la partie supérieure du bâti se trouve, sur chacun des quatre côtés, un cadran protégé par un verre, et au-dessus, s'élève une perche portant deux cloches pour la sonnerie des heures et des quarts et se terminant par une petite girouette en forme de hallebarde. Le mécanisme de la sonnerie, dans lequel un petit pendule conique joue le rôle de volant, se trouve immédiatement au-dessous des cadrans.

Sur le derrière de l'horloge, on voit le pendule qui bat les secondes, et de-

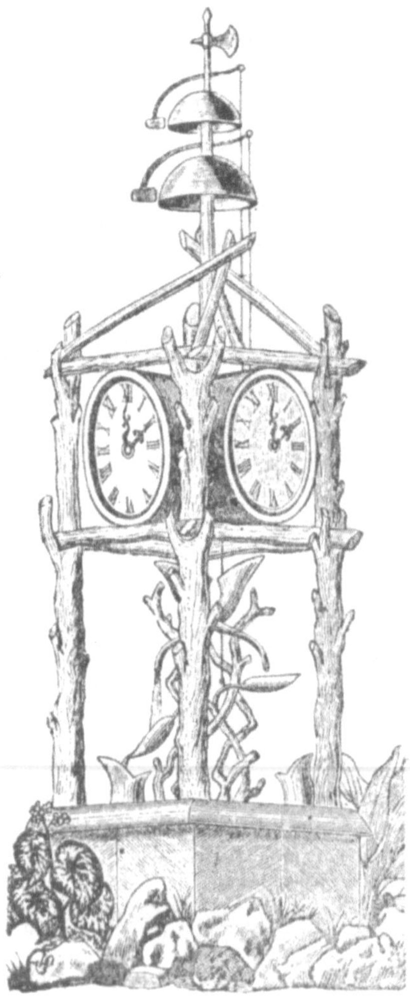

Fig. 267.

vant celui-ci se trouvent des branches entrelacées, desquelles on voit couler, à intervalles réguliers, de petits filets d'eau. Deux de ces branches sont en réalité des conduites d'eau qui déversent alternativement, à chaque oscillation du pendule, une petite quantité d'eau dans deux palettes en forme de feuilles situées au-dessous et auxquelles il est ainsi communiqué un mouvement de bascule.

L'aspect particulier et étrange de cette horloge captive non seulement l'homme du métier, mais aussi tous les profanes qui voient ce mécanisme pour la première fois, et chacun cherche à se rendre compte de son fonctionnement.

La fig. 268 représente les pièces principales de cette installation ; on a supprimé dans ce dessin toutes les parties non indispensables, pouvant nuire à la démonstration. La tige du pendule est représentée avec une solution de continuité dans sa partie supérieure pour découvrir les parties qu'elle cacherait.

La pièce transversale, A, du bâti, supporte en son milieu la suspension du pendule et, à ses deux extrémités, les deux ressorts F et F', qui, à l'état de repos, restent appuyés contre les têtes des vis S et S'. En dessous, nous voyons un double levier, D', pivotant sur un axe et fonctionnant comme une bascule.

Derrière ce levier et faisant corps avec lui, se trouvent deux espèces de pochettes placées de façon à être atteintes alternativement par une colonne d'eau sortant d'un petit tuyau. Si la colonne d'eau atteint la pochette de droite, le poids du liquide fait baisser l'extrémité droite e^1 du levier D, et l'eau se déverse dans l'entonnoir W. Mais, par suite de ce mouvement de bascule, l'eau atteint la pochette de gauche et fait descendre l'extrémité correspondante, *e*, du levier

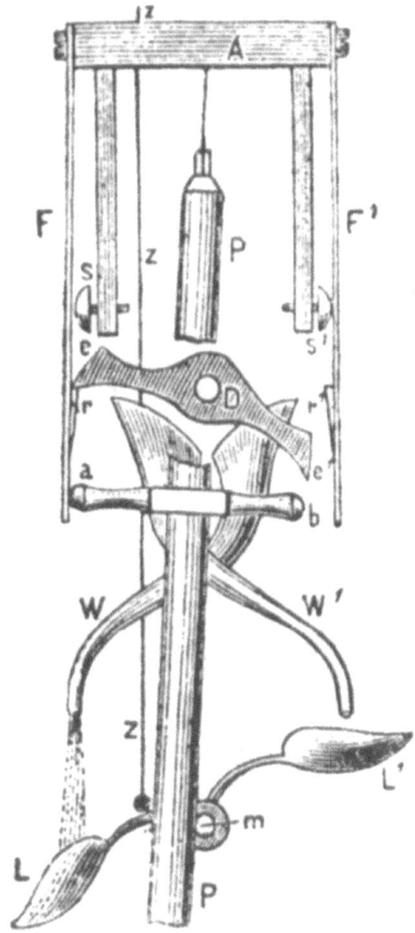

Fig. 268.

D, puis se déverse à son tour dans l'entonnoir W^1.

Ce mouvement de bascule du levier D, sert à armer alternativement les ressorts F et F^1. Ces deux ressorts portent à leur extrémité inférieure deux crans *r*, r^1, formés en plan incliné, sur lesquels les extrémités du levier D vont s'appuyer alternativement en écartant légèrement les lames.

La figure représente le bras *e* du levier D dans sa position d'appui sur le cran du ressort F ; à ce moment, la lame du ressort ne doit pas toucher la vis S ;

ce ressort est donc armé et l'eau tombe dans la pochette située derrière le bras *e*.

Le pendule dans son oscillation de droite à gauche vient dégager au moyen du bras transversal *a b*, fixé à sa tige, l'extrémité *e* du levier D, et cette extrémité tombe alors par suite du poids de l'eau recueillie dans la pochette. L'autre extrémité *e'*, se relève, et arme le ressort F'.

Le pendule oscillant ensuite vers la droite, reçoit une impulsion du ressort F qui appuie contre le bras *a*. À la fin de son oscillation, il dégage le bras *e'*, dont la pochette correspondante s'est remplie d'eau.

La durée du temps pendant laquelle les ressorts d'impulsion agissent sur le pendule est un peu plus grande que celle nécessaire pour le dégagement et cet excès suffit pour entretenir les oscillations, malgré les conditions peu favorables, théoriquement parlant, dans lesquelles s'opère ce dégagement, c'est-à-dire au moment où la force vive du pendule est la plus faible.

Le pendule, mis en mouvement de cette manière, n'a aucun autre rapport avec le mécanisme de l'horloge ; il a seulement pour tâche de régulariser l'écoulement de l'eau dans les deux tuyaux W et W^1. Au-dessous des ouvertures d'écoulement de ces tuyaux se trouvent les deux palettes en forme de feuilles dont nous avons parlé plus haut, lesquelles pivotent autour du point m, et sont bien équilibrées.

L'eau venant des tuyaux W et W^1 fait basculer ces palettes l'une après l'autre et s'écoule finalement dans le bassin qui entoure l'horloge. Le mouvement de bascule ainsi obtenu est transmis par la tringle Z au mécanisme des aiguilles, semblable à celui d'un compteur électrique, c'est-à-dire composé simplement d'une roue à rochet et d'un cliquet.

Le mécanisme de la sonnerie est actionné par deux poids ; le poids de la sonnerie des quarts est plus léger que l'autre et tous deux sont accouplés de telle façon que pendant que le plus lourd fait sonner les heures, l'autre est en même temps remonté suffisamment pour la sonnerie des quarts. Le gros poids est lui-même remonté par la tringle Z qui, en redescendant, entraîne chaque fois quelques dents de la roue d'encliquetage de la sonnerie.

Quelque ingénieuse qu'elle soit, cette horloge ne peut évidemment être recommandée pour la précision de sa marche ; mais c'est une curiosité rustique, pleine d'attraits, et spécialement intéressante pour les horlogers.

IX - Échappements à force constante pour montres

Mécanismes divers

Le principe de l'échappement à force constante, c'est-à-dire le système consistant à faire agir pour les impulsions, une force toujours égale et indépendante de celle du rouage, était trop séduisant pour qu'on ne cherchât pas à l'appliquer dans l'horlogerie portative.

Cette application ne pouvait pas se faire, on le comprend, en utilisant la force résultant de l'action d'un poids ; il fallut avoir recours à l'élasticité d'un ressort, seule force susceptible d'agir constamment avec la même intensité, quels que soient les changements de position de la montre.

C'est vers 1790, que fut réalisé le premier échappement à force constante pour horlogerie portative. Thomas Mudge, l'inventeur de l'échappement libre à ancre, qui cherchait à battre le record de l'exactitude dans les montres marines, record détenu par Harisson, établit le mécanisme représenté fig. 269. et dont nous empruntons le dessin, très bien exécuté, au journal *Leipziger Uhrmacher Zeitung.*

***

Ce dessin représente, avec un grossissement considérable, l'ensemble de l'échappement à force constante de Thomas Mudge.

Le balancier, 1, à trois bras, est monté sur un axe coudé deux fois à angle droit. Cet axe est formé de trois pièces distinctes, qui sont les tiges 2 et 6, portant chacune un pivot, et la pièce coudée 3, 4, 5, qui réunit ces tiges de façon qu'elles restent sur le prolongement l'une de l'autre. Celui des bras du balancier qui est opposé à cette pièce coudée, est plus lourd que les deux autres, afin d'assurer l'équilibre du tout.

En 7, nous voyons le spiral régulateur ; il est attaché à une virole qui s'ajuste sur l'axe 2, et son extrémité extérieure est fixée au piton 8, vissé sous le pont supérieur du balancier. Un second spiral, 9, de même force, mais dont les spires s'enroulent en sens inverse du premier, est ajusté sur le même axe et il aboutit au pignon 10, fixé sur la platine supérieure du mouvement, sous le balancier. Ce second spiral est destiné à corriger la compensation.

L'axe 11 est un axe indépendant, tournant sur deux pivots et portant la palette 12. À son extrémité supérieure, 14, est fixée une pièce carrée portant le bras de dégagement, 16. La position de ce bras est réglée au moyen d'un spiral, 13, aboutissant au piton, 15.

Un axe semblable, 17, porte la palette 18, qui est invisible sur la fig.

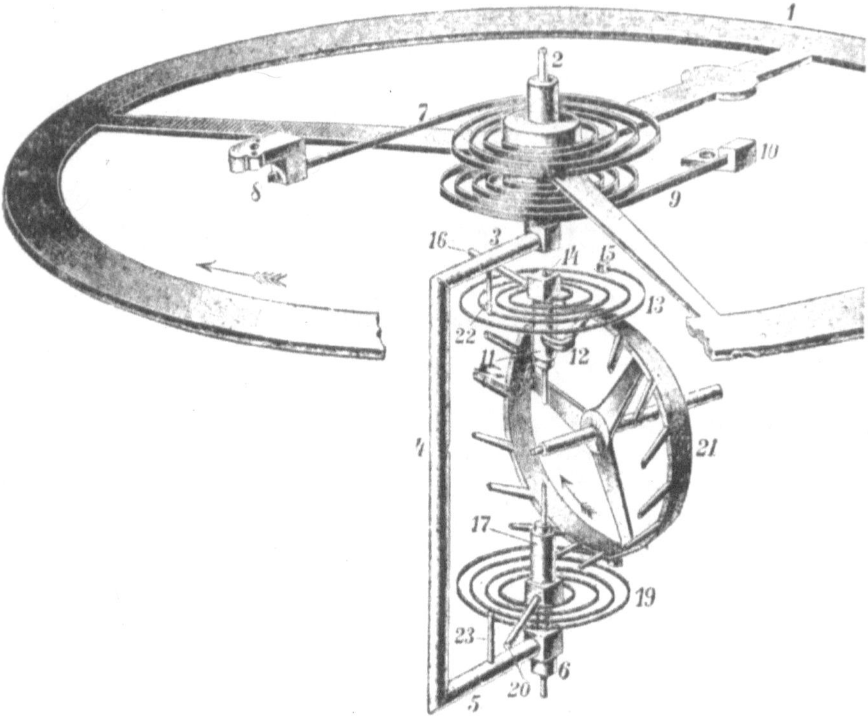

Fig. 269.

269 mais qui se voit fig. 270. Sur cet axe est monté le spiral, 19, et le bras de dégagement, 20.

Ces deux axes, 11 et 17, sont sur la même ligne que l'axe principal, 2, 6, et, entre eux, pivote l'axe de la roue d'échappement.

Les deux spiraux 15 et 19, constituent la source de force impulsive, alimentée par le rouage et qui, par un débit toujours égal, entretient les oscillations du balancier.

Les dents de la roue d'échappement, inclinées en avant, de 24°, paraissent, sur notre dessin, un peu faibles, mais elles sont en réalité suffisamment fortes, car la roue est en acier trempé.

À chacune des deux parties horizontales, 3 et 5, de l'axe principal du balancier est ajustée une cheville de dégagement, et c'est contre ces chevilles, 22 et 23, que viennent agir les bras, 16 et 20, des axes, 11 et 17. Le tout est disposé de telle façon que l'échappement étant au repos, les bras touchent simplement les chevilles, et les palettes sont prêtes à être déplacées de leur point mort.

Suivons maintenant le jeu de l'échappement. La fig. 270 nous aidera à mieux comprendre le fonctionnement du mécanisme.

Quand la force motrice n'agit pas, la pointe d'une des dents de la roue d'échappement, 21, fig. 270, se trouve près de la naissance de la palette 12, soit en 12^1, et est prête à agir pour repousser ce levier. La force motrice agissant, la dent glisse contre le levier 12, le repousse, et s'arrête, ainsi qu'on le voit, à son extrémité, où se trouve un petit crochet qui forme repos.

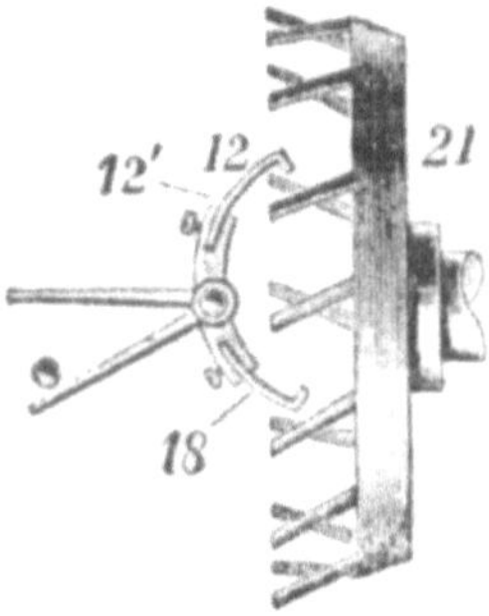

Fig. 270.

Cette action a pour effet d'armer le ressort spiral 13, et de faire tourner d'un certain angle le bras 16. L'axe est alors maintenu immobile, d'un côté par l'action du spiral et de l'autre par la pression de la roue d'échappement.

Le balancier a conservé sa position de repos et si nous le conduisons suivant un arc de 20 degrés dans le sens indiqué par la flèche, la cheville 22 ira prendre contact avec le bras 16 ; un nouvel arc de 5° dans le même sens, provoquera le dégagement de la dent qui se trouve en repos sur la palette 12. La roue tourne d'une certaine quantité, et une autre dent entre en action contre la palette 18. Cette palette est alors repoussée, le bras 20 est écarté d'un certain angle, et la dent s'arrête au repos de l'extrémité de la palette 18, après avoir armé le ressort 19.

Pendant ce temps le balancier est revenu en sens inverse et son impulsion, augmentée de celle que lui communique le spiral 13, au moyen du bras 16, est suffisante pour aller dégager, en écartant le bras 20 de 5°, la dent qui est en repos sur la palette 18.

Après un petit arc supplémentaire, le balancier revient dans l'autre sens et c'est alors qu'il reçoit l'impulsion communiquée par le spiral 19, agissant sur la cheville 23, par l'intermédiaire du bras 20. Pendant ce temps la palette 12 a été de nouveau écartée ; le spiral 13 armé, et le jeu se continue ainsi.

Pour que les organes essentiels ne soient pas masqués, nous avons représenté, en fig. 269, les pièces de l'échappement sans les ponts qui maintiennent les différents axes. La fig. 271 nous montre ces ponts : 1 est le pont principal, vissé sur la platine ; il est entaillé pour recevoir la pièce 2, dans laquelle pivote l'axe 11 ; le pont 3, monté également sur 1, reçoit le pivot inférieur de l'axe 17.

Une pièce intermédiaire, 4 reçoit le

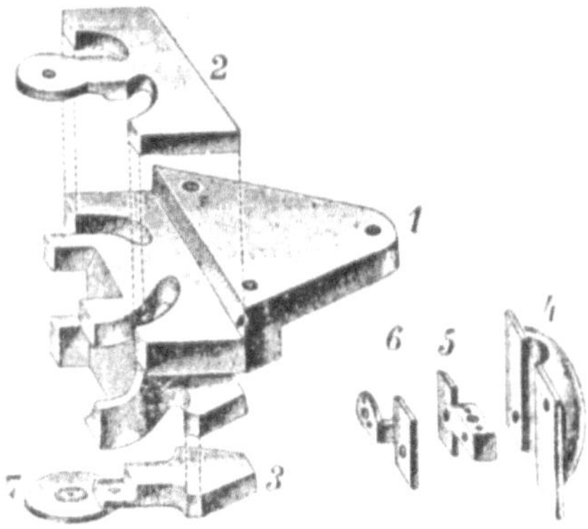

Fig. 271.

pont 5, dans lequel tournent les pivots 11 et 17 ; 6 est le pont de l'axe de la roue d'échappement et 7 le pont inférieur de l'axe principal du balancier.

Ce mécanisme ne donna pas les résultats que son auteur en attendait ; sa grande complication eût été, du reste, un sérieux obstacle pour nombre d'horlogers.

***

Le mécanisme qui suit (fig. 272), est un échappement à force constante qui fut appliqué par Antoine Breguet (1850-1882) à quelques-uns de ses chronomètres de marine.

La roue d'échappement, R, porte sur son axe, une seconde roue, A, à denture ordinaire et qui engrène avec le pignon P. Ce pignon porte un volant à deux ailettes, *s*, *s*, lesquelles vont buter alternativement contre une cheville implantée vers l'extrémité, *b*, de la détente - arrêt B*b*.

travaille avec l'extrémité du petit ressort, *r*, porté par la détente D.

La palette d'impulsion, *a*, reçoit les impulsions, non pas de la roue d'échappement, mais d'une pièce à ressort, E, appelée impulteur. Cet

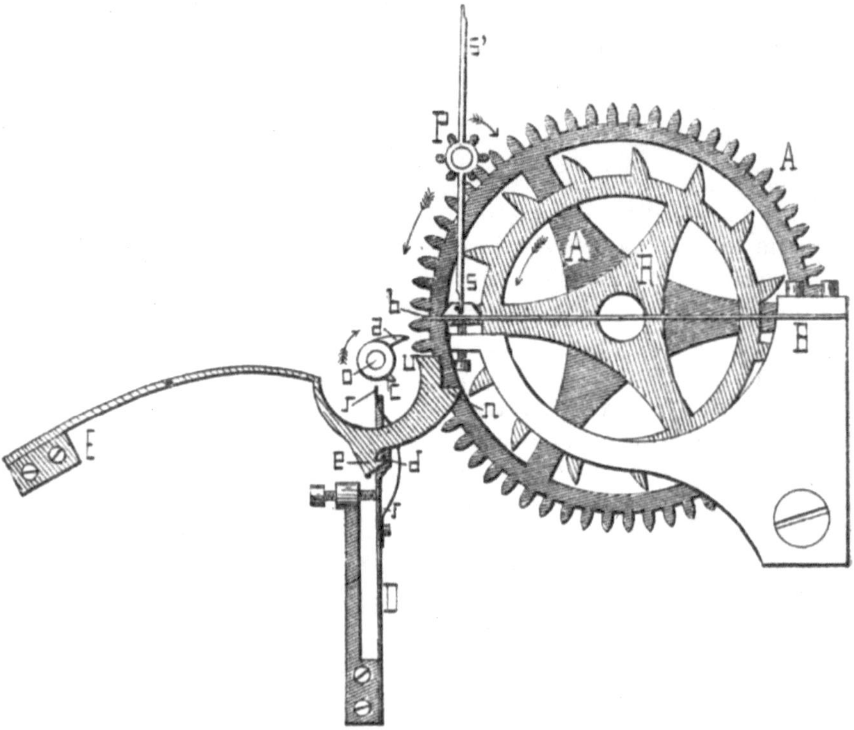

Fig. 272.

Lorsque cette détente est dans sa position de repos, appuyée contre sa vis de réglage, une des ailettes est arrêtée par la cheville ; si on soulève un peu la détente en *b*, la cheville arrive en face d'une petite coche pratiquée sous l'ailette et qu'on ne peut voir sur le dessin ; la rotation du pignon P peut alors avoir lieu et l'autre ailette vient buter à son tour contre la cheville, si la détente s'est remise au repos.

En *o*, nous avons l'axe du balancier ; celui-ci porte le doigt de dégagement, *c*, et la palette d'impulsion *a*. Le doigt *c*

impulteur agit par l'élasticité de son ressort et celui-ci est armé à nouveau, par la roue d'échappement, après chaque impulsion.

C'est la roue R qui est chargée d'armer la pièce E, en l'abaissant par son bec *n*. Le crochet *e* se prend alors derrière la cheville *d*, portée par la détente D, et la pièce est maintenue dans cette position jusqu'au moment du dégagement.

Ceci compris, voici comment le fonctionnement du mécanisme se fait :nous supposons l'impulteur E, armé, c'est-à-dire accroché par son crochet *e* à la cheville *d*. Le rouage est arrêté par l'ailette *s* qui est appuyée contre la cheville de la détente B*b*.

Le balancier tourne sur son axe, *o*, dans le sens indiqué par la flèche. Le doigt de dégagement *c* atteint l'extrémité du petit ressort *r* et fait fléchir ce ressort vers la gauche, en l'écartant de la cheville contre laquelle il est appuyé. C'est l'oscillation muette.

Le balancier étant ensuite ramené en sens contraire par l'élasticité du spiral, le doigt *c* vient pousser l'extrémité du ressort, *r*, vers la droite. La détente est obligée de céder et la cheville d'arrêt sort du crochet *e*.

L'impulteur, subitement dégagé, se détend et son extrémité *u* va frapper la palette *a* et lui donne une impulsion. Cette impulsion sera de même intensité à chaque oscillation, puisque la force agissante est celle de l'élasticité du ressort armé chaque fois de la même quantité.

Après avoir ainsi actionné le balancier, l'impulteur atteint l'extrémité *b* de la détente d'arrêt et la repousse, ce qui a pour effet de mettre la cheville d'arrêt en présence de la coche pratiquée sous l'ailette *s*.

Le pignon P peut alors tourner et, par suite, les roues R et A. Une dent de la roue R, celle qui, sur notre dessin, se trouve sous l'extrémité *b* de la détente, appuie alors contre le nez *n* de l'impulteur et le repousse en faisant fléchir le ressort. Le bec *e*, par son plan incliné, appuie à son tour contre la cheville de la détente D ; cette détente cède et la cheville entre dans le crochet *e*. A ce moment, la dent de la roue abandonne l'impulteur et celui-ci reste accroché à la cheville jusqu'au moment où le balancier, ayant accompli une nouvelle oscillation muette, le doigt *c* revient opérer le dégagement.

Quoique l'exécution de ce mécanisme ne laissât rien à désirer, les résultats excellents, au début, ne se soutinrent pas et ne dépassèrent pas ce qu'on peut attendre d'un simple échappement à détente. La force d'élasticité de l'impulteur variait probablement au bout de quelque temps.

***

Un échappement intéressant et bien compris est celui que représente notre fig. 273. Il a été utilisé vers 1830, dans un chronomètre de fabrication allemande.

Voyons d'abord les organes de ce mécanisme :

Sur l'axe du balancier, B, est monté le doigt de dégagement, *b*, ainsi qu'un bras portant la cheville d'impulsion, *c*. Le second bras, *c'*, n'est là que pour l'équilibre. Le balancier oscille sous l'action d'un spiral cylindrique et nous l'avons représenté en pointillé pour qu'il ne masque aucun autre organe.

Le doigt de dégagement, *b*, agit sur une détente à ressort, D, dont la disposition est absolument la même que dans l'échappement à détente moderne. Fixée en *p*, cette détente fléchit en *n* ; elle porte le bec de repos *e*, ainsi que le petit ressort de dégagement *r*. A l'état de repos, la détente est appuyée contre l'extrémité de la vis *i*, et, dans cette position, le bec *e* arrête la cheville *u*, portée par le bras 2 de la pièce A

Celle pièce A porte quatre bras, dont chacun accomplit une fonction. Elle travaille sous l'influence d'un ressort, *a*, qui tend à la faire tourner dans le sens indiqué par la flèche, la position de repos de la cheville *u* contre le bec *e* s'opposant à cette rotation. C'est ce ressort qui agit comme force motrice constante

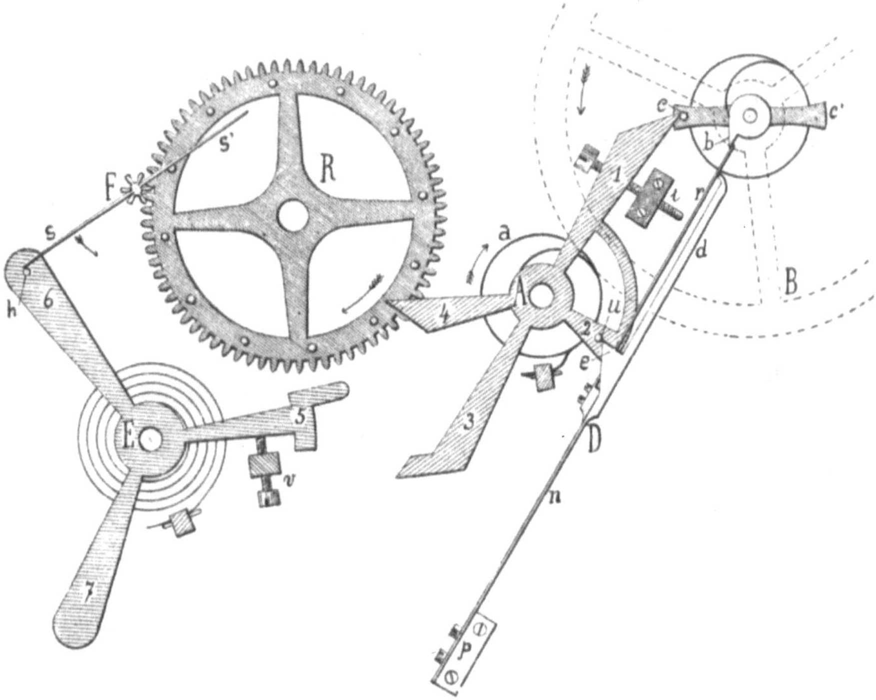

Fig. 273.

sur le balancier, par l'intermédiaire du bras 1 et de la cheville *c*.

Le bras 2 porte la cheville *u*, dont nous avons déjà parlé, et c'est lorsque cette cheville est appuyée contre le bec *e* que le ressort, *a*, se trouve armé.

Le bras 3 atteint, au moment où l'impulsion communiquée par le bras 1 se termine, le levier 5 de la pièce E, dont nous parlerons plus loin.

Le bras 4, enfin, est disposé de façon à être atteint par une des douze chevilles portées par la roue R, qui est la dernière roue du rouage. Ces chevilles ont pour fonction de ramener la pièce A à son point de départ, c'est-à-dire dans la position du repos contre le bec *e*.

La pièce A devant, après chaque impulsion, être armée de nouveau, il faut que la roue R, chargée de cette fonction, ait une rotation intermittente, ce qui est obtenu par la disposition suivante :

Cette roue, R, a 72 dents et elle engrène avec un pignon de 6 ailes, F, sur l'axe duquel est monté un fouet double *s s'*. Ce fouet a la forme d'un volant à ailettes, très étroit ; la branche *s* travaille avec la cheville *h* du levier 6. L'autre branche *s'* n'est là que pour l'équilibre ; elle est entaillée en dessous pour pouvoir passer sans toucher cette cheville *h*.

Nous avons enfin la pièce E, maintenue au repos contre la vis *v*, sous l'action d'un ressort spiral et, dans cette position, arrêtant le fouet *s*, par la cheville *h*. Le levier 7 sert à équilibrer la pièce.

Après avoir pris connaissance des organes composant le mécanisme, nous passons à l'examen des diverses phases du fonctionnement de l'échappement, en partant de la position de repos.

La position de repos est à peu près celle que représente notre figure ; il faut toutefois supposer le bras *c*, ainsi que le doigt *b*, tourné de 5 à 10 degrés vers la gauche, de façon que la cheville d'impulsion ne soit pas en contact avec le bras 1, et que le doigt *b* n'atteigne pas encore le ressort *r*.

On comprend que, dans cette position, la détente sera alors appuyée contre la vis *i*, et la cheville *u* contre le bec de repos *e*. Le doigt *b*, tournant vers la droite, repousse la détente et dégage la cheville *u* la pièce A peut alors tourner sous l'influence du ressort *a*, et le bras 1 commence son impulsion contre la cheville *c*. C'est cette phase du fonctionnement que représente notre dessin.

Au cours de l'impulsion, le doigt *b* abandonne le ressort *r*, et la détente reprend sa position de repos contre la vis *i*. Immédiatement avant la fin de cette même impulsion, le bras 3 atteint le levier 5 et le repousse, ce qui a pour effet de dégager le fouet *s*, lequel est retenu par la cheville *h*.

Le pignon F donne un tour complet, le fouet s revenant s'appuyer contre la cheville *h* qui s'est remise en place. Le pignon ayant 6 ailes et la roue 72 dents, ce tour correspond à un douzième de tour de la roue.

Cette roue porte 12 chevilles, et ce sont ces chevilles qui, agissant contre le bras 4, arment le ressort *a*, et remettent la pièce A dans sa position de repos, la cheville *u* contre le bec *e*.

Ces fonctions, instantanément exécutées, ont lieu avant que le balancier ait terminé son arc supplémentaire. L'oscillation en sens contraire est muette ; le doigt *b* écarte légèrement le petit ressort *r*, et passe de l'autre côté ; toutes les autres pièces restent au repos jusqu'au nouveau dégagement de la cheville *u*.

La force qui agit sur le balancier est donc celle fournie par le ressort *a*, armé constamment de la même quantité. Si l'on ne tient pas compte de l'influence des variations de la température sur l'élasticité de ce ressort, on peut admettre que cette force est absolument constante et que cet échappement doit donner de bons résultats.

Cependant le grand nombre de leviers qui y sont en action le rend très délicat et la moindre secousse a pour effet de dégager le fouet. Ce mécanisme ne pouvait donc être adapté qu'à un mouvement bien protégé contre les secousses.

***

La fig. 274 représente un échappement à force constante qui est assez bien conçu et qui paraît un peu plus simple que le précédent ; il a été imaginé et construit par un horloger belge

La roue d'échappement, R, n'a pas de contact direct avec l'axe A, du balancier ; cette roue agit sur un disque intermédiaire, B, que l'inventeur appelle : *moteur substitué.*

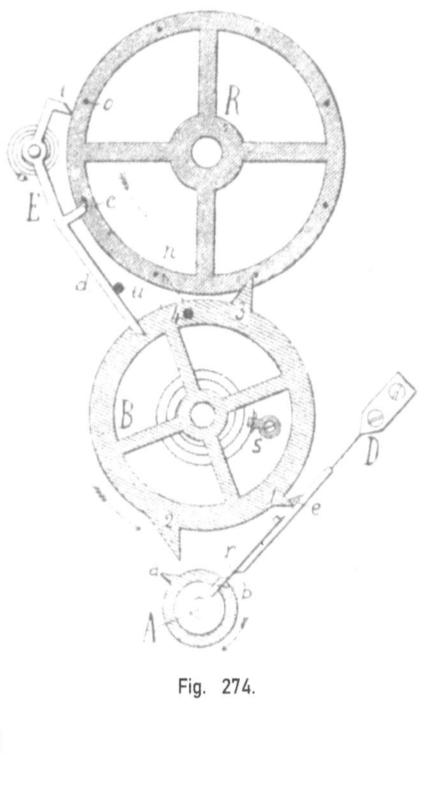

Fig. 274.

La force qui agit sur le balancier est celle que donne au disque B le ressort spiral *s*, monté sur son axe et dont l'extrémité extérieure est attachée à la platine ou au pont. La roue d'échappement a pour fonction d'armer à nouveau ce ressort après chaque impulsion. Ce mécanisme est donc bien un échappement à force constante, le ressort s étant toujours armé de la même quantité.

Le disque d'impulsion, B, est muni de 3 becs ou dents, 1, 2, 3 ; le bec 1 sert aux repos contre la palette *e* de la détente D ; la dent 2 donne les impulsions au balancier en agissant contre le levier *a*, et la dent 3 travaille avec les chevilles portées par la roue d'échappement R, lesquelles sont au nombre de huit.

Les repos de la roue s'effectuent contre le levier *c* d'une petite ancre E, munie en outre d'un bras de dégagement *d*, qui s'appuie contre le plot *n*, sous l'influence d'un ressort spiral. Une cheville 4, portée par le disque d'impulsion B, agit sur ce bras *d*, pour dégager la roue.

Notre dessin représente la roue d'échappement au repos, ainsi que le disque d'impulsion. Ce dernier va être dégagé par l'action du doigt *b* sur le petit ressort de dégagement *r*, travaillant à l'extrémité de la détente à la façon habituelle.

La détente étant écartée, la dent 1 s'échappe du repos *e*. Sous l'action du ressort *s*, qui est armé, le disque D tourne dans le sens indiqué par la flèche, et sa dent 2 atteint le levier *a*, lequel reçoit ainsi l'impulsion.

À la fin de cette impulsion, la cheville 4 atteint le bras *d*, et l'écarte de son repos *u*. La dent ou cheville de roue d'échappement, qui est en arrêt contre la palette *c* de l'ancre E, s'échappe, et la roue tourne ; une autre de ses chevilles, *n*, atteint le bec 3 du disque d'impulsion qui est venu se placer où on le voit représenté en pointillé. Par l'action de cette cheville, le bec 3 est remis à la place qu'il occupait avant l'impulsion, et cette action a pour effet d'armer le spiral *s*, et de crocher le bec 1 contre le repos *e* de la détente.

Au cours de la rotation de la roue d'échappement, la cheville *o*, avant de tomber en repos contre le levier *c* de l'ancre E, rencontre le levier *i*, formé en plan incliné, et le repousse, aidant ainsi, au ressort spiral de l'ancre, à remettre la pièce à son repos contre l'arrêt *u*.

***

Voici un échappement à cylindre (fig. 275) qui a subi une transformation qui nous permet de le classer parmi les échappements à force constante.

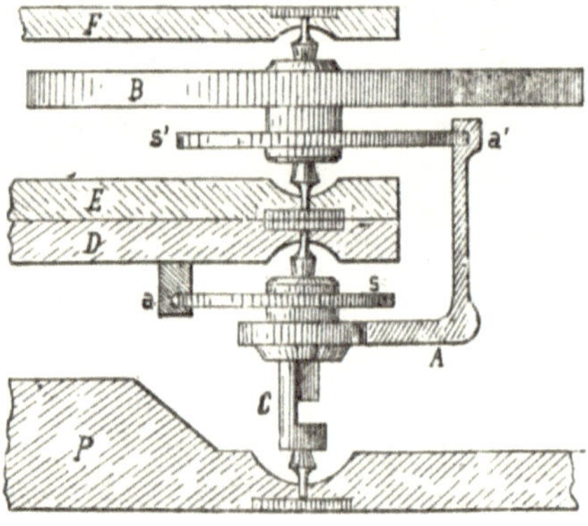

Fig. 275.

En effet, le travail de la roue avec le cylindre n'entretient qu'indirectement les oscillations du balancier. Le mouvement oscillatoire du cylindre ne sert qu'à déplacer le point d'attache extérieur du spiral, et ce déplacement arme le spiral d'une quantité toujours régulière, et suffisante pour entretenir le mouvement du balancier, qui oscille en toute liberté.

Nous voyons le cylindre C, pivotant, comme d'habitude, entre la platine P et le coq D ; il porte le spiral s attaché extérieurement au piton *a*. Ce spiral, qui peut n'avoir que quelques tours, n'a plus de fonction réglante.

À la place du balancier est un bras, A, relevé à angle droit, dont l'extrémité *a'* arrive au-dessus de la planche supérieure du coq.

Entre les deux ponts E, F, ajustés sur le coq D, pivote un second axe, portant le balancier B ainsi qu'une virole à laquelle est attaché le spiral réglant *s'*, dont l'extrémité extérieure est fixée en *a'* au bras A.

L'impulsion est communiquée au balancier par le simple déplacement du point d'attache *a'* du spiral *s'*, et le balancier vibre en complète indépendance.

Le cylindre lui-même ne fait que de très petites oscillations et la petite coche devient inutile.

X - Le remontoir d'égalité

Nous voulons terminer par la description de deux types d'un mécanisme qu'on mentionne souvent comme système particulier d'échappement, et qui a pour but, tout comme l'échappement à force constante, de fournir au régulateur une impulsion toujours égale, quelles que soient les variations de la force qui anime le dernier mobile du rouage.

Nous voulons parler du mécanisme appelé : *Remontoir d'égalité.*

Dans l'échappement à force constante, l'impulsion est donnée au régulateur, par un poids ou un ressort que la roue d'échappement remonte ou arme à intervalles réguliers, toujours de la même quantité et pour une impulsion chaque fois.

Dans le remontoir d'égalité, la force constante est également fournie par un poids ou un ressort armé à intervalles réguliers. Mais cette force agit sur la roue d'échappement pour lui donner une action toujours égale ; l'échappement lui-même n'offre rien de particulier. L'action du ressort ou du poids peut s'étendre, pour un seul armage, sur plusieurs oscillations du régulateur.

La différence qui existe entre les deux mécanismes est donc bien définie. Le remontoir d'égalité n'est pas un échappement, c'est un mécanisme qui peut être employé avec tous les types d'échappements ; son but est d'égaliser la force reçue par la roue d'échappement.

Par contre, dans l'échappement à force constante, la roue d'échappement reçoit la force avec ses irrégularités ; c'est l'échappement même qui est chargé d'égaliser l'action de cette force sur le régulateur.

La fig. 276 représente un des premiers remontoirs d'égalité qui aient été construits.

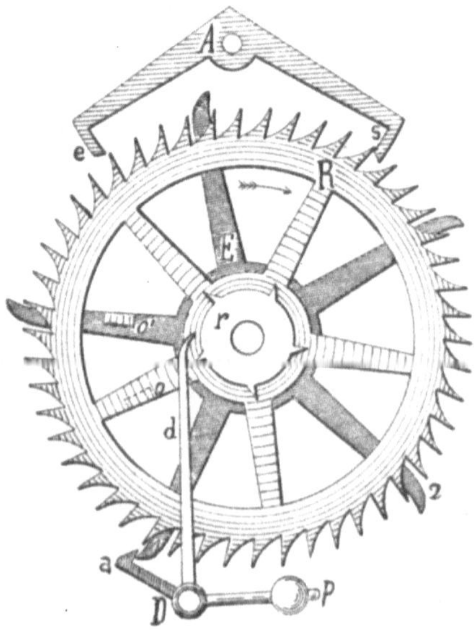

Fig. 276.

La roue d'échappement, R, est libre sur son axe, ainsi que la petite étoile *r*, qui fait corps avec elle. Cette roue a 50 dents et l'étoile en a 5.

Une autre étoile, plus grande, E, à 5 rayons également, est montée sur le même axe, mais elle y est fixée et elle est ainsi actionnée par la force motrice de l'horloge.

La roue R et l'étoile E, placées à une petite distance l'une de l'autre, sont reliées par un petit ressort boudin, entourant l'axe et invisible sur notre figure. Ce ressort étant armé d'une certaine quantité, a tendance à faire tourner la roue d'échappement dans le sens indiqué par la flèche, cette roue, nous l'avons dit, étant libre sur l'axe.

Les autres organes du mécanisme sont l'ancre A, et la détente D avec le crochet d'arrêt *a*, le bras de dégagement *d* et le contrepoids P.

Supposons l'étoile E arrêtée par la détente en *a*, et le ressort auxiliaire préalablement armé : ce ressort actionnera la roue d'échappement et suffira pour entretenir la marche de l'horloge pendant quelques instants ; il s'agit de maintenir ce ressort armé toujours de la même quantité, de façon que sa force soit continue et constamment égale.

Voici comment ce résultat est obtenu. Lorsque la roue d'échappement a parcouru un espace correspondant à 10 dents, l'étoile *r*, qui chemine avec elle, écarte le bras *d*, et cette action a pour effet de dégager la grande étoile E du bec *a*. La force motrice de l'horloge agit alors pour faire tourner cette étoile ; celle-ci donne un cinquième de tour et le rayon suivant, 2, est arrêté par le bec *a*, qui s'est remis en place sous l'effet du contrepoids P.

Par suite de cette rotation, le ressort auxiliaire se trouve armé à nouveau, d'une quantité correspondant à un cinquième de tour de la roue d'échappement ; après le passage de 10 dents sur l'ancre, il se produit un nouveau dégagement et un nouvel armage, de sorte que la roue d'échappement se trouve constamment sous l'action régulière et égale du ressort auxiliaire. Les variations d'intensité de la force motrice principale n'ont ainsi aucun effet sur l'échappement et sur le régulateur.

Quand l'horloge arrive au bas et que l'étoile E n'est plus actionnée, les deux plots, *o* et *o'*, de la roue et de l'étoile se rencontrent et il y a arrêt de la roue d'échappement ; le ressort auxiliaire reste armé de la quantité voulue pour que la marche puisse reprendre dès que la force motrice agit de nouveau.

***

Dans le mécanisme que nous venons de voir, chaque armage du ressort auxiliaire est suffisant pour entretenir l'action de l'échappement pendant dix doubles oscillations du régulateur.

Dans celui que montre notre fig. 277, et qui a été construit en 1860, le ressort auxiliaire est armé pour une double oscillation seulement.

Nous avons, sur le dernier axe du rouage, *i*, deux roues de même grandeur, N et *n*. La seconde, *n*, celle de derrière sur notre dessin, est fixée à l'axe ; l'autre, N, est libre et elle est entraînée par la roue *n*, par l'intermédiaire d'un petit ressort boudin qui les réunit toutes deux. Au moyen d'une cheville fixée dans l'une de ces roues et passant dans une rainure de l'autre, on limite le jeu de la roue libre, et le ressort auxiliaire peut être maintenu constamment armé.

La roue *n* engrène avec un pignon P, portant sur son axe une étoile à cinq bras. Celte étoile est arrêtée, à chaque cinquième de tour, par la détente *d* ; le dégagement est opéré par le bras *a*, articulé à l'extrémité du levier L, fixé sur l'ancre A ; ce bras *a* repousse, au cours de l'oscillation de droite à gauche, la détente *d* et celle-ci, après avoir laissé échapper une dent de l'étoile, se remet en place, sous l'influence d'un ressort ou d'un contrepoids, contre la limite *r*, et est ainsi prête à arrêter la dent suivante.

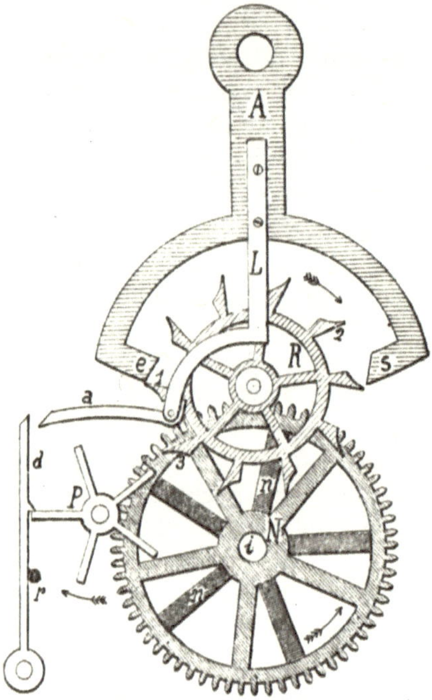

Fig. 277.

La roue d'échappement, R, est menée par la roue libre, N ; la force qui agit est donc celle du ressort auxiliaire, que chaque dégagement de l'étoile P arme à nouveau d'une quantité toujours constante.

Le fonctionnement se comprend dès lors très facilement : la roue d'échappement, R, est en arrêt par sa dent 1 contre le levier *e*, de l'ancre A : un des rayons de l'étoile, P, est retenu par la détente, *d*, et le ressort intermédiaire vient d'être armé par suite de la rotation de cette étoile.

Le pendule oscillant de droite à gauche, la dent 1 de la roue, R, donne une impulsion contre le levier, *e*, de l'ancre ; la force agissante est celle du ressort intermédiaire. Ce ressort se détend donc quelque peu et le pendule continuant son oscillation, le levier, *a* atteint l'extrémité de la détente *d*. Celle-ci s'écarte pour revenir immédiatement a son repos contre *r*, et cette fonction permet à l'étoile, P, de donner un cinquième de tour sous l'action de la force motrice principale. De ce fait, le ressort intermédiaire se trouve armé suffisamment pour actionner la roue d'échappement au cours de deux nouvelles impulsions.

La première de ces impulsions aura lieu par la dent 2 agissant sur le levier *s*, pendant l'oscillation de gauche à droite du pendule, et la seconde, par la dent 3 qui aura pris la place de la dent 1.

Il n'y a qu'un dégagement de l'étoile P pour deux impulsions de la roue R : il faut donc que les roues et les pignons soient nombrés convenablement ; par exemple, si la roue, *n*, a 120 dents et le pignon, P, 10 ailes, il faudra donner 90 dents à la roue N, et 16 ailes au pignon de la roue d'échappement, R ; cette dernière ayant 10 dents.

Nous arrêtons ici nos descriptions : non pas que notre tâche soit terminée ; loin de là. Le nombre des échappements passés en revue est déjà grand, mais les mécanismes qui nous restent à décrire, sont nombreux encore.

Nous n'avons pas voulu différer plus longtemps la publication de ce volume : tel qu'il est, il pourra certainement déjà rendre des services.

Table des Matières

Horlogerie

www.decoopman.com

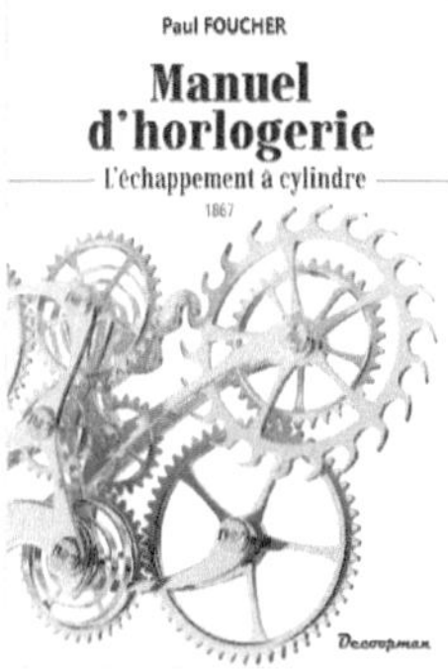

Éditions Decoopman - Ferrières - 30440 Saint-Laurent-le-Minier
Tel : +33 (0) 4.67.73.90.95 - web : www.decoopman.com - e.mail : livres@decoopman.com

Horlogerie

www.decoopman.com

www.ingramcontent.com/pod-product-compliance
Lightning Source LLC
LaVergne TN
LVHW100222051026
849558LV00036BA/498
9782369651772